KB063220

그곳이 사라지고
그곳이 살아나고

그곳이 사라지고, 그곳이 살아나고 — 인문지리로 읽는 우리 주변의 장소들

초판 2쇄 발행 2024년 6월 3일
초판 1쇄 발행 2015년 12월 23일

지은이 천종호
펴낸이 정순구
책임편집 조수정
기획편집 조원식 정윤경
마케팅 황주영

출력 블루엔
용지 한서지업사
인쇄 한영문화사
제본 한영제책사

펴낸곳 (주) 역사비평사
등록 제300-2007-139호 (2007.9.20)
주소 10497 : 경기도 고양시 덕양구 화중로 100(비젼타워21) 506호
전화 02-741-6123~5
팩스 02-741-6126
홈페이지 www.yukbi.com
이메일 yukbi88@naver.com

© 천종호, 2015

ISBN 978-89-7696-290-4 / 03980

이 책은 한국출판문화산업진흥원의 2015년 '우수출판콘텐츠 제작 지원' 사업 선정작입니다.

책값은 표지 뒷면에 표시되어 있습니다.
잘못 만들어진 책은 구입하신 서점에서 바꾸어 드립니다.

그곳이 사라지고, 그곳이 살아나고

인문지리로 읽는 우리 주변의 장소들

천종호 지음

역사비평사

그곳이 사라지고, 그곳이 살아나고 : 차례

3부. 냉전과 산업화의 음지 : 고도성장과 개발독재의 그늘에 대한 새로운 시선

4부. 도시 : 급속한 도시화의 이력서와 지나온 길

책을 펴내며

어릴 적 내 취미이자 심심풀이는 지도 보기와 여러 고장 및 나라들의 사진첩을 들춰보는 것이었다. 특별한 이유는 설명하기 어렵지만 그냥 지도와 사진이 좋았다. 자연스럽게 우리나라 각 고장의 이름을 깨우쳤고 세계 여러 나라의 이름과 국기의 모습, 그 나라의 도시와 수도 등을 저절로 외게 되었다. 이런 내가 대학에서 지리학을 전공으로 선택한 것은 그다지 이상한 일이 아니었다.

자연환경 위에서 벌어지는 인간의 다양한 활동과 생활 모습을 연구하고 그 지역의 특성을 규명하는 지리학은 종합적인 학문이자 상당히 재미있는 공부이다. 그러나 이 재미있는 학문을 사람들이 잘못 알고 있다는 느낌을 종종 받는다. 지리는 지명이나 외우고 자질구레한 사실들을 암기해야 하는 따분한 학문이라는 오해, 지리학에 대해 설명해주면 심지어 '이런 내용도 다루느냐'며 놀라는 반응을 의외로 주변의 많은 사람들이 보여주곤 했다. 인접한 다른 학문 분야에서는 대중의 눈높이에 맞춰 전문적인 내용을 쉽게 설명한 책을 폭넓게 발간하고 있지만 지리학에서는 그렇지 못한 것 같아 항상 아쉬웠다. 대학원에 진학하여 계속 공부하면서, 훌륭한 학자가 되어 연구 성과를 내는 일도 중요하겠지만 지리학을 대중에게 소개하는 일도 의미 있는 작업이 되겠다는 확신이 들었다.

한편으로는 지리학의 연구와 접근 방법에 대해서도 고민해봤다. 지리학은 크게 지역지리학과 계통지리학으로 나뉜다. 지역지리학은 특정 지역을 대상으로 연구하는 학문이고, 계통지리학은 주제별(지형, 기후, 도시, 경제, 문화 등)로 지리학을 연구한다. 대체로 선진국에서 지리학은 지역지리학의 축적된 연구 성과를 기초로 계통지리학으로 발전해왔는데, 최근 세계화·정보화의 변화된 상황에서 지역지리학에 대해 새로운 관심이 모아지고 있다. 그러나 지리학의 발전이 상대적으로 늦고 외국의 지역지리학과 계통지리학이 한꺼번에 도입된 우리나라에서는 지역지리학 연구의 충분한 축적 없이 계통지리학이 발달하는 결과를 낳았다. 그러다 보니 지역 그 자체를 주제로 하여 연구하는 지역지리학적 풍토는 상당히 약한 게 사실이다. 나는 지역을 지역 그 자체로 바라보고 싶었다.

대학원 석사과정을 마치고 중등학교에서 학생들을 가르치면서 방학을 틈타 전국 곳곳을 답사 다녔다. 처음에는 단지 어떤 지역을 가보고 싶은 마음에 무작정 떠났지만, 경험과 지식이 조금씩 쌓인 뒤에는 그 지역을 좀 더 세밀하고 총체적으로 관찰하게 되었다. 그렇게 관찰한 내용을 글과 사진으로 정리해 두기 시작했다. 서울의 여러 지역과 장소들은 주말을 이용하여 답사했지만 평일에도 퇴근 후에 또는 학생들을 데리고 동아리 활동을 할 때 틈틈이 답사를 다녔다. 방학이라는 시간이 주어지고 비교적 퇴근 시간이 빠른 교사라는 직업은 내가 지리학 공부와 답사에 몰두할 수 있도록 해준 고마운 여건이었다.

직장 생활과 병행해야 하는 어려움 때문에 오래 걸리긴 했지만 마침내 나는 박사학위를 받았다. 힘들게 학위를 딴 만큼, 이후에는 그동안의 공부를 바탕으로 평소 꿈꾸던 지역칼럼니스트로 활동하고 싶었다. 이미 여러 분야의 칼럼니스트들이 대중의 눈높이에 맞춰 좋은 글과 서적을 발표하는 것을 보면서 지리학 분야에서도 지역칼럼니스트가 나와야 한다고 생각했다. 지역칼럼니스트의 노력으로 많은 사람들에게 지리학이 한층 쉽게 다가온다면 틀림없이 더 많은 사람이 지리학에 관심을 기울일 것이며 지리학을 전공하려는 학생도 늘어날 것이다. 나아가 지리학이 우리 사회에서 할 수 있는 역할도 더욱더 증가할 것은 분명하다.

때마침 고려대학교 민족문화연구원에서 제안이 들어왔다. 연구원의 웹진에 지리와 관련된 칼럼을 정기적으로 기고하는 일이었다. 설레는 마음에 주저 없이 응했고, 주제는 우리 국토에서 낙후되어 잊히거나 쇠퇴하는 장소와 함께 새롭게 생겨나고 사람들이 많이 찾는 장소를 소개하면서 이들을 비교하는 내용이었다. '사라지고 살아나고'라는 제목을 달고 대략 20회 정도로 예정되었지만, 처음의 계획을 훌쩍 넘어 40회가 연재되었다. 3년이라는 긴 시간에 걸쳐 칼럼을 쓸 수 있었던 요인은 평소 꾸준히 다녔던 답사와 자료 수집, 그리고 지역과 장소에 대한 고민이었다.

이 책은 2011년 5월부터 2014년 9월까지 고려대학교 민족문화연구원의 '웹진 민연民硏'에 연재되었던 지역 칼럼들을 모아서 주제별로 묶은 뒤 일부 내용은 추가하고 새로 다듬은 것이다. 연재할 당시에는 매달 정신없이 칼럼을 썼기 때문에 각 소주제들을 큰 범주에 넣어 분류했던 것은 아니다. 그런데 책을 만들려고 보니 이 소주제들은 몇 개의 대주제로 묶어서 분류할 수 있었다. 이 책은 그러한 분류에 따라 전체적으로 4부로 구성했다. 1부는 산, 강, 평야, 해안, 숲, 농어촌 등 우리 국토의 자연과 그 자연을 바탕으로 형성된 마을에 관한 내용이다. 2부는 성곽, 왕릉과 묘지, 향교와 서원, 궁궐, 역사의 현장 등 역사적인 무게와 사연이 깃든 유적과 장소에 관한 내용이다. 3부는 공장, 탄광, 항만, 군부대, 옛 사회기반시설 등 그동안 우리가 숨 가쁘고 치열하게 달려왔던 산업화 시대와 냉전 시대의 흔적 및 그 변화가 나타나는 장소들에 관한 이야기이며, 4부는 고도성장의 결과로 도시에 나타난 주택, 교통 시설, 학교, 상점, 문화 여가 시설 등에 관한 이야기다. 특히 4부에서 주목하는 장소는 도시화의 이력이 드러나는 곳으로서 국민 대다수의 생활이 이루어지는 곳이기도 하다.

나는 1960년대 후반에 서울에서 태어나 줄곧 서울을 떠나지 않고 자랐다. 어린 시절 내 눈에 비친 우리나라는 경제개발을 위해 노력하는 개발도상국으로서 산업화와 고도성장을 이루는 한편, 정치적으로는 권위주의적 개발독재가 지배적인 모습이었다. 중·고등학교와 대학을 다니던 1980년대는 '중진국'이라는 용어를 만들어 쓸 정도로 산업화가 상당히 진행되고 중화학공업도 발전하였다. 이후 1990년대 초에 이르러서는 장기간의 군사정권을 끝내고 정치의 문민화를 이루어 나가는 과정에 서 있었다. 그리고 내가 교단에 서고 자동차를 구입하여 답사를 본격적으로 다니기 시작한 1990년대 중반은 우리나라가 1인당 국민소득 1만 달러 시대를 열면서 선진국으로 진입할 수 있다는 장밋빛 전망을 내놓을 때였다. 박사과정에 들어가서 한층 더 전문적인 공부를 하던 2000년대부터는 외환 위기를 극복하고 탈산업화·정보화 사회에 본격적으로 진입하면서 선진국의 기준이라는 1인당 국민소득 2만 달러를 돌파했다. 정치적으로는 아직 굴곡이 있지만 실질적인 민주화와 정권 교체를 이루어내기도 하였다.

이 책은 바로 이 같은 역동적인 사회 변화 속에서 우리가 발을 내딛고 사는 장소와 지역이 어떻게 변해왔는가를 다룬다. 다만 내가 서울에서 주로 생활했기에 여러 지방을 답사했음에도 불구하고 내용상 서울과 수도권에 치우친 면이 있다. 정리하고 보니 우리 국토의 자연과 인문 현상을 어느 정도는 다루었고 그동안 나의 답사와 연구가 집약된 것 같아 책을 내면서 설레기도 하고 한편으로 두렵기도 하다. 물론 지역과 장소는 앞으로도 끊임없이 변화하기 마련이므로 지속적인 답사와 연구로 이후의 또 다른 변화상을 정리·기록하며 보완해야 한다는 책임감도 느낀다.

세상일이 다른 사람들의 도움 없이는 이루어지기 어려운 이치처럼, 이 책도 많은 분들로부터 과분한 도움을 받았다. 먼저 웹진 민연에 글을 연재할 수 있게 기회를 주신 고려대학교 민족문화연구원의 정병욱 교수님께 감사 드린다. 역사를 전공했음에도 지리 관련 칼럼을 선뜻 제안해주셨던 그분의 전폭적인 지지와 믿음이 아니었다면 이 책은 애초에 탄생하지도 못했으리라. 또한 이 책의 원고는 한국출판문화산업진흥원의 '2015년 우수출판콘텐츠 제작 지원 사업'에서 운 좋게도 당선되었다. 햇병아리 지역칼럼니스트의 서툰 원고를 좋게 평가해주신 심사위원 여러분, 그리고 한국출판문화산업진흥원의 관계자께도 감사 드린다.

직장 생활과 병행해온 학업에 지쳐 공부를 그만둘 뻔했던 제자를 끝까지 다독이며 박사학위를 받도록 항상 격려해주셨던 고려대학교 지리교육과 김부성 교수님의 은혜에도 감사 드린다. 나 역시 직장에서는 한 사람의 스승이지만, 그분처럼 제자에게 지속적으로 용기를 불어넣어주는 일이 쉽지 않음을 경험했기에 더욱 감사한 마음이다. 지금은 비록 두 분 모두 퇴임하셨지만 대학 시절의 은사님인 고려대학교 지리교육과의 권혁재 교수님과 최영준 교수님께도 감사 드린다. 두 분은 답사의 요령과 방법을 몸소 가르쳐주셨고 지리학의 재미를 느끼게 해주셨다.

대학과 대학원 시절의 선배이면서 언제나 나의 학문적 관점을 지지해주고 때로는 벗으로, 때로는 인생의 멘토로, 때로는 동료 지리학자로 도움을 아끼지 않은 김종혁 성신여자대학교 연구교수님께도 진심으로 감사 드린다. 학문적으로 방황하고 고민할 때 늘 나를 바로잡아주시고 격려해주셨으며, 분에 넘치는 도움을 종종 받곤 했다. 이 자리를 빌려 다시 한 번 미약하나마 감사의 인사를 드린다.

주로 방학을 이용하여 답사를 다니다 보니, 계절상으로 찌는 듯이 덥거나 코끝이 시리도록 추울 때가 많았다. 집에서 편하게 쉴 수 있음에도 답사를 나갔는데 어쩔 때는 솔직히 외롭거나 귀찮기도 했다. 그럴 때마다 운전하면서 말벗이 되어주고 찾기 어려운 험한 장소까지 능숙한 운전으로 동행해준 대학 동기, 보성중학교의 박승원 선생님에 대한 고마움도 잊을 수 없다. 역시 대학 동기인 윤희철은 답사와 관련하여 다양한 아이디어와 영감을 공유해주었다. 답사의 사진과 글을 대학 동문의 인터넷 카페에 올릴 때마다 열심히 읽어주었고, 때로는 격려의, 때로는 날카로운 비평의 댓글을 달아준 동문 선후배들에게도 진심으로 감사 드린다.

독서하기에 괜찮은 공간이라는 지하철 안에서조차 스마트폰으로 동영상을 보는 사람은 많을지언정 책을 읽는 사람은 점점 줄어드는 상황이다. 이렇듯 어려운 출판 환경에서도 출판을 제의해주신 역사비평사의 정순구 대표님, 그리고 부족한 원고를 꼼꼼히 손질해주고 어엿한 하나의 출판물로 꾸며주느라 온갖 노고를 마다하지 않은 조수정 선생님께도 고개 숙여 감사를 드린다.

방학 때마다 답사를 핑계로 수시로 집을 비우고, 직장 생활과 학문 연구, 또는 직장 생활과 집필이라는 어설픈 1인 2역에도 변함없이 응원과 사랑을 보내준 아내 김현수와 딸 주영이는 이 책을 펴내는 데 가장 중요한 원동력 그 자체였다. 가족이 있기에 오늘의 내가 있음을 새삼 실감한다.

2015년 낙엽이 지는 늦가을에

천종호

그곳이 사라지고, 그곳이 살아나고

1부. 자연과 마을

: 낙후된 장소에서 새롭게 주목받는 장소로

01 예술과 건강의 미학, 돌산

돌산과 함께해온 우리 역사와 생활

한국은 국토의 약 70%가 산지로 구성되어 있다. 지평선을 볼 수 있는 곳이 극히 드물며, 어디를 가도 산의 능선이 시야에 들어온다. 산은 우리 민족의 삶과 밀접한 관계를 맺어온 지형이다. 드넓은 들판이 펼쳐진 유럽이나 신대륙 평야 지역의 사람들과는 달리 우리나라 사람들에게 산은 아주 친숙한 존재이다.

우리나라의 산은 크게 돌산과 흙산으로 구분할 수 있다. 돌산은 주로 암석으로 이루어진 산 정상부를 중심으로 바위가 드러나 있는 산을 말하며, 멋진 기암괴석으로 유명한 설악산, 월악산, 월출산, 금강산, 북한산, 북악산, 관악산, 불암산 등이 대표적이다. 이러한 산들의 이름에는 '악嶽'이나 '암岩' 등의 글자가 들어간 경우가 많다. 돌산에서 드러난 바위는 대개가 마그마가 식어 만들어진 암석인 화성암 계통이 많은데, 우리나라의 경우 그중 특히 화강암이 압도적으로 많다. 화강암은 땅속의 마그마가 오랜 세월 동안 천천히 식어서 굳어진 암석으로, 우리나라에서는 주로 약 1억 년 전인 중생대 시기에 지하 깊숙한 곳으로부터 마그마가 밀려 올라와 형성되었다. 화강암

〈인왕제색도〉 | 우리 조상들은 예부터 화강암으로 이루어진 돌산의 아름다움을 그림으로 표현했다. 겸재 정선의 〈인왕제색도〉는 인왕산이라는 돌산을 묘사한 최고의 작품으로 평가받는다.

이 많이 드러나 있다는 사실은 우리 국토가 중생대 이후에 별다른 지각변동 없이 꾸준하게 침식을 받았음을 증명한다.

흙산은 땅속의 암석이 온도와 압력에 의해 그 성질이 변한 변성암을 기반으로 형성된 산이다. 변성암이 오랜 풍화와 침식을 받으면 산지 전체에 걸쳐 고르게 흙이 쌓이게 되므로 완만하고 평탄한 모양의 능선을 이룬다. 지리산, 오대산 등이 대표적인 흙산이며, 부드럽고 넉넉한 느낌의 산 모양을 지닌다는 특징이 있다.

부드러운 능선의 흙산도 그 나름대로 멋과 미가 있지만, 독특한 모양의 암석들이 늘어선 돌산의 모습은 일찍부터 사람들의 주목을 끌었다. 전통 회화 가운데는 이러한 돌산을 소재로 하여 그린 그림이 많다. 가장 유명한 작품으로는 정선의 〈인왕제색도〉와 〈금강전도〉가 있다. 선비와 문장가들은 우뚝 솟은 바위를 보고 꿋꿋하고 변함없는 선비의 기상을 느껴서 이를 글과 시로 표현하곤 했다. 또한 돌산에 올라서 내려다본 풍경을 찬미하기도 했다. 그런가 하면 돌산에서 굽어본 산 아래의 장소에 도읍을 정하기도 했다. 이렇듯 돌산은 예술의 표현 대상이자 입지 선정의 기준이 되었다.

화강암은 가공하기가 비교적 쉬운 암석이다. 그래서 돌산에서 떼어낸 화강암은 불상과 석탑뿐만 아니라 절구나 맷돌 등 생활용품의 재료에도 많이 쓰였다. 돌산의 바위는 일상생활을 넘어 국방에도 유용했다. 돌산에서 채취한 화강암을 다듬고 차곡차곡 쌓아 산의 능선을 연결하여 산성을 쌓았으며, 읍성을 축조하기도 하였다. 돌산은 적들이 쳐들어오는 상황을 조망하기 좋은 군사적 요지인 동시에 유사시에는 그곳에 올라가 저항하는 장소였기 때문에, 그 자체로 방어의 거점이었을 뿐 아니라 도시와 요새를 만드는 건축자재의 공급처이기도 했다.

쓸모없는 돌산이라고?

그러나 산업화·도시화가 본격적으로 진행되면서 우리 주변의 돌산은 수없이 파괴되고 훼손되었다. 공업화에 필요한 공장 부지를 확보하려는 목적도 있었고, 일자리를 찾아 도시로 몰려든 사람들이 도시의 돌산 사면에 무허가 판잣집을 짓고 정착하자 시 당국과 건설 업체들이 돌산 주변의 불량 주택지를 철거하고 돌산 일대를 밀어서 대규모 아파트 단지를 조성했기 때문이기도 했다. 돌산은 도시의 확장과 개발을 막는 장애물로 여겨졌다. 전국의 각 도시를 연결하는 고속국도나 일반국도를 건설할 때도 돌산은 노선의 단축과 공사비의 절감을 위해 쉽게 깎여 나가는 지형이었다. 마을과 농경지는 보상비가 많이 들어가는 반면, 돌산은 지가가 저렴했기 때문이었다.

건축자재나 비석 및 각종 석물의 제작을 위해 화강암의 수요가 증가하면서 일부 돌산은 채석장으로 변해갔다. 광산에서 지하자원을 채굴하듯이 질 좋은 화강암이 기반암을 이루는 돌산에서 엄청난 양의 화강암이 깎이고 팔려 나갔다. 화강암이 부족한 이웃 나라 일본이 한국의 화강암을 수입하면서 돌산은 외화벌이의 역할까지 떠맡았다. 이렇게 화강암의 수요가 계속 늘어나자 돌산 하나가 반토막 나거나 심지어 통째로 없어지기도 했다. 아파트나 고층 건물이 돌산을 가려버리면서 과거 조상들처럼 돌산의 웅장함과 아름다움을 찬미할 기회조차 사라지거나 감소했는지도 모른다.

개발의 시대에 돌산은 나무를 심기도 불편하고 산림녹화를 하기에도 어려운 곳이었다. 헐벗은 산에 나무를 심어 국토를 푸르게 가꾸고 홍수와 가뭄 및 산사태를 막는 일이 개발독재 시기의 중요한 국토 관리 과제 중 하나였다. 그러나 돌산은 이러한 국토개조사업에도 그다지 효용 가치가 없었다.

우리 주변에서 흔히 볼 수 있는 돌산의 가치를 새롭게 인식하게 된 배경은 문화 전반에 걸친 변화이다. 옛 그림과 유적 등 문화재의 가치를 새롭게 느끼고 알게 되면서 우리의 문화재를 제작하는 데 쓰인 화강암의 가치를 재발견했고, 나아가 그 화강암이 솟아 있는 돌산을 다시 돌아보는 계기가 마련되었다. 아름다운 석탑과 불상이 화강암으로 만들어졌으며, 멋진 산수화에 나오는 자연이 바로 화강암을 기반으로 한 돌산임을 깨달은 것이다.

여가 시간의 확대와 소득수준의 향상, 그리고 건강에 대한 관심의 증가도 돌산의 값어치를 깨닫는 데 기여한 배경이다. 등산이 좋은 운동이자 건강에 크게 도움이 된다는 인식이 확산되면서 등산 용품과 등산복 시장의 규모가 큰 폭으로 확대되었을 정도다. 사람들은 대체로 집 근처에 산이 있는 한국 지형의 특징 덕분에 비교적 쉽게 산에 접근할 수 있었고, 나아가 전국의 명산을 찾아다니며 거기서 만나는 화강암의 바위와 봉우리가 지닌

마애불 | 태안반도의 돌산(가야산, 백화산) 주변에는 화강암으로 만든 마애불이 분포한다. 서산 용현리 마애여래삼존상(왼쪽)과 태안 동문리 마애삼존불입상(오른쪽)은 모두 서해안으로 통하는 주요 교통로에 위치하여 과거 선박의 무사 항해를 기원하는 역할을 했던 것으로 보인다.

멋을 느꼈다. 특유의 눈부신 파란 하늘을 배경으로 멋진 소나무들과 화강암이 솟아 있는 풍경은 한국적 미의 경관으로 손색이 없다. 소나무는 화강암이 분포하는 척박한 토양에서도 잘 자라는 한국적인 수목이다.

돌산에 분포하는 산성과 마애불도 돌산의 매력을 배가하는 유적이다. 산중에 자리한 고찰 역시 돌산의 가치를 높였다. 경관이 빼어난 돌산은 국립공원이나 도립공원으로 지정되면서 유명 관광지가 되었다. 사람들은 등산도 하고 유적도 구경할 겸 돌산을 찾았다. 사람들이 많이 찾는 돌산에는 안전시설을 설치함으로써 등산객이 좀 더 안전하게 화강암 바위에 오를 수 있도록 관리되었다.

주택지 근처에 자리한 낮은 돌산의 다소 평탄한 곳에는 주민들이 간단한 운동이나 산책을 즐길 수 있는 소공원이 들어서기도 하였다. 이러한 소공원에는 운동기구나 시설이 갖추어지고 인근 지역을 조망할 수 있는 정자

서울 종로의 동망산과 숭인근린공원 | 동망산(위 사진의 오른쪽에 보이는 산)은 서울의 종로 주택가 한복판에 있는 낮은 돌산이다. 산책하듯이 이 산의 정상에 오르면 가벼운 운동을 할 수 있는 체육 시설이 나타난다. '동망봉'이라는 산봉우리 이름은, 단종이 영월로 귀양을 가서 죽임을 당하자 단종 비 정순왕후가 매일 이곳에서 영월 쪽을 바라보며 단종의 명복을 빌었다는 데서 유래하는데, 공원에는 이를 기리기 위해 종로구청이 세운 '동망정'이라는 팔각정도 있다.

북한산 | 서울의 국립공원인 북한산은 최고봉인 백운대를 비롯하여 인수봉, 만경대가 정상 일대를 형성하고 있어 삼각산이라고도 불린다. 북한산에는 수려한 모습의 화강암이 많으며 소나무와 훌륭한 조화를 이룬다. 북한산성을 비롯하여 유적과 사찰도 여럿 분포한다. 사진은 백운대와 인수봉의 모습이다.

가 세워지는 경우가 많다. 약수터에 물 뜨러 가거나 이러한 근린 공원에 산책하러 가면서 사람들은 돌산이라는 곳을 힘들게 올라야 하는 부담스러운 장소가 아닌 일상생활에서 항상 만나는 친숙한 장소로 여기게 된다.

흔하지만 소중하고 가치 있는 산

서울의 북한산, 도봉산, 관악산은 화강암의 경치가 빼어난 데다 배후 인구를 많이 거느린 산으로, 주말이면 수많은 시민들이 찾는 명소이다. 서울 도심과 가까우면서 청와대와 경복궁의 뒷산이기도 한 북악산과 인왕산도 많은 사람이 찾는다. 북악산은 노무현 정부 때 전면 개방된 뒤(☞ 242쪽 참조) '한양도성길'로 더 유명해진 돌산이다.

포천 아트밸리 | 1960년대 화강암을 채굴했던 폐석산을 공원으로 재활용한 우수 사례이다.

경주의 남산은 신라 시대 화강암을 소재로 제작한 불상과 마애불, 석탑 등이 다수 분포하여 유네스코 지정 세계문화유산(경주역사유적지구)으로 등재되었다. 40여 곳의 골짜기에는 80여 구의 석불과 60여 기의 석탑이 있으며, 절터도 100여 곳에 이른다. 경주 남산은 화강암의 돌산이 펼쳐 보일 수 있는 예술의 진수를 드러낸다. 남산 외에도 경주에는 화강암으로 만든 석불과 석탑이 많다.

경기도 포천의 아트밸리는 원래 천주산 자락의 화강암을 캐던 채석장이었으나 용도가 끝난 뒤 흉물스럽게 방치되어 있던 곳을 공원으로 재탄생시킨 것이다. 비가 온 뒤 채석장에 물이 고여 있는 모습을 본 포천 시청의 공무원이 화강암이 깎여 나간 절벽들 사이로 물을 끌어와 호수를 만들고 각종 문화시설을 유치하면 좋은 공원이 될 수 있겠다고 생각한 데서 비롯되었다고 한다. 복합 문화 예술 공간으로 꾸며진 아트밸리는 서울과 가까운

대구 비슬산과 남해 금산 | 대구 달성군의 비슬산 정상에는 화강암으로 만든 대견사지 3층석탑(왼쪽)과 멋진 화강암 바위들이 많아 예술적인 아름다움을 갖추고 있다. 또한 비슬산은 세계 최대 규모의 암괴류(대량의 바윗덩어리가 골짜기를 따라 흘러내리는 듯한 상태로 쌓인 지형)가 있어 자연사 학습장으로도 중요한 돌산이다(위).
경남 남해도의 돌산인 금산 꼭대기에 자리한 보리암은 남해안을 굽어보는 명소 중 단연 최고로 꼽힌다(아래).

수도권의 이색적인 명소로 널리 알려졌다.

백조암 | 태안의 백화산에는 오랜 침식과 풍화작용으로 형성된 화강암 지형인 토르가 발달해 있다.

대구광역시 달성군에 있는 비슬산은 자연사의 신비로움을 맛볼 수 있는 돌산으로 주목받는다. 중생대에 형성된 화강암이 오랜 시간 지표면에 노출되어 있다가 약 2만 년 전의 최종 빙하기 때 동결과 융해를 반복하면서 쪼개졌는데, 그 바위들이 거대한 암괴류岩塊流를 형성하고 있다. 세계 최대 규모라고 알려진 비슬산 암괴류는 길이가 2km, 폭은 80m, 두께는 5m나 된다고 한다. 비슬산에는 신라 말에서 고려 초에 걸쳐 세운 것으로 추정되는 대견사지 3층석탑도 있어 돌산의 매력을 더한다. 남해안의 다도해를 굽어보는 경남 남해군의 금산도 화강암 돌산으로, 산꼭대기에 자리한 사찰인 보리암에서 바라보는 풍경이 매우 아름다워 수많은 관광객이 꼭 들르는 명승지다.

강화도의 마니산과 충남 태안의 백화산, 그리고 서산의 팔봉산은 서해안 가까이에 있어 바다와 주변 평야를 바라보는 조망이 뛰어난 돌산이다. 이런 곳의 돌산들은 해발고도가 그리 높지는 않으나 그 부근이 해안 지방이라 상대적으로 높아 보이며, 마애불을 비롯한 여러 문화재와 각종 기암괴석이 분포하고 있다.

강원도의 설악산과 치악산, 충청북도의 속리산과 월악산, 전라남도의 월출산도 화강암으로 멋들어진 산이며 수려한 경승지로 이름이 나서 국립공원으로 지정된 돌산이다. 전국 21곳의 국립공원 가운데 16곳이 산이며 그 중 대부분은 돌산에 해당하니, 돌산은 한국의 아름다운 경관을 상징한다고 봐도 무방하겠다.

너무 흔하면, 귀하고 소중한지 모르는 법이다. 화강암이 가득한 돌산은 우리 가까이에 있고 숱하게 널려 있어서 그 소중함을 인정받지 못해왔다. 그러나 돌산은 우리 눈에 즐거움을 선사해주고 우리의 체력과 호연지기를 길러주는 고마운 산이다. 또, 우리 문화를 상징하는 소나무와 온갖 문화재를 품은 한국적인 산이다. 소중하고 가치 있는 산은 바로 전국 곳곳의 지역에서 쉽게 볼 수 있는 화강암의 돌산이다.

관악산 | 서울 관악산의 연주대는 화강암 절벽 위에 작은 사찰이 들어선 곳이다. 깎아지른 듯한 기암절벽에 절이 오롯이 서 있는 모습은 우리나라 돌산의 미학을 대표한다.

02 상습 침수 구역에서 생활 터전으로 바뀐 **범람원**

범람원이 잘 발달한 지형

하천이 흐르면서 운반한 물질을 퇴적시켜 만드는 하천퇴적 지형으로는 선상지, 범람원, 삼각주가 있다. 선상지는 급경사의 산지에서 평탄한 평야로 이어지는 지역에 잘 형성되는 하천퇴적 지형이다. 하천이 운반해온 물질이 흐르는 강물의 속도 감소로 인해 부채꼴 모양으로 퍼지면서 퇴적되어 만들어지는 선상지는 우리나라에서는 발달하기 어려운 지형이다. 우리나라는 산지가 많기는 하지만 대부분 경사가 완만한 저산성 산지이기 때문이다. 삼각주는 하천이 운반해온 물질이 바다로 흘러 들어가면서 퇴적된 지형인데, 이 역시 우리나라에서는 보기 어렵다. 삼각주가 만들어지려면 파도가 약하고 밀물과 썰물의 차이가 작아야 하며 바다의 수심이 얕아야 한다. 그래야 하천의 운반 물질이 퇴적되기 쉽기 때문이다. 그러나 우리나라에서 이러한 조건을 동시에 충족하는 지역은 거의 없다. 그나마 낙동강 하구에 거의 유일한, 의미 있는 삼각주가 발달해 있을 뿐이다.

그 대신 우리나라에는 범람원이 탁월하게 발달해 있다. 하천 주변의 평야 지대에 많은 범람원들이 분포하고 있는 것이다. 범람원氾濫原은 영어로

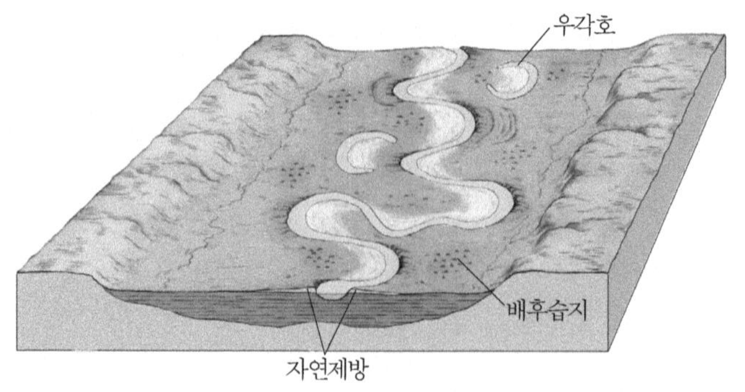

범람원 | 범람원의 모식도(위). 범람원은 하천의 범람으로 무거운 물질이 강가에 쌓여 상대적으로 고도가 높은 자연제방과, 가벼운 물질이 멀리까지 떠내려가 퇴적되어 상대적으로 고도가 낮은 배후습지로 구성된다. 범람원은 20세기에 들어 대부분 농경지로 개발되었다. 서울 인근 한강 변의 범람원은 대도시 소비 인구를 겨냥한 채소 재배 지역으로 활용되기도 하는데, 아래 사진은 바로 그런 경관이 나타나는 경기도 구리시 교문동 일대다.

'Flood Plain'이라고 하는데, 글자 뜻 그대로 하천이 범람함(flood)에 따라 운반해온 물질들이 함께 범람하여 퇴적된 평야(plain)라는 의미이다. 연중 강수량 가운데 여름철 강수량이 50~60%에 이르는 우리나라는 옛날부터 여름철에 하천의 범람 가능성이 매우 높았다. 다목적댐과 배수펌프, 현대식 제방을 갖추고 있는 오늘날에도 범람의 위험성에서 완전히 자유롭지는 못하다. 그러다 보니 범람원이 만들어지기에 매우 유리한 자연환경을 가지고 있다.

범람원은 기후변동의 산물이기도 하다. 마지막 빙하기가 끝난 후인 약 1만 년 전부터 지구의 평균기온이 상승하면서 해수면이 약 100m 정도 올라갔는데, 이로 인해 빙하기 때 만들어진 깊고 넓은 골짜기에는 현재의 해

우포늪 | 낙동강 범람원의 배후습지인 경남 창녕의 우포는 우리나라의 대표적 배후습지로서 그 가치를 인정받아 생태보전구역으로 지정되었고, 람사르 협약의 습지 목록에도 등재되었다.

수면 높이까지 상류에서 운반되어온 물질로 메워지고, 그 위에 범람원이 형성되었기 때문이다. 그래서 큰 하천의 하류에 있는 범람원은 지대가 낮고 넓으며 퇴적층이 두껍다. 지질시대 구분에 따르면 범람원이 충적되기 시작한 이 시기부터를 현세現世 또는 충적세沖積世라고 한다.

범람원은 크게 자연제방과 배후습지로 구성되어 있다. 자연제방은 말 그대로 자연적으로 형성된 제방처럼 약간 높은 땅이다. 하천이 범람하면서 입자가 크고 무거운 모래나 자갈은 멀리 떠내려가지 못하고 하천 주변에 퇴적되는데, 그에 따라 이 지점은 다른 곳에 비해 고도가 상대적으로 약간 높아진다. 고도가 높은 까닭에 홍수 때 다른 지역에 비해 안전하므로 일찍부터 가옥이 들어선 경우가 많다. 또 입자가 굵은 자갈과 모래로 구성되어 있어 물이 잘 빠지므로 밭이나 과수원으로 개간하기에 유리하다.

배후습지는 자연제방보다 하천에서 멀리 떨어진 뒤쪽에 형성된 습지로, 자연제방에 비해 상대적으로 지대가 낮다. 입자가 작고 가벼운 진흙은 범람한 물과 함께 멀리까지 떠내려가 퇴적된다. 지대가 낮기 때문에 비가 많이 오거나 홍수가 나면 쉽게 물에 잠기고 평상시에도 물이 고여 있는 경우가 많다. 입자가 고운 진흙이 퇴적되어 있는 탓에 물이 잘 빠지지도 않는다. 따라서 물가에 서식하는 갈대 등의 식물이 잘 자라고, 어류는 물론 양서류·파충류·포유류·조류 등 각종 생물이 서식하여 생태계의 보고를 이룬다.

홍수 때마다 물에 잠기는 곳

지금도 그런 편이지만 과거 우리나라는 거의 매년 홍수에 따른 피해가 반복되었다. 칼 비트포겔Karl August Wittfogel(독일계 미국인 경제지리학자)은 그의 저서 *Oriental Despotism*(『동양적 전제주의』)에서 중국, 인도 등 동아시아 국가들의 군주가 물을 관리하고 통제하면서 홍수와 가뭄을 조절하고 관개용수를 공급함에 따라 전제 왕권을 확립하고 중앙집권적인 국가를 형성할 수 있었다는 주장을 폈다. 그의 주장을 한국의 전근대 국가에 그대로 적용할

부리도 기념비 | 이 기념비는 서울 잠실종합운동장의 건너편 아시아공원 입구에 있다. 1910년대에 작성된 지형도에 따르면 부리도는 한강에 있는 섬이었고, 이 섬에 잠실리와 신천리라는 행정구역이 있었다. 1925년에 대홍수로 한강의 유로가 변경되면서 부리도 위쪽으로 한강 본류가 흐르기 시작했으며, 1970년대 잠실 개발로 물막이 공사와 제방을 쌓은 뒤부터 부리도는 더 이상 섬이 아닌 지금의 잠실 벌판이 되었다. 한강 변의 범람원이었던 잠실은 오늘날 대규모 아파트 단지와 스포츠 단지로 변하였다.

터돋움집 | 범람원은 상습 침수 구역이기 때문에 주민들은 홍수를 대비하기 위해 터돋움을 한 위에다가 집을 짓는 경우가 많다.

수는 없겠지만, 적어도 우리 역시 정부가 많은 재원을 들여 홍수를 막기 위한 노력을 펼쳐왔던 점은 분명하다. 그럼에도 당시의 기술 수준으로는 홍수에 대한 근본적인 해결이 어려웠다. 연 강수량의 절반 이상이 여름에만 집중되는 기후 조건을 극복하기 어려웠기 때문이다.

상습 침수 구역인 범람원은 현대에 들어서도 침수를 반복했다. 물난리는 매년 여름이면 늘상 겪는 일이었고, 태풍이라도 오면 그 피해는 더욱 컸다. 1950~1960년대 개발도상국이던 시절에 이런 자연재해는 국가 경제에 악영향을 미쳤다. 쌀 자급도 못하는 형편에 범람원의 농경지가 물에 잠기면 그해 농사는 망친 것이나 다름없었으므로 식량 확보에 어려움이 컸다.

매년 홍수가 반복되는 바람에 범람원에 어떤 시설을 설치하기도 난감했다. 배후습지는 농촌 아이들이 가서 노는 곳이었을 뿐 습지의 형태를 계속 유지하고 있었다. 자연제방 위의 집이나 축사도 어느 정도 터돋움을 한 뒤에야 그 위에 조성하는 경우가 많았다. 새롭게 지어진 양옥집도 1층은 창고나 주차장으로 꾸미고 2층에 살림집을 만든 경우가 종종 있었다. 서울의 범람원, 특히 배후습지는 1970년대만 하더라도 비가 많이 내리면 학교 가는

만경강과 호남평야 | 만경강 하류의 호남평야 일대는 일제강점기부터 일본인들이 농토로 개발한 범람원이다. 사진에서 강 너머로 평야가 펼쳐져 있는 모습을 볼 수 있다. 사진에 보이는 다리는 '구 만경강 철교'로, 일제가 호남평야 일대에서 생산한 쌀을 효과적으로 반출하기 위해 준공한 철교이다.

어린이들이 장화를 신어야만 간신히 지나갈 수 있었으며, 인근 학교에서는 결석이나 지각생들이 속출했다.

옛날에 배후습지는 사람이 살기 어렵고 항상 물이 고여 있는 습지 상태 그대로였지만, 인구가 증가하고 식량 확보가 중요해지면서 20세기에 들어와 대부분 개간되기 시작했다. 물이 잘 빠지지 않는 토양층이므로 제방을 쌓고 배수펌프를 설치하여 범람을 막은 뒤 고이는 물만 안정적으로 퍼낼 수 있다면 논으로 개간하기에 적당했다. 일제강점기부터 큰 하천 중·하류의 범람원들은 대거 논으로 개간되기 시작했다. 이때 하천 변에 제방 축조와 저수지 조성도 함께 이루어졌다. 관개시설을 관리하는 수리조합이 곳곳에 결성된 것도 일제강점기부터다.

삶의 터전을 넓히다

각종 장비가 현대화·대형화된 산업화 시기에 접어들어서는 방조제를 건설하거나 대규모 제방을 쌓아서 밀물의 역류에 의한 염해와 하천의 범람을 막으며 범람원에서 농업 개발을 계속하였다. 배수펌프장을 곳곳에 설치하여 빗물을 빠른 시간 내에 퍼낼 수 있게 되면서 배후습지의 농업 개발이 가속화하였다. 생태계의 보고인 배후습지가 사라져간 점은 안타깝지만, 이런 작업을 통해 우리나라는 식량 자급을 이루어 나갔다. 쌀 자급을 이룬 최근에 와서는 아직 남아 있는 배후습지들을 생태 관광지로 보전하려는 움직임이 많다.

수도권의 경우 인구가 급증하면서 택지가 부족해짐에 따라 큰 하천 주변의 배후습지가 대거 아파트 단지로 개발되었다. 원래는 상습 침수 구역이라 사람이 살기에 적합하지 않은 곳이었지만 제방과 배수펌프 덕분에 대규모 아파트 단지로 변신하였다. 이렇게 주택 지역이 일단 형성되자 사람이 모여들었고, 사람이 모여들면서 범람원은 더욱 다양한 용도로 활용되기 시작하였다.

반포, 잠실, 뚝섬 등 서울 한강 변의 대규모 아파트 단지나 일산 등의 신도시와 위성도시 대부분은 범람원을 개발한 택지다. 이 지역에 소득수준이 높은 중산층 이상이 거주하면서 다양한 공원이나 체육 시설을 갖춘 고급 주택단지가 형성되었다. 하천의 범람을 막기 위해 쌓은 제방은 산책로나 자전거도로로 변모했고, 과거의 낮은 저지대에는 홍수의 위험성이 없어지면서 주민에게 필요한 시설들이 들어섰다. 서울 한강 변의 하천부지는 1980년대 한강개발사업 때 '고수부지'라는 이름으로 정비되면서 주차장이나 체육 시설이 들어섰다. 지금은 '한강공원'으로 명칭이 바뀌고 한층 다양한 용

구리시 토평동 | 수도권에는 범람원을 개발하여 아파트 단지로 바꾼 곳이 많다. 구리시 토평동土坪洞과 수택동水澤洞은 지명에서 알 수 있듯이 과거 범람원이었던 지역으로, 최근 아파트 단지로 개발되었다. 토평동의 배후습지였던 장자못은 아파트 주민을 위한 호수공원으로 변신했다.

밀양 송림 | 범람원과 같은 하천퇴적 지형은 홍수를 막는 일이 최대 과제였다. 밀양강의 범람을 두려워한 밀양 사람들은 조선 후기에 소나무 숲을 조성하여 홍수를 막으려고 했다. 현대식 배수 시설이 발달한 오늘날에는 옛날에 조성해 놓은 이러한 숲이 산책로와 공원으로 훌륭히 기능하고 있다.

한강공원 | 서울시가 마련한 12곳의 한강공원은 한강 변의 토지를 잘 활용한 대표적인 사례이다. 서울 시민들은 한강공원에서 산책이나 가벼운 운동, 캠핑과 레저 활동을 즐긴다.

도로 활용되면서 서울 시민의 휴식처로 사랑받고 있다.

지방의 도시들도 범람원을 잘 활용하고 있다. 범람원은 홍수만 잘 관리한다면 터가 넓고 평평해서 택지나 시가지를 조성하기에 좋다. 각 도시들은 범람원을 활용하여 개발 가능 면적을 넓혀 나갔다. 범람원 일대는 택지나 시설을 세우는 대지의 용도 외에도 하천 변 도로나 공원으로 이용되었다. 특히 하천을 바라보는 범람원의 전망은 주변 택지에 거주하는 주민들의 공원이나 산책로, 체육 시설 등으로 활용하기에 유리한 조건이다.

낙동강, 영산강 등 주요 하천 변의 드넓은 평야는 대부분 범람원을 개발한 것이다. 경지정리가 잘 되어 있고 비교적 넓어서 곡창지대 역할을 하는 이런 평야는 범람원의 개발이 아니었다면 볼 수 없는 풍경이다. 최근 상업적 농업이 발달함에 따라 이러한 평야에는 시설 작물 재배를 위한 대규모 비닐하우스 단지가 들어서기도 했다.

낙동강 하구의 비닐하우스 | 낙동강 하구의 범람원에서는 각종 시설 재배가 활발하다. 범람원은 쌀과 같은 주곡뿐 아니라 각종 채소류도 공급하는 지형이다.

환경이 중시되면서 개발에 대한 비판적인 목소리가 많이 들린다. 그동안 무분별한 개발 때문에 환경이 많이 훼손되고 파괴되었음은 분명한 사실이다. 하지만 해마다 계속되는 홍수에 굴하지 않고 범람원을 개발한 결과, 우리 삶의 터전이 넓어졌고 쌀의 자급이 해결된 것도 틀림없는 사실이다. 범람원은 이제 우리에게 홍수 때마다 물에 잠기는 장소가 아닌, 생활의 장소이다. 물론 평소에 하수 시설이나 빗물 펌프 등의 시설을 잘 관리하고 점검해야 하는 일은 기본이다.

03 버려지고 소외된 땅에서 해양 관광의 중심지로 떠오른 섬

우리에게 섬이란?

우리나라는 몇 개의 섬을 거느리고 있을까? 2008년 한국도시통계 자료에 따르면 전체 도서는 3,237개이며, 그중 470곳만 사람이 살고 있는 유인도이고 나머지는 2,767곳은 무인도이다. 필리핀이나 인도네시아와 같이 1만여 개의 섬을 가진 국가들과 비교하면 적은 축이지만, 대한민국은 이들 국가에 이어 세계 3위의 섬 보유국이다. 필리핀이나 인도네시아처럼 섬나라가 아닌데도 말이다.

우리나라에 섬이 많은 이유는 무엇일까? 그것도 동해 쪽보다 서해와 남해 쪽에 월등히 많은 이유는? 지금으로부터 2만 년 전인 빙하기 때만 하더라도 한반도는 일본열도와 좁은 육지로 붙어 있었고, 한반도와 중국 대륙 사이에도 바다가 없이 육지로 연결되어 있었다. 빙하기의 낮은 기온 때문에 해수면이 지금보다 훨씬 낮았기 때문이다.

한반도는 대략 6,000만 년 전인 신생대 3기에 동쪽으로 치우쳐 융기했기 때문에 동해안을 따라 높은 산맥이 뻗어 있는 지형이다. 남북 방향으로 뻗은 산맥에서 갈라져 나온 산줄기들은 서해와 남해 방향으로 낮고 비스듬히 뻗어 있다. 빙하기가 끝나고 점차 지구의 기온이 오르면서 빙하가 녹아 해수면이 상승하였다. 해안 쪽에 높은 산맥이 평행하게 뻗은 동해는 해수면 상승의 영향을 덜 받았다. 반면 남해와 서해는 해안선에 비스듬한 방향으로 뻗어 있는 낮은 산줄기들이 해수면이 상승할 때 일부 잠기면서 섬과 반도를 만들어냈고, 그 결과 세계적으로 복잡한 해안선을 형성했다.

섬이 많다는 특징은 어떤 이익이 있을까? 가장 중요한 점은 우리 주권이 미치는 바다인 영해가 넓어진다는 것이다. 영해는 통상적으로 해안선의 저조선低潮線을 기준으로 12해리(1해리=1.852km)까지의 바다를 말한다. 우리나라의 경우에 해안선이 비교적 단조로운 동해안이나 제주도, 울릉도 등지는 이와 같은 기준을 적용하여 영해를 설정하지만, 해안선이 복잡하고 섬이 많은 서해안과 남해안은 약간 다른 방식으로 영해를 정한다. 즉 가장 바깥쪽에 위치한 섬들을 연결한 직선기선에서부터 12해리까지를 영해로 설정한다. 결국 섬이 많기 때문에 우리 영해도 그만큼 넓어진 셈이다. 21세기가 해양의 시대인 만큼 섬이 많다는 사실은 진정한 축복이다.

소외된 땅

이처럼 우리에게 고맙고도 필요한 섬이지만 과거에는 계륵같이 여겨지기도 했다. 고려 말과 조선 초, 한반도 해안에 출몰하던 왜구에 의해 섬 지방은 완전 초토화되었다. 조정에서는 왜구의 침탈을 견디다 못해 섬에 살고 있는 주민들을 육지로 이주시키고, 약탈의 근원이 되는 섬 지방을 아예 비워 두는 공도空島 정책을 시행하였다. 그런데 또 한편으로는 무거운 세금과 군역을 피하려는 백성이나 범죄를 저지른 사람들이 정부의 행정력이 상대적으로 미치지 못하고 관심이 적었던 섬으로 몰려들기도 했다. 우리나라의 섬들은 중앙정부에서 볼 때는 아주 골치 아픈 변방이었다.

그러다가 조선 태종 및 세종 대의 쓰시마 섬 정벌과 왜구 토벌, 그리고 국방력 강화와 체제의 정비를 계기로 해안 지방이 점차 안정을 찾아 나가면서 국가와 왕실 및 유력 가문이 주도하는 간척 사업이 서서히 활발해졌다. 이에 따라 해안과 가까운 섬에도 인구가 늘어나기 시작했다. 또 서남 해안 지방에 분포하던 많은 목마장들이 해안 지방의 농업 개발과 간척에 따라 섬으로 이전하는 경우도 많아졌다.

온난한 해양성 기후 덕분에 서남 해안에 분포하는 섬들은 목초지 조성에 유리하였고, 조선 중기 이후 이는 목마장의 건설로 이어졌다. 임진왜란 이후 식량과 토지의 부족 문제로 서남 해안의 섬들에 인구가 유입되면서 간척과 개간도 활발해졌다. 국토 변방의 섬들이 중요한 경제적 기반을 갖춰 감에 따라 드디어 중앙정부로부터 주목받기 시작했으며, 수군진水軍鎭과 관아가 설치되면서 섬 지방의 상세한 현황 파악이 이루어지고 지도에의 등재도 이루어졌다. 섬 지방의 위상이 상승한 것이다.

그러나 중앙정부에서 멀리 떨어진 곳, 교통이 불편한 곳이라는 지리적 한계는 섬 지방이 계속 소외될 수밖에 없는 운명으로 작용하였다. 조정에서는 반역을 기도했거나 정치적으로 숙청된 유력 인사를 서남 해안의 섬으로 유배 보냈다. 한양과 가까워서 감시하기 쉬운 강화도와 교동도에는 연산군과 광해군 등 폐위된 왕들을 유배 보냈다. 은언군恩彦君은 정조의 이복동생으로서 정순왕후의 수렴청정 때 부인과 며느리가 천주교 신자라는 탄핵을 받고 강화도에서 사약을 받았으며, 그의 손자 이원범李元範(뒷날 철종)도 즉위 전까지는 강화도에서 조용히 살아야 했다. 강화도와 교동도보다 더 멀리 떨어진 백령도(곡도鵠島)에는 고려 건국의 공신이기도 했던 유금필庾黔弼이 유배되었고, 조선 중기 광해군 시절에 집권당인 대북파를 비판했던 이대기李大期도 이곳으로 유배되었다.

호남 해안은 섬이 많은 데다 한양과 멀리 떨어져 있어 중앙정부의 입장에서는 정치적 유배지로 삼기에 안성맞춤이었다. 진도에는 노수신盧守愼·김정金淨·조태채趙泰采 등이, 완도에는 지석영池錫永·이광사李匡師가, 흑산도에는 정약전丁若銓·최익현崔益鉉 등이, 나로도에는 이건명李健命·조관빈趙觀彬 등 굵직굵직한 인사가 유배를 갔다. 호남보다 멀리 떨어진 제주도에는 김정희金正喜·이익李瀷·송시열宋時烈과 소현세자昭顯世子의 세 아들 및 박영효朴泳孝, 고려 말의 승려 보우普愚 등이 유배를 갔다. 다들 한국사에 자취를 남긴 인물이다. 한양에서 멀리 떨어지기로는 호남과 마찬가지인 영남 남해안의 섬들도 유배지로 활용되었는데, 남해도에는 김만중金萬重·남구만南九萬·김종수金鍾秀가, 거제도에는 정몽주鄭夢周가 유배를 갔다. 조선 중기 두 차례의 큰 전란 이후 인구를 수용하고 간척과 토지 개간으로 경제적 도움을 주던 섬 지방에 대한 육지의 대응은 정치적 목적 아래 유배지로 이용했을 뿐이었다.

대한민국 정부가 수립된 뒤 본격적인 산업화의 길로 들어선 20세기 중·후반에도 사정은 크게 달라지지 않아서 섬 지방은 계속 소외의 시기

흑산도 | 중국의 닭 우는 소리가 들린다고 할 정도로 서해안에서 멀리 떨어진 섬인 흑산도는 조선시대 유배지로 이용된 외딴 섬이지만, 최근에는 전복 양식업으로 높은 소득을 올리고 있다. 사진은 최익현을 기리기 위해 1924년 최익현의 문하생들이 세운 '면암최선생적려유허비勉庵崔先生謫廬遺墟碑'이다.

강화도 | 한양과 가까워서 감시하기 좋다는 이유로 강화도는 왕족들의 유배지로 곧잘 활용되었다. 지금은 수도권과 가까운 데다 각종 역사 유적이 풍부하여 살아 있는 박물관으로 불린다. 위에서부터 차례대로, 철종이 왕위에 오르기 전까지 살았던 집인 용흥궁, 병인양요와 신미양요의 격전지 초지진, 강화 부근리의 지석묘이다. 부근리 고인돌은 길이 7.1m, 높이 5.5m이며, 그 무게만 50톤에 육박한다.

를 보냈다. 개발도상국으로서 빠르고 효율적인 경제개발을 위해 채택한 성장거점개발전략은 대도시 및 공업 도시 중심으로 진행되었다. 지역적으로는 수도권과 남동 임해 지역, 그리고 서울과 부산을 연결하는 축이었다. 서남 해안의 섬들은 개발의 혜택을 받지 못한 채 낙후 지역으로 남을 수밖에 없었다. 육지와 거리도 멀고 교통도 불편한 섬 지역이 개발되기는 어려운 시기였다. 섬 지역은 이렇게 외딴 곳이자 가난한 곳, 불편한 곳이 되어갔다.

신관광 1번지

그러나 한국이 선진국으로 발돋움하고 국민의 생활수준이 높아지면서 섬 지역은 새로운 전기를 맞이하기 시작한다. 더 나은 양질의 먹거리를 찾는 시대적 분위기는 신선하고 단백질이 풍부한 수산물과 몸에 좋은 천일염을 생산할 수 있는 섬에 대한 큰 관심을 유발했다. 대중적 관광지를 찾는 전통적인 관광 패턴에서 벗어난 생태 관광과 지속 가능한 환경을 추구하는 관광의 흐름은, 아름다운 비경과 아직 파괴되지 않은 생태 환경을 간직하고 독특한 민속을 유지하는 섬에 대한 여러 관광 상품을 만들어냈다. 제주도의 올레길을 비롯한 각종 트래킹 코스, 섬 지방 어촌의 각종 체험 관광, 유람선 일주 등은 이러한 시대적 변화에서 탄생한 관광 형태이다.

섬에 대한 국민적 관심과 수요가 높아지자 섬을 개발하고 정비하려는 움직임도 나타나기 시작했다. 육지와 가까운 섬에는 바다를 가로지르는 다리가 건설되면서 연륙화連陸化하였다. 빼어난 아름다움과 독특한 비경을 자랑하는 지형은 천연기념물이나 국가명승지로 지정하여 보호되었고, 환경에 대한 피해와 부담을 최소화하는 형태로 관광 개발이 이루어졌다.

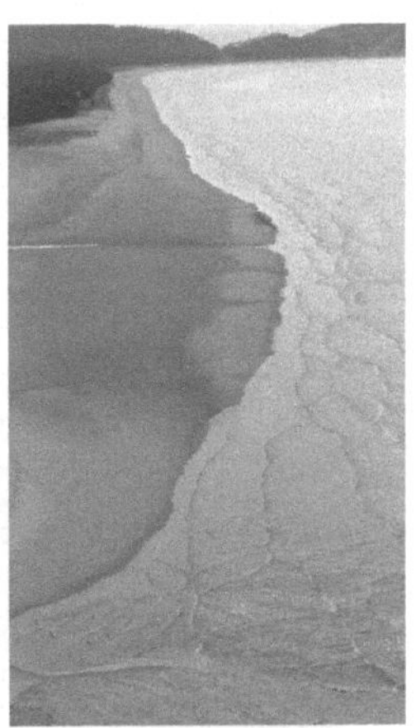

백령도 | 해안 절벽인 두무진(국가명승 8호, 왼쪽), 세계에서 두 곳밖에 없다는 천연 비행장 모래 해변인 사곶 해안(천연기념물 391호, 오른쪽), 그리고 매끈매끈한 자갈이 넓게 펼쳐진 콩돌 해안(천연기념물 392호) 등 신비로운 자연경관이 풍부한 섬이다.

인천에서 배로 4시간 걸리는, 오히려 북한과 더 가까운 외딴섬 백령도는 다른 곳에서 보기 힘든 신비로운 자연을 감상할 수 있는 섬이다. 남북의 긴장이 완화하고 자동차까지 실을 수 있는 대형 여객선이 취항할 만한 대규모 부두가 완공된다면 섬을 찾는 관광객 수도 훨씬 늘어날 전망이다. 육지와 두 개의 다리로 연결된 강화도는 고인돌 등의 선사 유적이 분포할 뿐 아니라 고려시대 대몽 항쟁 관련 유적, 조선 후기에 외적 방어 목적으로 세운 군사 유적이 남아 있어 섬 전체가 살아 있는 박물관으로 불린다. 서울 및 수도권과 가까운 거리라 주말이면 많은 사람들로 붐비는 명소이다.

소나무 숲과 해변, 낙조가 일품인 안면도는 중부 지방 서해안의 대표적인 관광지로 인기를 끌면서 수많은 펜션이 들어섰다. 기존의 안면대교 외에 서산방조제가 건설됨에 따라 외부와 이어진 교통도 매우 편리해졌다.

전북의 고군산군도는 새만금방조제의 완공에 따라 많은 관광객이 찾을

청산도 | 영화 〈서편제〉의 촬영지로도 유명한 청산도는 남도의 민속과 경관을 잘 보전하고 있어 걷기 코스로 사랑받고 있다.

것으로 전망된다. 전남의 증도와 청산도는 각각 친환경 자연식품인 천일염과 잘 보존된 민속이 알려지면서 슬로시티로 지정되었고, 전통문화와 깨끗한 자연환경을 감상하면서 천천히 걸으며 지역을 둘러보려는 관광객이 급증하고 있다. 홍도와 흑산도는 호남 지방 섬의 대표적인 국립공원이며, 푸른 바다와 울창한 숲, 깎아지른 바닷가 절벽이 관광객의 마음을 사로잡는 아름다운 섬이다. 완도와 보길도, 진도는 독특한 식생과 민속뿐 아니라 신라 시대 장보고, 조선 중기의 윤선도尹善道 등 지역의 역사적 인물이 남긴 유적으로 유명한 섬이다. 빼어난 해안 경관을 자랑하는 거문도는 영국군이 3년간(1885~1887)이나 점령했던 아픈 역사를 지닌 섬이다. 나로도는 최근 우주센터의 건설로 주목받고 있다.

경남의 섬들도 저마다 독특한 테마를 지닌 관광지로 발전하고 있다. 우

남해도와 소매물도 | 1960년대 독일에 광부와 간호사로 파견 나갔던 사람들이 한국으로 돌아와서 정착한 남해도의 독일마을은 전통 독일식 주택(위)이 들어서 있어 유명하다. 이곳은 친환경적 생태 숲인 물건리 어부림(☞81쪽 참조) 및 남해 바다와 조화를 이룬 관광지로 거듭났다.
통영의 소매물도에서 등대섬을 바라보는 풍광(아래)은 세계적 해양 관광지인 지중해 연안에 전혀 뒤지지 않는다는 게 중론이다.

리나라에서 규모가 큰 섬으로 꼽히는 거제도와 남해도는 공통적으로 수려한 해안 경관과 체험형 어촌 마을을 갖추고 있으며, 옛 포로수용소, 독일마을, 테마 식물원 등으로 유명하다. 두 섬은 일찍부터 육지와 다리로 연결되었는데, 최근에는 수도권과 연결되는 고속도로가 인근 지역까지 지나가면서 교통이 한결 편리해졌다. 충무공 유적으로 유명한 한산도, 예쁜 등대섬으로 알려진 소매물도도 개성 강한 관광지로서 변화하는 여행의 흐름을 대변한다.

육지와 멀리 떨어진 제주도와 울릉도는 한국의 관광지에서 빼놓을 수 없는 곳이다. 옛 탐라국으로서 육지로부터 종종 소외감을 당해야 했던 제주도는 유네스코가 지정한 세계자연유산까지 보유한 세계적인 관광지가 되었다. 울릉도는 아직 때 묻지 않은 자연환경을 간직한 데다 최근 독도 지키기 열풍이 불면서 독도와 함께 주목받고 있다.

대한민국헌법 제3조에 '대한민국의 영토는 한반도와 그 부속 도서로 한다'는 항목이 있다. 우리나라의 크고 작은 섬들은 분명 우리의 국토이지만 그동안 중앙정부와 육지로부터 곧잘 소외를 당했고 변방으로 취급받기 일쑤였다. 그러나 해양의 시대와 관광의 시대를 맞이한 오늘날 섬 지역은 그 가치를 새롭게 평가받고 있다. 대한민국의 섬들을 낙도落島가 아닌 보물섬으로 만드는 일은 전적으로 우리의 몫이다.

제주도 | 올레길은 생태적 걷기 여행의 열풍을 일으켰다. 사진은 올레길 여정의 표식인 '간세'이다.

04 간척의 대상이 아닌 소중한 땅으로 인식되어가는 갯벌

하늘이 준 선물

우리나라는 신생대 3기의 비대칭적 융기로 인해 동쪽은 높고 서쪽은 완만한 평야 지대가 펼쳐져 있다. 따라서 동해안으로 흐르는 하천은 경사가 급하고 짧아 상대적으로 무거운 모래를 동해로 운반하여 모래 해안을 곳곳에 형성해 놓았다. 반면 서해안은 해안선이 복잡하고 조류의 흐름이 활발하여 상대적으로 입자가 가늘고 고운 점토를 퇴적해 놓았다. 서해안에 갯벌이 드넓게 펼쳐진 이유다.

한반도의 갯벌 넓이는 약 5,300km²로, 이 가운데 남한이 2,550km²를, 북한이 2,670km² 정도를 차지하고 있다. 한반도의 갯벌은 유럽의 북해 연안, 중국의 황허 하구 일대, 브라질의 아마존 하구 일대, 캐나다 동부 해안과 더불어 세계 5대 갯벌에 속한다. 네덜란드, 독일, 덴마크에 걸친 북해 연안의 전체 갯벌이 9,000km²인 데 비하면 한반도의 갯벌이 얼마나 대규모이며 풍요로운지 알 수 있다.

대한민국 갯벌 가운데 약 78%인 1,980km²의 갯벌이 서해안에 집중되어 있다. 이 때문에 예로부터 서해안 일대는 갯벌의 활용에 대한 관심이 매

〈고기잡이〉 | 『단원풍속도첩』에 실린 김홍도의 〈고기잡이〉이다. 김홍도는 어릴 때 안산에서 강세황으로부터 그림을 배웠다. 김홍도가 이런 그림을 그릴 수 있었던 것은 서해안의 어살을 많이 보았기 때문일 듯싶다. 어살은 그림과 같이 갯벌에 대나무를 설치하여 조류의 흐름에 따라 이동하는 고기를 잡는 장치이다.

우 높았던 곳이다. 1231년 몽골의 침략을 받은 고려 정부는 강화도로 천도를 단행한 바 있다. 말은 갯벌에서 힘을 못 쓰니 당시 세계 최강의 몽골 기마병을 무력화시키기 위함이었다. 또한 고려 정부로서는 강화도 일대의 갯벌을 간척하여 부족한 식량을 확보하고, 이를 통해 몽골 침략의 비상사태를 극복하려는 목적도 있었다.

조선시대에 들어와서는 인구의 증가와 농업생산력의 발달로 토지 수요가 높아짐에 따라 서해안의 갯벌에 대한 이권 쟁탈이 치열해졌다. 서해안의 갯벌은 간척을 통해 농경지를 늘리기에 제격이었고, 어살이나 독살과 같은 전통적 어업 시설을 설치하여 고기를 잡기도 좋았다. 또한 염전을 경영해도 막대한 이익을 건질 수 있었다. 따라서 갯벌의 소유권이나 간척권을 둘러싸고 왕실의 종친과 세도가의 권력자들 사이에는 치열한 다툼이 벌어지곤 했

김제평야 | 갯벌의 간척으로 농경지가 넓어진 김제는 지평선의 고장으로 불린다.

다. 이들은 특히 한양과 가까운 경기만 일대의 서해안에 눈독을 들였다.

일제강점기에 들어오면서 갯벌은 농업을 위한 본격적인 간척의 대상이 되었다. 제1차 세계대전 이후 일본에서는 산업혁명이 진행되고 이농 현상으로 인한 쌀 생산 감소와 쌀값 폭등의 문제에 직면했고, 쌀 소동(1918)까지 벌어졌다. 결국 본국의 어려움을 타개하기 위해 일제는 1920년대에 식민지 조선에서 산미증식계획을 수립하였다. 일제는 한반도의 서해안을 간척하여 쌀을 확보하려는 계획을 세우고, 이에 더해 본토 주민의 농업 이민도 적극 장려했다. 일제강점기에는 주로 전북 김제·군산·고창 등지와 전남 함평·영암 등 호남의 서해안 일대가 관심 지역이었으며, 이에 따라 이곳에 많은 간척지가 생겨났다. 충청 지방의 서해안인 당진·아산·서산·홍성에서도 간척이 이루어졌다.

도깨비방망이 갯벌의 사라짐

기술과 장비가 급속히 발달하고 산업화가 진행되면서 갯벌은 대규모 간척 사업의 장소로 변하였다. 식량 자급이 최우선의 과제였던 산업화 시기에 갯벌은 드넓은 농토를 만들어내는 '도깨비방망이'였다. 간척 사업을 통한 농토의 확장이 쌀의 증산과 자급에 큰 기여를 했음은 물론이다. 지속적인 간척으로 당진·해남·서산 등지가 논 면적이 넓은 지역으로 새롭게 떠올랐다.

갯벌을 간척한 땅은 농토로만 쓰이지 않았다. 바다를 끼고 있는 간척지는 원료를 수입하고 제품을 수출해야 하는 산업단지를 만들기에 안성맞춤이었다. 국토 균형 발전이라는 목표를 달성하기 위해서라도 그동안 산업화가 지체되었던 서해안 지방의 갯벌을 간척할 필요성이 높아졌다. 인구 집중이 급격히 이루어진 수도권의 서해안 간척지나 매립지에는 대규모 아파트 단지가 들어서고 신도시가 세워졌다.

갯벌을 매립한 간척지는 점점 만능이 되어갔다. 이미 세계적인 공항으로 발돋움한 인천국제공항은 영종도와 용유도 사이의 갯벌을 매립하여 조성된 곳이다. 21세기 동북아시아의 비즈니스 중심지를 지향하는 인천의 송도 정보화 신도시도 갯벌이 아니었다면 결코 만들어지지 못했을 터다. 그뿐이랴. 심지어 서울과 수도권 주민들의 쓰레기를 매립하는 수도권 매립지도 갯벌을 매립하여 만들어졌다.

이처럼 갯벌은 오랫동안 간척의 대상으로만 여겨졌고 굉장히 다양한 용도로 요긴하게 쓰여졌다. 그러나 그만큼 갯벌은 점점 사라져갔다. 갯벌은 간척을 하지 않으면 아무 쓸모가 없는 땅으로 인식되기까지 했다. 이런저런 이유로 '없앤' 갯벌은 이미 우리나라 갯벌의 40%에 이른다.

안산 공업단지와 송도 국제도시 | 갯벌은 그동안 여러 가지 용도로 간척되어 사라졌다. 농경지로 만들어졌음은 물론이고, 공업 위성도시 안산의 공단은 갯벌이 없었다면 만들어지지 못했을 것이다(위). 송도 국제도시는 인천의 갯벌을 간척한 뒤 세워진 신도시이다(아래).

이러다가 우리나라의 갯벌이 다 사라지는 것은 아닐까 하는 걱정과 우려의 목소리가 높아지기 시작했다. 마침내 갯벌의 가치와 효용에 대한 과거와 다른 시각의 연구가 쏟아지면서 갯벌을 보는 사람들의 인식이 달라지고 보전 움직임도 활발해졌다. 특히, 갯벌이 쓸모없는 검은 땅이 아니라 생태계의 보고이며 해양오염을 완화하는 바다의 콩팥이나 스펀지 기능을 한다는 점이 알려지면서 더욱 본격적으로 보전운동이 벌어지고 있다. 나아가 보전 그 자체에만 머무르지 않고, 산업화 시대와는 다른 여러 가지 목적과 용도로 재활용되고 있다.

새로운 가치와 용도의 발견

기존의 주입식 교육이 아닌 창의력을 중시하는 구성주의 교육, 열린 교육, 수요자 중심 교육이 교육의 새로운 패러다임으로 부상하고 있다. 즉 다양한 가치관을 인정하면서 학습자 중심의 다양하고 창의적인 사고의 평가 등으로 교육 방법의 전환이 일어나고 있는 것이다. 이에 따라 체험 학습의 필요성이 절실해졌으며, 그 비중이 과거에 비해 크게 강화되었다. 갯벌은 이렇게 변화하는 교육 목표에 아주 부합하는 체험 학습 장소이다. 학생들은 갯벌을 밟아보고 느껴보고 그곳에 사는 생물을 관찰하면서 갯벌의 가치를 깨닫는다. 천연기념물로 지정된 강화도의 갯벌에는 갯벌센터가 만들어져서 갯벌 체험과 동시에 갯벌에 대한 전시 및 교육을 담당하고 있다.

갯벌은 공원으로도 이용된다. 독일처럼 국립공원으로 지정하는 수준까지는 아니지만 갯벌과 습지를 생태공원으로 활용하는 지방단치단체가 생겨나고 있다. 안산의 갈대습지공원은 시화호의 수질오염을 막기 위해 인공적

인천 드림파크와 안산 갈대습지공원 | 인천의 수도권 매립지는 갯벌을 간척하여 폐기물을 매립했던 곳이지만 최근에 흙과 식생으로 덮어 드림파크로 만들었다. 매립지의 가스를 이용하여 키운 국화와 야생화가 볼거리인데, 매년 가을에 국화축제를 개최한다(위). 안산 갈대습지공원은 시화호의 수질 개선과 휴식 공간 제공을 위해 조성한 인공 습지와 갯벌이다(아래).

사진 제공 : 한국관광공사

시흥 갯골생태공원과 신안 증도의 갯벌 | 시흥 갯골생태공원은 경기도 유일의 내만 갯골로서 옛 염전의 정취를 느낄 수 있는 공원이다. 생태 탐방로를 따라 가면 갯벌에 사는 갖가지 종류의 염생식물을 관찰할 수 있으며(위 왼쪽), 옛 염전을 복원해 놓은 곳에서는 천일염 생산도 체험할 수 있다. 높이 22m의 6층 전망대에 오르면 주변 풍광을 한눈에 볼 수 있다(위 오른쪽).
전남 신안군 증도에서는 해마다 짱뚱어다리를 무대로 갯벌축제가 열린다. 짱뚱어다리는 갯벌 위에 길게 드리워진 다리로, 썰물 때 짱뚱어가 뛰어다닌다고 해서 붙은 이름이다(아래). 물이 빠지면 갯벌 체험도 가능하다.

으로 조성한 습지공원이다. 안산 시민에게는 좋은 휴식처이자 시화호의 수질 개선에도 큰 기여를 하고 있다. 인천의 수도권 매립지는 갯벌을 매립하여 폐기물을 처리해왔던 곳이지만, 이를 흙으로 덮고 나무를 심어 숲을 조성하면서 드림파크라는 거대 공원으로 변신했다. 시흥은 갯벌과 폐염전 등을 활용하여 갯골생태공원을 만들었고, 인천도 비슷한 성격의 소래습지생태공원을 만들어서 수도권 학생들의 자연학습장으로 주목을 받고 있다. 그 밖에 서해안의 여러 지역에서도 갯벌생태공원을 조성하는 중이다.

심미적인 가치의 변화도 갯벌의 용도를 변모시키고 있다. 서해안의 낙조나 철새가 날아드는 풍경을 배경으로 하는 갯벌의 경관에 대해 관심과 호감이 날로 높아지고 있으며, 영화·드라마·다큐멘터리 같은 영상물에서 갯벌을 비중 있게 다룸에 따라 앞으로 갯벌을 관광지로 인식하는 문화는 더욱 강해질 듯하다. 갯벌을 바라보고 그 주변을 거니는 것 자체가 훌륭한 생태 관광의 하나이다. 갯벌에서 자연을 체험하는 친환경적인 축제도 다양하게 즐길 수 있다.

충남 서산의 천수만 갯벌에서는 해마다 겨울이면 떼 지어 날아오는 철새를 관찰하는 철새축제가 열리며, 전남 신안에서는 갯벌축제가 열린다. 충남 보령에서는 갯벌의 흙을 이용한 머드축제가 매년 여름 인기리에 개최되고, 머드 목욕을 상시적으로 할 수 있는 머드체험관도 마련되었다. 피부에 좋다는 머드는 화장품, 비누 등을 제조하는 원료로 쓰여 갯벌이 공업 원료로까지 이용되는 단계에 이르렀다.

갯벌은 넉넉하고 신선한 수산물을 품고 있을 뿐 아니라 생태계와 환경 보전의 중요한 역할을 담당해온, 국토의 소중한 일부다. 하지만 검고 쓸모없는 땅으로 인식되어왔기에 간척의 대상으로만 여겨졌고, 비좁은 국토에 대한 대안책으로 꾸준히 간척되었다. 갯벌이 희생되면서 만들어진 땅은 식

무한한 생명의 땅, 갯벌 | 다큐멘터리 영화 〈살기 위하여〉에서 전북 부안 계화도 주민들은 갯벌에 있을 때 가장 행복감을 느끼는 소박한 사람들이다. 이들은 서로 공생하며 살아가기 위해 절박한 외침을 부르짖는다. "사람도 조개도 갯벌도 모두 생명이다!" 사진은 영화 〈살기 위하여〉의 스틸 컷이다.

량 자급 달성과 산업화·도시화, 그리고 교통의 발달에 크게 이바지했음은 두말할 나위도 없다. 갯벌이야말로 한국이 선진국의 반열에 오르는 데 기여한 일등 공신 중 하나로 꼽아도 괜찮을 듯싶다.

그러나 이제는 좀 신중해져야 하지 않을까. 갯벌을 메우고 없애야 할 정도로 우리가 다급하고 쪼들리는 단계는 분명히 아닌 만큼, 갯벌 자체에도 무한한 생명과 존재 이유가 있음을 고려해야 하지 않을까? 갯벌에 많은 희생을 강요했고, 또 그를 통해 많은 이익을 보아왔으므로 이제부터라도 휴식을 좀 주어야 하지 않을까? 갯벌 그 자체가 더 많은 이익과 경쟁력을 가져다줄지도 모르니 말이다. 그리고 갯벌도 엄연한 우리 국토니까.

05 어둡고 축축해서 사람들이 찾게 된 장소, 동굴과 터널

오랜 시간에 걸친 탄생

어둡고 축축하고, 그래서 두려우면서도 들어가보고 싶은 호기심을 불러일으키는 곳, 바로 동굴과 터널이다. 자연적으로 형성된 동굴도 있지만 근현대에 들어와 각종 토목공사와 교통로를 건설하면서 인공적으로 만든 터널도 있다. 우리나라에는 석회암 지형에서 발달한 석회동굴이 많고 화산지형에 속하는 용암동굴도 있으며, 근대화·산업화와 국토 개발 과정에서 생겨난 터널도 여러 군데에 분포한다.

인류의 역사를 보면 동굴은 초창기에 주거지와 피난처로 많이 이용되었다. 선사시대 사람들이 주로 동굴 속에서 살았음은 여러 가지 선사 유물과 동굴벽화 등을 통해 증명된다. 선사시대인들은 동굴에 들어가서 비나 눈을 피했고 맹수의 공격에 대비했다. 인간 사회에 계급이 발생하고 국가가 생기면서 수없이 많은 전쟁이 발발했는데, 이때 동굴은 참혹한 전란을 피해 숨어 살 수 있는 최적의 장소였다.

한반도는 매우 역사가 오래된 땅이다. 이미 30억 년 전인 시생대 중반부터 한반도가 형성되기 시작했다고 보고 있다. 이후 원생대를 거쳐 고생

석회동굴 | 삼척은 동굴의 도시로 이미지메이킹을 하면서 2002년에 세계동굴엑스포를 개최하였다. 삼척의 환선굴은 우리나라 석회동굴 가운데 가장 대규모이며 최고 걸작으로 꼽힌다(왼쪽). 충북 단양의 고수동굴도 유명한 석회동굴이다. 석회동굴 안에는 종유석과 석순 등 특이한 지형이 많아 신비로움을 자아낸다(오른쪽).

대로 접어들면서 한반도에는 주목할 만한 변화가 나타났다. 고생대 캄브리아기와 오르도비스기 사이(약 4억 년 전)에 위도상으로 적도 남쪽 약 5° 주위의 따뜻한 바다 밑에서 조개껍데기와 산호가 퇴적되었다. 이런 퇴적층의 주성분은 조개껍데기 등에서 나온 탄산칼슘이므로 이후 석회암층으로 발달했다. 이 퇴적층은 이후 서서히 북쪽으로 이동하여 지금으로부터 약 1억 6,000만 년쯤 전에는 현재의 강원도 남부 및 충청북도 북동부 쪽에 이르렀다. 지구의 끊임없는 지각변동 및 지각판과 대륙의 이동이 적도 근방의 열대지방 해저지형 일부를 온대지방의 반도로 가져다 붙인 셈이다.

석회암을 이루는 주성분인 탄산칼슘은 산성을 띠는 물에 녹는 성질이 있다. 땅속으로 스며든 빗물과 지하수가 오랜 세월 동안 석회암층 사이를 흐르면서 석회암을 녹인 결과 석회동굴이 만들어졌다. 이렇게 형성된 석회

피난처로 이용된 동굴 | 제주 4·3 사건을 소재로 한 영화 〈지슬 : 끝나지 않은 세월 2〉에는 주민들이 용암동굴로 피신하는 장면이 나온다. 사진은 영화의 스틸 컷이다.

동굴은 강원도 영월·삼척·정선, 충북 단양, 경북 울진 등지에 주로 분포하는데, 예부터 대규모 전란이 일어날 때면 피난처로 많이 이용되었다. 우리나라에는 약 300여 개의 석회동굴이 분포하고 있는 것으로 집계된다.

화산지형이 많이 집중되어 있는 제주도에는 약 60여 곳의 용암동굴이 있다. 화산 폭발로 분출한 마그마가 지표면 위로 흘러내릴 때 용암의 표면은 공기와 접촉하면서 식어 굳어지지만 용암의 안쪽은 계속 흘러 빠져 나가는 과정에 형성된 것이 용암동굴이다. 제주도의 대표적 용암동굴인 만장굴은 약 30만 년 전에 형성된 것으로 추정된다. 용암동굴 역시 선사시대의 주거지로 이용되었을 것으로 짐작되며, 전란이 발생할 때는 주민들의 피난처로 이용되기도 하였다. 특히 1947년부터 1948년 사이의 제주 4·3사건 때 용암동굴은 토벌대와 빨치산의 공방전에서 시달리던 주민들의 피난처 역할을 하였다.

쓰임새가 없어진, 골칫덩어리

대한제국의 근대화 사업이 진행되었을 때와 일제강점기에 철도라는 근대 교통이 도입되었다. 기본적으로 산악 지형이 많은 한반도에 철도를 부설하기 위해서는 여러 곳에 터널을 뚫어야 했다. 지하자원을 채굴하기 위해 광산을 개발하는 과정에서도 인공적인 터널을 굴착하기 마련이었다. 해방 후 경제개발 시기에는 대규모 사회간접자본 조성을 위한 토목공사가 잇달았는데, 그 과정에서 여러 가지 이유로 인공 터널이 많이 생겨났다.

석회동굴이나 용암동굴 같은 천연 동굴은 문명이 발달하고 도시화·산업화가 진행되면서 예전과 같은 쓸모가 없어졌다. 본격적인 대중 관광 시대가 도래하기 전에는 관광지로도 이용되지 않았으며, 그나마 유명한 몇몇 동굴만 명승지로 개발되었을 뿐이다. 제주 용암동굴의 경우에는 학술적 가치조차도 잘 알려지지 않았다. 동굴이라고 할 때 떠오르는 이미지, 곧 어둡고 축축하고 괴기스러우며 위험하다는 관념이 여전히 사람들을 지배했다.

부설된 지 오래되어 노후화한 데다 자동차나 항공기 등 경쟁 교통수단의 눈부신 발달로 철도 교통에 현대화 사업이 필요해졌다. 복선화 사업과 전철화 사업, 철로 직선화 사업으로 일부 철도 구간은 폐선되기에 이르렀고, 이러한 철로에 만들어졌던 터널들도 용도 폐기되었다. 모두 철거하기에는 비용이 만만찮았기 때문에, 오히려 그 활용 방안을 놓고 고민해야 할 존재가 되었다.

지하자원을 채굴하려고 파 놓은 터널도 자원의 고갈이나 인건비 등의 생산비 상승에 따라 더 이상 활용하기 힘든 경우가 많았다. 이러한 터널은 그냥 방치되기 일쑤였는데, 그대로 두었다가는 사고의 위험도 있기 때문에 마땅한 활용 방안을 찾아야 했다.

광명동굴 | 경기도 광명시의 광명동굴은 1912~1972년까지 광석을 채굴했던 곳이다. 동굴 앞에는 광석을 채굴했던 산업 시설의 흔적이 남아 있다. 사진은 광석을 골라내던 선광장選鑛場 터이다.

색다른 체험 공간

그런데 어둡고 칙칙하기만 한 동굴은 바로 그 같은 이유로 존재 가치가 있었다. 캄캄한 동굴의 내부는 적절한 조명만 비춰주면 오히려 신비로움을 발산하는 이색적인 장소가 되었다. 특히 석회동굴은 석회암이 동굴 벽을 타고 흐르는 지하수에 녹아 만들어진 종유석이나 석순 등의 독특한 지형으로 그 매력을 배가했다.

동굴의 또 다른 매력은 사계절 관광이 가능하다는 데 있다. 여름에는 땅속에서 불어오는 찬바람 덕분에 시원하지만, 겨울에는 바깥의 찬 공기가 어느 정도 차단되어서 상대적으로 따뜻하기에 비수기가 없는 관광지이다. 지

화암동굴 | 동굴은 대부분 산 중턱에 위치하고 있으므로 모노레일 등의 시설로 접근성을 강화한다. 강원도 정선의 석회동굴이자 폐금광인 화암동굴도 모노레일을 운행하고 있다.

방자치단체들은 지역에 분포한 천연 동굴을 탐사하여 안전 진단을 한 뒤 개방을 해서 입장료 수입을 챙기기 시작했다. 자가용 승용차 시대가 개막되고 대중교통이 발달하면서 비교적 대도시에서 멀리 떨어진 곳에 입지한 천연 동굴로 관광객이 몰려들기 시작했다. 강원도 삼척시는 동굴의 도시를 표방하면서 세계동굴엑스포 행사를 개최했다. 영월군도 동굴 전시관과 탐사관을 만들어 우리의 자연과 지질을 구경하려는 관광객을 불러들였다.

제주도의 용암동굴은 그 지질 및 학술적 가치를 인정받아 유네스코 지정 세계자연유산에 선정되는 쾌거를 이루었다. 용암동굴을 비롯한 제주도의 화산지형은 유네스코가 지정하는 생물권보전지역(2002), 세계자연유산(2007), 세계지질공원(2010)에 모두 등재됨으로써 유네스코 지정 자연환경 분야의 3관왕을 차지했다. 이는 제주도가 세계적인 자연 관광지임을 의미하며, 국내외의 많은 관광객이 만장굴·협재굴과 같은 용암동굴을 찾아본다는

와인터널 | 옛 경부선 터널인 경북 남성현 터널은 청도의 특산물인 감을 발효시킨 감 와인의 숙성 및 저장소로 이용되고 있다. 서늘한 터널에서 감 와인을 맛보는 즐거움은 특히 여름철에 인기다.

사실을 말해준다.

폐선된 철도 구간의 옛 터널들도 조금씩 활용되고 있다. 경북 청도군의 남성현 터널은 1904년에 완공된 경부선 철도의 터널이었다. 길이 1km가 조금 넘고 폭 4.5m, 높이 5.3m인 이 터널은 경사가 급하고 운행 거리가 멀어졌다는 이유로 1937년 남성현 상행선 터널을 개통할 때 사용을 중지시켰다. 그러나 2006년부터 청도군은 이 지역의 특산물인 감을 발효시켜 만든 감 와인의 숙성 장소로 이곳을 활용하였다. 연중 15~16℃의 기온과 60~70%의 습도가 유지되기 때문에 와인을 숙성, 저장하는 데 최적의 장소이다. 청도군은 이 터널에 와인 시음 및 저장 공간의 면적을 늘려 관광객도 유치하고 특산물도 홍보·판매하는 일석이조의 효과를 얻고 있다. 무더운 여름철에는 와인터널의 입구가 교통 체증으로 크게 붐비는 바람에 들어가지도 못하고 돌아가는 사람이 생길 정도로 인기가 많다.

무주 머루와인동굴 | 전북 무주는 포도에 비해 영양가가 풍부한 머루로 와인을 만들어서 이를 터널에 저장하고 관광객에게 판매하고 있다.

중앙선을 복선 전철화하면서 폐선된 수도권 한강 변 철로의 터널들은 자전거 여행객의 이색 체험과 더위를 식혀주는 역할을 하고 있다. 한강을 따라 달리며 사이클링을 즐기는 자전거 마니아들은 터널 속을 질주하는 색다른 흥분을 맛보기도 한다.

경부선의 터널로 이용되었던 경북 칠곡의 왜관터널은 1941년 경부선의 복선화 사업으로 철로가 이설됨에 따라 사용되지 않고 방치되었다가 2006년에 그 가치를 인정받아 등록문화재로 지정되었다. 아직 구체적인 활용 방안을 찾지 못한 상황이지만 문화재로 지정된 만큼 적절한 활용이 기대되고 있다. 최근 이 터널에 관심을 갖는 사람들도 점차 늘어나고 있다.

전북 무주에는 양수발전소가 있다. 양수발전소는 산꼭대기에 상부 댐을, 산 아래에 하부 댐을 만들어서 물을 떨어뜨리고 그 낙차를 이용하여 전력을 생산하는 수력발전소이다. 전력을 적게 쓰는 심야에 남는 전력을 활용하여 하부 댐의 물을 상부 댐으로 끌어올린 뒤 다시 전력 생산에 활용한다.

1988년부터 1995년까지 진행된 무주 양수발전소 공사 기간에 작업용으로 파 놓은 터널은 2000년대 들어 무주가 머루 생산지로 인기를 끌면서 머루 와인의 숙성 및 저장 동굴로 이용되기 시작했다. 작업용 터널이라 추가 비용 없이 적절하게 재활용한 사례에 해당한다. 무주 지역의 머루 와인은 모두 이곳에 저장된다. 무주 양수발전소와 적상산성 및 『조선왕조실록』 적상산 사고史庫를 찾아오는 관광객은 이곳에 들러 와인을 시음하고 사 가는 경우가 많다.

경기도의 광명동굴은 수도권 유일의 동굴 관광지로, KTX 광명역과 가까우며 전철을 타고 쉽게 갈 수 있어 수도권 주민에게 인기를 모으는 곳이다. 원래 금, 은, 동, 아연 등 금속을 채굴하는 가학광산이었으나 1972년에 폐광된 뒤 인근 소래포구의 새우젓을 저장하는 동굴로 이용되었는데, 2011년 광명시가 매입하면서 영화 상영 및 콘서트장, 새우젓 및 와인 저장소 등으로 개발했다. 앞으로 동굴 탐사 체험과 와인 카페로도 활용할 예정이라고 한다.

세상에는 버릴 것, 쓸모없는 것은 없다고 한다. 어둡고 축축해서 부정적 이미지가 강한 동굴과 터널은 생각하기에 따라 이처럼 쓰임새가 많다. 사물에 빛과 그림자가 있고, 장점이 있으면 단점도 있는 세상 이치와도 같다.

동굴의 쓰임새 | 동굴은 연중 12℃ 정도의 기온이 유지되기 때문에 냉방이나 난방이 필요 없어서 영화 상영과 공연 개최에 적합하고, 발효 식품을 저장하기에도 알맞다. 사진은 광명동굴 안에 대형 스크린이 설치된 공연장이다.

06 물 저장 기능을 넘어 휴양 기능까지, 호수와 저수지

호수의 유형

호수란 무엇인가? 땅으로 둘러싸이고 수심이 비교적 깊은 물이 고여 있는 지형을 말한다. 호수가 형성되는 원인에는 여러 가지가 있지만, 지각변동이나 화산활동이 그리 활발하지 않았고 대륙 빙하로 덮여 있지 않았던 우리나라는 자연적으로 형성된 호수가 많지 않다.

우리나라의 호수로는 우선 석호를 꼽을 수 있다. 석호는 내륙으로 깊숙이 들어온 만의 입구에 모래 등의 퇴적물이 쌓여 가로막혀서 만들어진 호수다. 석호는 과거 기후변동의 영향을 받기도 했는데, 빙하기가 끝난 뒤 평균기온이 오르기 시작한 후빙기에 빙하가 녹으면서 해수면이 상승하자 바닷물이 내륙 깊숙이 들어오면서 만이 형성됨으로써 만들어졌다. 우리나라의 석호는 굵은 모래가 퇴적되기 좋은 동해안에 주로 분포하고 있으며, 대표적으로 강릉의 경포호, 속초의 영랑호와 청초호, 고성의 화진포호가 있다.

과거 화산 폭발로 형성된 대규모의 분화구에 물이 고여 만들어진 호수는 칼데라호라고 한다. 백두산의 정상에 있는 천지가 바로 칼데라호이다. 반면 똑같이 화산활동으로 만들어진 한라산 정상의 호수인 백록담은 규모

석촌호수 | 서울 잠실의 석촌호수는 본래 한강의 본류로서 한성과 삼남 지방의 뱃길을 잇는 송파 나루터가 있던 곳이었다. 석촌호수는 동호와 서호로 나뉘어 있으며, 동호 쪽에는 이곳이 옛 나루터였음을 알려주는 표석이 있다.

가 작기 때문에 화구호로 분류된다.

하천의 유로가 변동하면서 호수가 만들어지기도 한다. S자 형태로 심하게 굽이쳐 흐르는 하천이 오랜 시간에 걸쳐 물길을 바꿈에 따라 옛 하천의 일부 흔적이 호수로 남는다. 이러한 호수를 우각호라고 하는데, 대체로 소뿔 모양이기 때문에 그런 이름이 붙었다(☞ 26쪽 범람원 모식도 참조). 서울 잠실의 석촌호수가 우각호의 일종이다. 역사에 기록될 정도의 대홍수였던 1925년 을축년 홍수 때 한강의 물줄기가 크게 바뀌어 잠실 깊숙이 곡류하던 한강의 일부가 호수로 남았고, 여기에 한강개발사업의 영향으로 제방이 축조되면서 한강 본류와 차단된 것이다.

후빙기의 해수면 상승 이후 홍수 때마다 지속적으로 범람한 하천의 물이 지대가 낮은 주변에 고여 만들어진 호수도 있다. 2008년, 세계 환경올림픽으로도 불리는 습지 보전 협의 기구인 람사르 협약 국제총회가 개최된 경남 창녕의 우포도 이런 과정으로 만들어진 호수(습지)이다.

우리나라에는 없지만 유럽이나 북아메리카에는 빙하호도 많다. 과거 빙하가 흐르다가 지표면을 깎아 만들어진 웅덩이에 물이 고이거나, 빙하가 녹은 물이 흐르다가 빙하 퇴적물에 막혀서 고이면 빙하호가 만들어진다. 알프스 일대나 북유럽의 아름다운 호수들은 빙하호에 해당한다. 미국과 캐나다의 국경에 분포하는 대규모 호수인 오대호(슈피리어호·휴런호·미시간호·온타리오호·이리호)도 빙하호이다.

한국에 특히 발달한 인공 호수

우리나라에는 자연호가 적은 반면에 저수지나 인공 호수가 많다. 여름철에 강수량의 60% 가까이가 집중되기에 우리나라는 계절에 따른 강수량의 편차가 매우 크다. 또한 해마다 강수량의 기복이 심한 탓에 가뭄과 홍수를 반복적으로 경험한다. 이런 까닭에 역대 왕조와 통치자들은 저수지를 조성하여 농사에 대비하였다. 우리의 주식인 쌀은 성장기에 많은 비와 높은 온도를 필요로 하는 작물이기 때문이다. 김제에 그 흔적의 일부가 남아 있는 벽골제는 삼국시대에 조성되었던 저수지이며, 제천의 의림지, 밀양의 수산제도 마찬가지다. 인구가 늘어나면서 쌀의 자급이 중요 과제로 떠오르자 이후에도 전국 곳곳에 많은 저수지들이 만들어졌다.

앞에서도 밝혔듯이 우리나라는 국토 면적의 협소함과 식량 부족 문제를 해결하기 위해 서해안 곳곳에 간척 사업을 실시했다. 서해안은 갯벌이 넓고 수심이 얕으며 해안선이 복잡하여 간척 사업을 하기에 유리한 지형적

김제 벽골제 | 삼국시대에 만들어진 최초의 관개용 저수지였다. 지금 유적에는 3km의 제방과 수문 석주가 남아 있다. 벽골제에는 원래 총 5개의 수문이 있었지만, 현재 그중 2개만 남아 있다. 사진은 두 개의 돌기둥만 남은 장생거長生渠 수문이다.

조건을 갖고 있다. 고려 중기부터 시작되었을 것으로 추정하는 간척 사업은 조선시대에도 계속되었고 일제강점기부터는 한층 더 대규모로 진행되었다. 산업화 시대부터는 발달된 토목 기술을 바탕으로 대형 국토개발사업으로까지 발전하였다. 그러나 원래 바다였던 곳에 간척 사업으로 만들어진 농경지나 공업 용지에는 물을 공급하는 하천이 존재하지 않았다. 따라서 간척 사업은 땅을 만듦과 동시에 대규모 인공 호수를 간척지에 조성해야만 하는 일이었다. 시화호는 시화 간척지에 조성된 대표적인 인공 호수이다.

홍수와 가뭄이 잦다 보니 물을 저장하고 전기도 생산하는 다목적댐을 활발히 건설했다. 이렇게 만들어진 댐으로 인해 강물의 흐름이 차단되고 수몰 면적이 늘어나면서 하천의 일부가 호수화되었다. 춘천은 북한강에 세운 댐의 영향으로 소양호와 의암호, 춘천호를 거느린 호반의 도시가 되었다. 충주도 남한강에 충주댐이 건설되면서 충주호라는 대형 호수를 거느리

소양호 | 1973년 소양강댐이 만들어지면서 한국 최대의 인공 호수인 소양호가 생겼다. 사진에 보이는 다리는 소양호 중심부에 세워진 소양 2교로, 춘천의 강북과 강남을 이어주는 다리이다

게 되었고, 안동도 낙동강의 안동댐을 통해 형성된 안동호를 옆에 둔 호수의 도시가 되었다.

바닷물의 역류에 따른 염해를 막고 하천의 이용을 늘리기 위한 방조제와 하굿둑의 건설로 하천 하구가 호수화되는 경우도 있다. 아산방조제는 안성천 하구를 평택호로 만들었고, 삽교방조제는 삽교천 하구를 삽교호로 바꾸어 놓았다. 영산강하굿둑은 영산강 하구에 영산호를, 금강 하굿둑은 금강 하구에 금강호를 생겨나게 했다.

수변 공간으로 되살아나다

우리나라의 저수지는 기본적으로 농경지에 물을 공급하는 기능을 해왔

시화호와 시화방조제 | 시화호는 경기도 안산시, 시흥시, 화성시에 걸쳐 있는 인공 호수이다. 1994년에 시흥시 오이도와 안산시 대부도를 잇는 12.7km의 시화방조제(오른쪽)가 완공되면서 생겨났는데, 처음에는 수질오염이 심각했으나 지금은 친환경적 개발로 변신을 꾀하고 있다.

다. 그러나 대규모 댐이 건설되거나 혹은 관개시설의 신설과 확장 등으로 본래의 기능을 잃어버리고 축소되는 저수지도 늘어났다. 이런 저수지들은 사실상 별다른 기능을 하지 못하거나 낚시터의 역할밖에 하지 못했다. 그다지 많이 분포하지 않는 자연 호수들도 산업화 시대에는 특별한 기능을 하지 못했다. 심지어 평야 지대의 저습지에 형성된 자연 호수는 농경지나 아파트 단지 개발을 목적으로 매립되는 사례도 나타났다.

인공 호수는 소기의 목적을 가지고 조성되었으며 산업화의 기반 시설로서 그 역할을 다했지만, 환경을 중시하는 시대 분위기가 형성되면서 개발 위주의 국토 정책이 낳은 시설로 폄하되기도 하였다. 간척지에 조성된 호수는 수질 악화로 애물단지가 되기도 하였고, 다목적댐으로 인해 형성된 호수는 인근 지역의 기온을 떨어뜨리고 안개를 발생시켜 농업을 방해하고 교통사고와 호흡기 질환, 대기오염을 증폭시키는 주범으로 지목되었다. 방조제와 하굿둑은 여러 가지 긍정적 기능에도 불구하고 하천의 원활한 흐름을 막아 수질을 떨어뜨리며 생태계를 교란하는 시설로 비난받았다.

그러나 이런 시설은 또 다른 역할로 새롭게 조명받기 시작했다. 워터프런트water front라고 불리는 수변 공간에 대한 국민의 선호도 증가, 여가와 환경, 건강을 중시하는 사회 분위기는 한동안 개발에 밀려서 잊혔던 저수지와 호수에 대한 수요를 불러일으키고, 그 가치와 역할을 새롭게 평가하는 데 이르렀다. 생활수준이 높아지면서 사람들은 자연스럽게 걷기와 산책 등의 운동 및 여가 활동을 즐겼는데, 이러한 활동을 하기에 저수지나 호수는 더없이 좋은 곳이다. 사람들은 맑은 물이 있는 저수지나 호숫가를 걷고 뛰거나 산책하면서 여가를 즐기고, 물을 바라보면서 안정감을 느끼곤 한다. 이렇게 국민의 사랑을 받는 곳으로 거듭나고, 이에 더해 중앙정부나 지방자치단체가 저수지와 호수의 수질 개선에 많은 예산을 배정하고 투자하자, 한때 외면받던 이런 장소는 관광 명소나 휴식 공간으로 자리를 잡아갔다.

우각호의 일종인 서울 잠실의 석촌호수는 주변에 롯데월드라는 테마공원이 들어서면서 새롭게 변신한 곳이다. 과거 호수 주변의 포장마차에서 버려지는 오수 때문에 심각한 수준의 오염이 발생하기도 했지만, 송파나루공원을 조성하면서 오물을 퍼내고 정비한 덕분에 지금은 인근 주민들에게 사랑받는 호수공원이 되었다. 매년 봄이면 호수 주변의 벚꽃이 아름다움을 더한다.

석호로 분류되는 강릉의 경포호와 속초의 영랑호도 근처에 호텔 등 위락 시설이 들어서면서 한때 오염이 심했으나, 꾸준한 수질 개선 노력으로 지역의 대표적인 관광지가 된 사례이다. 낙동강 변에 있는 창녕의 우포는 주목받지 못하던 저습지였으나 지금은 우리나라의 대표적 자연 습지이자 보존 대상으로 인식되면서 국내외 관광객이 많이 찾는 생태 관광지가 되었

옥정호와 청초호 | 전북 정읍의 옥정호(위)는 섬진강을 댐으로 막아 낙차가 큰 서쪽의 동진강 유역으로 물을 떨어뜨려 수력발전을 하면서 동시에 호남평야에 농업용수를 공급하기 위해 조성한 인공 호수이다. 주변 풍경이 아름다워 드라이브 코스로 인기를 모으고 있다.
속초의 청초호(아래)는 강릉의 경포호와 함께 동해안에 발달한 석호로, 빼어난 경관을 자랑한다. 이런 호수들은 일찍부터 『관동별곡』 등의 문학작품에서도 소개된 바 있다. 청초호 호수공원에 세워진 청초정에서는 동해 바다와 설악산을 감상할 수 있다.

산정호수 | 억새밭으로 유명한 주변의 명성산 및 한탄강 계곡과 더불어 포천의 산정호수는 수도권 북부의 대표적인 휴양지이다.

다. 주변에는 우포늪생태체험전시관도 갖추고 있어 저습지에 대한 환경 의식을 제고하는 데도 효과적이다.

시화호는 조성 직후에는 죽음의 호수라 불릴 정도로 수질이 악화되어 개발 사업의 대표적인 실패작으로 꼽혔다. 그러나 담수호를 포기하고 방조제를 개방하여 해수 유통에 힘쓰며, 주변에 맑은 물 처리장을 증설하고 인공 갈대 습지를 조성한 결과 수질이 상당히 개선되었다. 앞으로 주변에 생태공원과 요트장을 조성하여 수도권의 레저 휴양 공간으로 개발할 예정이라고 한다.

댐이나 방조제의 건설로 인공 호수가 만들어진 지역은 한동안 환경 파괴와 생태계 악화의 주범으로 인식되었다. 그러나 주변에 숲을 가꾸고 환경을 고려하는 노력을 꾸준히 전개한 결과, 이제는 훌륭한 걷기 코스와 드라이브 코스로 주목받고 있다. 울창한 숲과 어우러진 인공 호수는 자연 호수

과천저수지 | 과천 서울대공원 안에 위치한 저수지는 서울대공원을 개발할 당시에 그 소유권을 두고서 서울시와 농어촌공사와 갈등이 끊이지 않았던 곳이다. 저수지를 서울대공원 소유로 두고 싶었던 서울시와 의왕·안양 등 인근 지역에 농업용수를 공급하려는 농어촌공사의 입장이 첨예하게 대립했다. 결국 저수지는 서울대공원 안에 있지만 소유권은 한국농어촌공사가 지니는 형태로 귀결되었다.

가 비교적 귀한 우리나라에 호반의 관광지를 제공해주는 역할을 한다. 인근에 역사 유적지가 있는 곳이라면 더욱 많은 사람이 찾는 장소가 된다.

관개용수 공급의 기능을 해오던 저수지도 지금은 본래의 목적보다는 지역 주민이나 관광객에게 산책로와 휴양지로서 더 비중 있는 역할을 하는 곳이 많다. 과천 서울대공원 안의 과천저수지나 철원의 산정호수, 예산의 예당저수지가 그런 사례에 해당한다.

수변 공간이 사람들에게 휴양 기능을 제공한다는 점은 분명하다. 이러한 특성을 잘 살린다면 한때 개발 사업의 실패작으로 평가받았던 곳이나 별다른 쓸모가 없었던 호수도 아름다운 풍경과 휴식 기능을 제공해주는 가치 있고 고마운 장소로 변모시킬 수 있음을 알 수 있다. 소중하지 않은 장소는 없는 법이다.

07 묵묵히 자리를 지켜온 생태 관광지, 숲

인내와 지혜의 결실

나무와 숲이 인간에게 주는 혜택은 실로 무궁무진하다. 아주 간단히는 시원한 그늘과 쉼터를 만들어주는 것에서부터 우리가 숨 쉬는 데 꼭 필요한 산소를 제공하고 우리가 배출한 이산화탄소를 흡수하는, 지구온난화를 걱정해야 하는 이 시대에 아주 요긴한 혜택까지 광범위하다. 또 비가 오면 빗물을 저장했다가 조금씩 물을 흘려보내 가뭄과 홍수를 조절하는 녹색댐의 기능도 한다. 그 밖에도 다양한 생물을 품어서 생태계를 보전하는 기능뿐 아니라 산성비의 정화, 각종 임산물과 목재 제공, 예술 작품의 좋은 소재로도 쓰이고, 산사태와 해일 및 염해의 방지 등 숲이 주는 혜택에 대해 하나하나 쓰기 시작한다면 제법 많은 지면을 채울 수 있을 것이다. 환경부나 산림청 같은 공공 기관과 일부 학자들은 산림의 공익적 기능을 연구하면서 숲과 나무가 인간에게 얼마나 많은 이익을 가져다주는지를 경제적으로 환산하기도 한다.

하지만 소설 『보바리 부인』을 쓴 귀스타브 플로베르Gustave Flaubert가 "참된 재능은 인내다"라는 말을 했듯이, 나무를 심고 숲을 가꾸는 일은 금

축령산의 편백나무 숲 | 임종국 선생이 사재를 털고 큰 빚을 지면서까지 20년간 가꾼 숲이다. 생전 그는 나무에 미친 사람이라는 비웃음을 샀지만, 그가 평생을 바쳐 가꾼 숲은 우리나라의 성공적이고 울창한 조림지로 주목을 받고 있다.

방 그 투자 효과를 기대하기 어렵고 기나긴 인내와 먼 장래를 내다보는 혜안을 요구하는 고통스러운 작업이기도 하다. 나무가 자라서 뿌리를 튼튼히 내리고 나무다움을 갖출 수 있으려면 적어도 10년 이상을 기다려야 한다. 이런 나무들이 멋진 숲을 이루려면 더 많은 시간이 필요함은 물론이다. 적지 않은 시간을 기다리고 인내한다는 것은 여간 어려운 일이 아니다. 투자해야 할 돈과 시간, 그리고 쏟아부을 노력을 생각한다면 선뜻 시도하기 어려운 일이다.

누군가는 나무를 심는 일이 마치 교육과도 같다고 말한다. 교육 역시도 당장은 효과를 기대하기 어렵고 꾸준히 인내해야 하는 일이기 때문이다. 그 때문일까? 우리나라 역대 통치자들은 대체로 나무 심기나 교육과 같은 사업에 투자를 꺼려 하는 경향이 있었다. 당대 통치 기간에 자신의 치적으로 내세우기가 어렵기 때문이었다. 특히 선거로 대표자를 뽑는 시스템 아래서는 이러한 현상이 더욱 두드러지는 듯하다. 돈만 많이 들어갈 뿐 자신의 임기 내에 눈에 보이는 성과를 뚜렷이 낼 수 없고, 따라서 다음 번 선거의 득표에도 별반 도움이 안 되는 사업이라 생각하기 때문일 것이다.

인간의 역사는 숲의 파괴사

오늘날이야 에너지원으로 석유나 석탄, 원자력 등을 다양하게 쓰는 시대이지만 불과 60여 년 전만 하더라도 우리의 주된 에너지원은 땔감, 즉 신탄薪炭이었다. 인류의 역사를 보면 인구가 늘어나면서 우리나라는 물론 세계 곳곳의 숲이 벌목으로 파괴되었다. 더구나 우리는 식민지 시기 일제의 산림자원 약탈에 한국전쟁까지 겹치면서 삼림의 파괴가 극에 달했다. 하지만 사실 벌목으로 인한 삼림 파괴는 옛날부터 계속된 현상이었다. 조선 영조 때인 1751년에 간행되어 우리나라 최초의 종합적 인문지리서로 평가받는 이중환의 『택리지擇里誌』에 "강원도 영서 지방의 산간 지대가 화전민에 의해 자꾸 벌목되다 보니, 여름철에 많은 비가 내리면 토사가 쓸려 내려가 한강 바닥에 쌓이는 바람에 한강의 범람 위험성이 커진다"는 내용이 나올 정도였다. 벌목으로 인한 숲의 파괴는 특정 시대와 관계없이 늘 지속된 현상이었다.

그렇다고 우리나라 국토의 역사에서 벌목과 숲의 파괴만 있었던 것은 아니다. 숲의 중요함을 멀리 내다보면서 나무를 심고 가꾼 선각자들도 꽤 있었다. 자신이 소유한 땅에 나무를 꾸준히 심고 숲을 조성한 사람이 있었는가 하면, 지방에 파견되어 숲을 조성한 행정 책임자도 있었다. 하천을 끼

초당마을 숲 | 강릉의 초당마을은 허균과 허난설헌 남매의 생가로도 유명하다. 허씨 남매의 아버지 초당 허엽은 삼척 부사로 재임하던 당시 여기에 정착했는데, 그의 호를 따서 마을을 초당마을이라고 일컫게 되었다. 허엽은 마을의 샘물 맛이 너무 좋아 이 샘물에 콩을 씻고 강릉 해변의 바닷물을 간수로 써서 두부를 만들어 먹었는데, 이것이 바로 초당두부의 시작이다. 초당마을 숲은 허균과 허난설헌 남매가 어렸던 시절에도 있었다고 하니, 꽤 오래된 마을 숲이다. 3,000여 그루의 금강소나무가 멋들어지게 감싸고 있는 이 숲은 경포 해변의 해송이 바닷바람을 막아준 뒤 안쪽으로 들어오는 바람을 다시 한 번 막아주는 역할을 한다. 제11회 '아름다운숲전국대회'에서 어울림상을 수상했으며, '네티즌이 뽑은 가장 아름다운 숲'으로도 꼽힌 바 있다.

고 있는 지역에서는 하천 변에 나무를 심어 홍수와 토양침식을 방지하였다. 해안의 포구에서는 바닷가에 바람막이숲을 만들어 바닷바람과 염분을 차단하기도 했고, 울창한 숲의 드리워진 그림자로 고기 떼를 불러 모으기도 했다. 또한 헐벗은 산에는 나무를 심어 산사태를 막기도 했다. 이와 같이 자연재해를 막기 위한 숲 가꾸기 말고도 전통적 마을 입지 원리인 풍수 사상에 근거하여 기氣가 허虛한 지역을 보완하기 위해 비보裨補 기능의 숲을 조성한 경우도 있었다.

하지만 산업화·도시화의 시대, 개발의 시대가 찾아오면서 이러한 전통 숲의 가치는 점차 외면받았다. '잘살아보세'라는 국가 정책하에 공장을 하나라도 더 짓고 도로를 하나라도 더 깔아야 한다는 생각이 사회 전체를 지배했다. 이 때문에 우리 주변의 전통적 숲을 둘러볼 여유를 주지 않았다. 경제성장으로 일자리가 늘어나자 사람들은 대도시나 공업 도시로 몰려들었고, 더 많은 주택과 기반 시설을 도시에 수용하기 위해 수없이 많은 나무가 잘려 나갔다. 농어촌의 인구가 급격히 감소함에 따라 그곳에 남아 있는 전통 숲의 가치는 조명받기 어려웠다. 도시 사람들의 대부분은 여행지를 선택할 때조차 숲이 울창한 농어촌이 아닌, 이름난 관광지나 도시적 편리함을 향유할 수 있는 명소를 찾던 시대였다.

그나마 다행이라면 개발의 열풍 속에서도 세계 어느 나라 못지않게 열심히 산에 나무를 심었다는 점이다. 연료용 목재의 남벌과 식민 지배, 그리고 이어진 한국전쟁으로 황폐해진 산에 나무를 심게 된 원동력은 석탄의 이용과 정부의 의지였다. 석탄을 본격적으로 난방용 연료로 이용하면서 그동안 약 155조 개의 연탄이 가정에 공급되었다. 따라서 국민은 난방 용도로 더 이상 산에 가서 나무를 베어 올 필요가 없었고, 이는 28조 원 가치의 임목 축적 효과로 나타났다.

박정희 정부는 식목일을 공휴일로 부활시키며 나무 심기와 숲 가꾸기를 지속적으로 추진하였다(식목일은 원래 이승만 정부 때인 1949년에 공휴일로 지정되었다가 1960년에 제외되었고, 1961년에 부활되었다. 그러나 1990년에 다시 공휴일에서 제외되어 지금에 이른다). 나무 심기에만 너무 집중하고 숲을 가꾸는 데는 상대적으로 소홀했다는 지적도 있지만, 식목일 덕분에 대한민국의 산은 세계에서 유례없이 빠른 속도로 푸르름을 되찾을 수 있었다.

환산할 수조차 없는 가치

전통 숲의 가치를 새롭게 깨닫게 된 계기는 환경에 대한 관심의 증대와 더불어 생태 관광의 열풍이었다. 환경과 건강의 소중함을 알게 된 웰빙의 시대에서 사람들은 도시의 복잡함과 환경오염을 잊을 수 있는 숲을 찾기 시작했다. 그리고 항상 묵묵히 있어서 그 존재감과 소중함을 몰랐던 숲이 엄청난 가치를 지닌 장소이자 휴양지임을 깨달았다. 숲이 아낌없이 내뿜는 산소와 피톤치드 덕분에 질병을 치유하는 사람도 생겨났다. 휴양림은 인기 있는 여가 장소로 떠올랐다.

지구온난화로 인해 이상기후 현상이 자주 나타나고, 이는 돌발적인 자연재해로 이어졌다. 최첨단의 과학과 기술이 지배하는 세상이 된 것 같지만, 인간 세상은 여전히 자연의 힘에 꼼짝 못했다. 실제로 해마다 홍수와 태풍, 가뭄, 열대야가 반복되었다. 특히 연중 강수량의 변동이 극심한 우리나라에서는 홍수와 가뭄, 태풍의 피해를 막기 위해 많은 노력을 기울였는데, 다목적댐이나 제방·저수지·방파제에 못지않게 각종 자연재해를 막아주는 것이 바로 조상의 지혜가 담긴 전통 숲임을 깨달았다.

전라남도 담양의 관방제림은 해마다 되풀이되는 수해를 방지하기 위해 조성한 대표적인 숲으로 꼽힌다. 영산강의 범람을 막기 위해 조선 인조 때인 1648년에 담양 부사 성이성成以性이 조성하였고, 이후 철종 때인 1854년에 담양 부사 황종림黃鍾林이 대대적으로 개수하고 가꾼 하천 변의 숲이다. 이곳에는 약 320여 종의 나무가 있는데, 느티나무를 비롯하여 남부 지방의 식생인 푸조나무와 팽나무도 많이 분포한다. 관방제림은 대한민국의 명품 숲으로 알려져서 최근 대나무 숲과 함께 담양의 대표적인 생태 관광지로 명성을 얻었다.

관방제림과 상림 | 담양의 관방제림(위)은 2km에 걸쳐 있으며, 그 길과 이웃하여 메타세콰이어 길이 이어진다. 인근에는 대나무 숲인 죽녹원도 있다. 가운데 사진에서 왼쪽에 보이는 물길이 영산강이고 오른쪽 숲이 관방제림이다.
함양의 상림(아래)은 원래 하림과 함께 있었으나 지금은 상림만 남아 있다. 이 생태 숲에는 약 2만여 그루의 나무가 빽빽이 자라고 있다.

남해 물건리 방조어부림 | 너비 30m, 길이 1.5km에 이르는 해안 생태 숲으로서, 바닷가를 따라 초승달 모양으로 이어진다. 남부 해안 지방이라 푸조나무, 팽나무, 후박나무 등의 상록활엽수가 많다. 19세기 후반에 숲의 일부를 벌채했다가 폭풍우로 큰 피해를 입고 난 뒤 마을 주민들이 철저히 보존, 관리하고 있다.

경상남도 함양의 상림도 홍수 피해를 막기 위해 조성한 숲으로 유명하다. 통일신라 말기 진성여왕 때 이곳에 부임한 최치원崔致遠이 함양 읍내를 흐르는 위천(낙동강의 지류)의 범람을 막기 위해 조림했다고 하며, 우리나라 최초의 인공림으로 알려진다. 함양군은 상림공원이라는 이름으로 이곳을 관리하고 있다.

경상남도 남해군 물건리의 방조어부림은 해안 지방의 자연재해를 막기 위한 숲으로 유명하다. 해안 지방은 바닷바람과 염분의 피해에 노출되어 있고 태풍이 올 경우에는 해일이 우려된다. 물건리의 어부림은 약 300년 전에 조성한 것으로 알려져 있으며, 2002년 태풍 '루사'가 남해안을 덮쳤을 때도 이 마을은 무사했다고 하니 생태림으로서 기능은 충분하다고 하겠다. 이 지방의 대표적 어업인 멸치잡이를 위한 숲 그늘을 만들어주는 것에서

하회마을 만송정 숲 | 이 소나무 숲은 하회마을의 풍산 류씨 집안을 명문가의 반열에 올려놓은 류성용의 형인 류운용이 마을 북서쪽의 허한 기운을 보충하기 위해 가꾸었다. 이 숲은 낙동강의 범람을 막아주고 겨울철의 북서풍도 차단하는 데다 건너편 부용대에서 마을 안이 훤히 들여다보이는 것도 막아주는 다목적 쓰임새를 갖고 있다.

유래한 이름인 어부림魚付林은 남해도의 으뜸 관광지이다.

강원도 강릉시의 초당마을과 경상북도 안동시의 하회마을, 그리고 경상남도 하동군 하동읍의 소나무 숲도 생태 관광객들이 찾는 명품 숲이다. 모두 바닷바람이나 강바람을 막고 해일이나 홍수의 피해를 대비하기 위해 조상들이 만든 생태림이다. 또한 마을의 기를 보충함과 동시에, 마을이 외부로부터 쉽게 들여다보이는 것을 막기 위한 풍수적 기능도 갖춘 숲이다.

전라남도 장성군 축령산의 편백나무 숲은 당장은 평가받지 못하는 조림이 미래에 얼마나 큰 성과를 가져오는지 보여주는 사례다. 편백나무는 나무의 항균 물질이자 인체에 매우 유익한 피톤치드의 발생량이 가장 많은 나무로 알려져 있어 산림욕에 적합한데, 이러한 편백나무와 삼나무로 이루어진 숲은 임종국林種國(1915~1987)이라는 선각자가 1957년부터 20년간 사재를

임종국 선생 수목장 | 개인이 하기에는 너무도 엄청난 일을 이룬 임종국 선생은 나무와 숲을 사랑했던 사람답게 수목장의 절차를 거쳐 나무와 숲으로 돌아갔다. 그는 1987년에 별세했지만 그의 장례는 2005년에 장성의 편백림 숲에서 수목장으로 다시 치러졌다.

털어 조성한 것이다. 그때 심고 키운 나무가 오늘날 수천 억 원의 가치에 이르는 우리나라 최고의 침엽수림으로 성장했다. 장성군은 축령산을 관광지화하여 '한국의 스위스'로 만들 계획을 갖고 있다.

그다지 쓸모가 없는 땅에 나무를 심을 때는 아무도 알아주지 않는다. 오히려 그 돈과 노력으로 다른 일을 하는 것이 더 이득이라는 비아냥을 듣기 십상이다. 산업화가 진행되고 개발이 미덕이 되는 시대에 숲의 가치는 인정받기 어려웠다. 나무와 숲은 그냥 당연히 거기 있는 것으로 인식되었다. 그러나 환경과 생태가 중시되는 오늘날, 묵묵히 그 자리에 있던 나무와 숲의 가치는 개발 시대의 우상인 돈으로는 환산할 수조차 없다. 미래를 바라보는 꾸준한 노력이 담긴 숲은 그 자체로 지역을 빛내고 있다.

08 체험 관광과 경관 농업으로 살아나는 농촌

쌀이 없으면 어찌 살랴

국토의 약 70%가 산지로 이루어진 우리나라는 상대적으로 경지가 적다. 한편, 여름에 무덥고 비가 많은 특성을 갖고 있는 기후는 벼농사에 적합하다. 문제는 벼농사를 지을 넓은 평야가 적다는 점이다. 그러다 보니 일부 산간지대나 구릉지도 논으로 개간해서 쓰고 있다. 결국 한국의 농경지는 절대적으로 그리 넓지 못하며, 그마저도 논과 밭으로 나뉘어 있는 셈이다.

전통적으로 우리 농촌은 국민의 주식인 쌀을 논에서 재배했다. 쌀은 단위면적당 생산량이 다른 곡물에 비해 많고 영양소도 풍부하여 인구 부양력이 크다. 최근 들어 아무리 쌀 소비가 감소한다고는 하지만 한국인이라면 누구나 밥을 먹기에 벼농사는 계속되고 있다. 수입 개방이나 FTA 협상에서도 정부는 쌀을 우선적으로 지켜내려 한다. 어느 외국인이 우리나라를 둘러보고 '한국은 쌀 바구니의 나라'라고 말했듯이, 농촌의 지배적인 경관은 논이다. 과거에는 벼농사를 끝내고 추수한 뒤의 논에 다시 보리를 파종하여 이듬해 늦봄에 수확하는 이모작을 많이 하였으나, 요즘에는 보리 소비가 감소하면서 이런 모습이 많이 사라졌다.

농촌의 모습 | 경북 예천의 회룡포는 회룡대 전망대에서 바라보는 경관도 아름답지만 농촌의 전형적인 모습을 축소해서 보여주기도 한다. 집 근처에 논이 펼쳐져 있고, 마을 앞으로는 강이 휘돌아 나가며 야트막한 언덕이 뒤에 있다.

하지만 모든 농경지를 논으로만 이용할 수는 없고 쌀 이외의 다른 작물도 필요하다. 따라서 마을 근처의 좁은 땅이나 물을 대기 어려운 구릉지는 밭으로 이용하였다. 대체로 밭에는 고추·참깨·상추·옥수수·감자 등 간단한 채소와 서류 작물을 재배하였다. 이러한 농작물을 재배하는 밭은 대부분 면적이 좁은 텃밭이었다.

요컨대 우리나라 농촌의 전형적인 풍경은 멀리 산이 펼쳐져 있고 그 아래 집들이 모여 있으며, 집 근처나 낮은 언덕에는 밭이, 그리고 마을 앞 강변에는 논이 펼쳐진 모습이다. 논과 밭이 펼쳐진 농촌은 우리 국민의 식량 생산 기지이자 먹거리를 제공하는 중요한 곳이지만, 일반 국민의 눈에 비친 전국의 농촌 경관은 거의 비슷비슷해서 별다른 특징이 없는 것 같았다.

그만그만한 모습의 농촌에서 생산되는 쌀과 잡곡, 채소가 우리의 주된 먹거리였다. 그럼에도 쌀은 모자라서 많은 양을 수입하곤 했다. 밀은 수입산이 쏟아져 들어오면서 값이 크게 하락하였다. 1970년대에 정부가 혼식과 분식을 장려하고 학생들의 도시락을 일일이 검사하여 쌀밥을 못 싸오게 하는 웃지 못할 해프닝이 벌어진 것도 이런 이유에서였다.

혼·분식 장려 | 정부의 혼분식 장려 정책에 따라 초등학교에서는 빵으로 급식하기도 했다(1977).

쇠퇴의 길로 가는 것인가

1970년대까지만 하더라도 농촌은 거주하는 인구가 많아서 활력이 넘치고 농촌만의 특징이 살아 있었지만, 젊은이들이 일자리를 찾아 점차 도시로 빠져나가자 농촌의 활기는 급속히 떨어지기 시작했다. 1970년대 후반부터 농촌과 도시의 인구 비중이 역전되었다. 그와 동시에 국민소득이 높아지고 자가용 승용차가 보급되면서 본격적인 대중 관광의 시대가 열리기 시작했다. 여행을 즐기려는 사람들에게 전국 곳곳의 유명 관광지는 관심을 받을지언정 사람이 빠져나간 농촌은 갈 곳이 못 되었다. 대부분의 사람들이 농촌을 '볼 것도 없는 곳'이라고 생각했다. 농촌에 가봐야 보이는 것이라고는 지루하게 펼쳐진 논과 밭뿐이라고 여겼다. 그나마 옛날 어린이들은 방학 때 시골의 할아버지·할머니 댁에 놀러라도 갔지만, 많은 사람이 떠나버리고 적막하기까지 한 근래의 농촌은 찾는 이가 드물었다.

농촌의 근간 산업을 이루는 작물이자 우리의 주식인 쌀은 그 소비가 점차 감소하고 있다. 1985년쯤부터 쌀의 자급화를 이루었으나, 빵·육류·유제품·과일 등 서구식 식생활 문화의 전파와 가공식품의 증가, 다이어트 문화의 확산 등으로 쌀 소비량은 해마다 감소하였고 심지어 남아돌 지경에까지 이르렀다. 농촌의 인구 자체가 감소하는 데다 쌀 소비량 감소로 벼농사를 포기하는 농민이 늘어나자 농촌에는 농사를 짓지 않는 휴경지가 속출했다. 대도시 근처의 농민은 도시민이 즐겨 먹는 채소와 과일을 재배하기 위해 논에다 비닐하우스를 설치하거나, 아예 논을 창고나 공장 부지로 임대해 주는 일도 나타났다.

밭의 경우도 마찬가지였다. 농산물 수입 개방의 파고가 높아지면서 중국산 농산물이 밀려 들어왔다. 우리나라의 곡물 자급률이 2013년 기준으로 24%까지 떨어진 것은 쌀을 제외한 다른 농작물의 수입이 크게 늘었음을 드러내는 증표이기도 하다. 특히 물가 상승의 압박은 음식점들이 비용을 낮추기 위해 수입 농산물을 쓰는 계기가 되었다. 농업인구가 감소하면서 논의 경우처럼 밭도 자연히 다른 용도로 전용되는 경우가 잇따랐다.

논과 밭이 없어지거나 다른 용도로 사용되고, 농촌의 인구가 해마다 감소하면서 농촌은 어느 누구도 찾지 않을 듯 했고, 농촌의 황폐화는 해결할 방법이 없어 보였다.

희망이 보인다

그러나 이러한 걱정이 쓸데없는 기우였던 듯, 지금 농촌은 또 하나의 관광지로 관심을 끌고 있다. 이미 농촌은 다양한 체험 활동과 문화적 특징을 바탕으로 새로운 관광 형태를 만들고 있다. 농촌 관광과 녹색 관광이 지난 10년간 활성화되면서 한적한 농촌이 독특한 테마를 지닌 농촌으로 거듭난 경우가 많다. 특히 경관 농업은 농촌의 관광지화에 크게 기여한 테마 중 하나다.

경관 농업이란 농산물 재배를 이용한 농촌의 경관을 내세워 지역 관광의 테마를 만들고, 이를 통해 농가 소득이나 관광 수입을 올리는 농업의 한 형태이다. 농작물이 자라는 모습이 주변과 잘 어우러지고 아름다운 풍경을 만들어냄으로써 관광객을 불러 모으고, 그 농작물을 특산품으로 판매할 수도 있다. 주민들로서는 생업인 농사를 지으면서 관광객을 유치할 수 있고 특산물도 판매할 수 있으며, 민박이나 음식점 운영 등으로 일자리도 창출하여 소득을 높일 수 있다. 요즘 바람직한 관광 행태로 인정받는 '지속 가능한 관광'의 한 유형인 것이다.

많은 관광객이 자가용 승용차로 여행을 즐기고 주 5일 근무의 확대로 여가 시간이 늘어나면서 농촌 관광과 경관 농업의 수요가 늘어난 측면도 있지만, 디지털카메라와 스마트폰의 보급이 큰 역할을 했다. 디지털카메라와 스마트폰은 누구나 전문적인 기술 없이도 자신이 마음에 드는 풍경을 쉽게 촬영할 만큼 사진을 대중화시켰다. 이렇게 찍은 사진을 인터넷 블로그에 올리고 SNS를 통해 공유할 정도로 진행된 정보화혁명도 농촌 관광과 경관 농업의 발달을 가져온 배경이다.

경북 안동의 하회마을은 세계문화유산으로 지정된 세계적인 농촌 관광지이다. 한때 유명세를 타면서 관광객과 상인의 무분별한 행태로 망가지기도 하였으나, 정비 계획에 따라 상가를 마을 밖으로 이전시키고 자동차의 출입을 제한하는 등의 노력을 기울여 지금은 초가집과 한옥의 정경이 멋들

안동 하회마을의 탈춤 공연 | 하회마을은 전통 마을의 개념을 넘어 세계적인 관광지로 발돋움하고 있다.

어진 전통 마을의 분위기를 되찾았다. 탈춤 공연과 풍물놀이 등 문화 행사도 자주 개최되기에 외국 관광객이 많이 찾는 마을이다.

전북 임실의 가난했던 마을이 전국에서 손꼽히는 관광 농촌이 된 경우도 있다. 임실읍 금성리의 치즈마을은 치즈 생산 및 낙농 체험으로 전국적인 명소가 되었다. 1960년대에 이곳에 부임한 벨기에 출신의 디디에 세스테벤스(한국 이름 : 지정환) 신부가 산양을 키우며 치즈 가공법을 주민들에게 가르쳐준 것이 그 시작이었다. 이후 질 좋은 치즈를 계속 생산하여 유명해졌다. 이 마을에서는 관광객을 대상으로 치즈 만들기를 비롯한 각종 낙농 체험도 활발하게 열린다. 그 덕분에 임실의 한적한 이 시골 마을에는 연중 내내 단체 체험객이 끊이지 않고 찾아온다.

경기도 이천시 율면 석산리의 부래미마을은 가장 먼저 성공한 농촌관광

임실 치즈마을 | 치즈마을에 지어진 임실치즈테마파크는 넓은 터에 유럽풍의 치즈캐슬(홍보관)과 임실N치즈체험관, 유가공 공장, 농특산물 판매장, 치즈과학연구소로 구성되어 있는데, 방문객을 위해 직접 치즈를 만들어볼 수 있는 체험 프로그램도 운영한다.

마을이다. 지극히 평범해서 눈에도 잘 띄지 않고 특별한 관광자원도 없는 이 마을은 농작물 캐기와 과일 따기, 전통문화와 민속놀이 체험을 농촌 체험 프로그램으로 개발한 결과, 대표적인 농촌체험마을의 반열에 올랐다. 주민들의 단합된 의지와 마을 지도자의 헌신도 이 마을의 성공에 큰 역할을 하였다. 수도권에 위치해 쉽게 찾아갈 수 있다는 장점이 있어 많은 체험객들이 몰린다. 부래미마을은 유명한 유적이나 문화 시설이 없어도 농촌 그 자체가 훌륭한 관광자원이 될 수 있음을 보여준 사례이다. 이 마을은 전국의 다른 농촌체험마을에 큰 영향을 준 곳이기도 하다.

교통이 불편하여 접근성이 떨어지는 산촌도 훌륭한 관광지가 될 수 있음을 증명한 마을로는 전남 장성군의 금곡영화마을이 있다. 인구가 지속적으로 감소하는 바람에 마을의 존폐마저 우려된 적이 있었지만, 한편으로는 과거의 모습을 그대로 간직한 곳이기도 했다. 이 마을은 한국 영화의 산촌

장성 금곡영화마을 | 산촌의 전통적인 경관이 잘 보전되어 있으며 축령산 휴양림과 연결되어 있어, 이곳을 찾는 이들은 산촌의 정취와 삼림욕을 동시에 즐길 수 있다.

풍경이나 산업화 이전 시대의 촬영지로 활용되면서 영화마을로 변신했다. 마을 주변에는 편백나무와 삼나무의 조림 지역으로 유명한 축령산 휴양림도 있어 숲 체험과 한적한 산촌의 정취, 때 묻지 않은 자연을 감상할 수 있는 산촌 관광지로 자리 잡았다.

강원도 평창의 대관령 일대는 이국적인 목장 풍경을 자랑한다. 삼양식품에서 운영하는 삼양목장은 한국의 알프스로 불러도 손색없을 만큼 드넓은 초원과 한가로이 풀을 뜯는 젖소의 풍경이 펼쳐진다. 인근의 대관령 양떼목장도 푸른 초원에서 뛰노는 양 떼의 풍경이 아름다운 곳이다.

전북 고창의 청보리밭은 여행을 좋아하는 사람이라면 한 번쯤 가봤음직한 곳으로 꼽히는 경관 농업 지역이다. 고창의 낮은 구릉지 10만여 평을 개간한 학원농장이 그 중심을 이루는데, 해마다 보리가 파랗게 자라는 4월 말부터 5월 중순까지 고창군과 함께 청보리밭축제를 개최한다. 이 농장은 보

대관령 양떼목장과 고창의 청보리밭 | 대관령 일대는 해발고도가 높아 서늘하므로 목초지 조성에 적합하고 병충해가 적다. 풀을 뜯는 양 떼의 모습이 푸른 초원과 어우러져 매우 이국적인 풍광을 연출한다(위).
고창의 청보리밭축제는 매년 4월 말에서 5월 중순에 열린다. 2015년에 12주년을 맞이한 이 축제는 경관 농업의 대표적인 축제로, 청보리밭을 걷고 사진을 찍으려는 관광객들이 몰려든다(아래).

리 외에도 메밀, 해바라기, 코스모스를 계절에 맞게 재배하여 경관 농업의 모범을 보여주고 있다. 옛날에 벼 수확 뒤 이모작으로 흔히 재배되던 보리는 그 소비가 급격히 감소하면서 이제는 보기 어려운 작물이 되었다. 그런데 바로 그 점 때문에 보리 경작의 희소성과 옛날에 대한 추억이 고창을 대표적인 경관 농업 지역으로 탈바꿈시켰다.

전남 광양의 매화마을은 매실을 특화하여 성공을 거둔 사례이다. 광양시 다압면의 이 마을은 우리나라에서 처음으로 매실나무를 집단 재배한 곳이다. 청매실농원을 중심으로 이어지는 매화 산책길은 매화가 만발하는 3월 중순부터 하순에 가장 아름다우며, 이때 매화축제도 열린다. 매실이 건강에 매우 좋은 과실임이 알려지면서 매실 원액을 비롯한 매실 관련 상품도 많이 팔리고 있다.

강원도 평창군 봉평면은 메밀 재배로 유명한 경관 농업 지역이다. 이효석의 단편소설 『메밀꽃 필 무렵』의 배경이 된 곳이며, 작가의 생가도 있다. 메밀꽃이 하얗게 피어나는 매년 9월 초순에 효석문화제라는 메밀꽃축제를 개최한다. 마을에서는 메밀로 만든 막국수 음식점 거리도 조성해 놓았다. 인근 홍정천에 놓인 섶다리와 이효석 생가도 많은 사람이 찾는다.

유채는 원래 기름을 짜거나 식용으로 먹기 위해 제주도에서 재배하던 농작물인데, 수지가 안 맞아서 한때 유채밭이 크게 감소한 적도 있었다. 그러나 아름다운 노란 유채꽃을 보려는 사람들이 늘어나면서 관광 효과가 높아지고, 또 제주도가 세계적인 관광지로 도약하면서 경관 농업으로서의 유채밭이 다시금 조성되었다. 제주특별자치도 서귀포시 표선면의 유채 단지에서는 매년 4월 중순에 유채꽃큰잔치가 열린다. 전남 완도군의 슬로시티인 청산도에서도 유채꽃밭을 훌륭하게 가꾸어 놓아 섬의 아름다움을 더하고 있다. 전남 신안군의 갯벌과 모래 토양은 게르마늄이 풍부해서 튤립의

안성팜랜드 | 호밀밭이 아름다운 낙농 체험 목장이자 축산테마파크이다. 탁 트인 초원에서 소를 직접 만져볼 수 있고 먹이도 줄 수 있다.

재배에 적합하며, 신안군은 지역 특색 사업으로 튤립 재배를 하고 있다. 매해 4월 말에 대광해수욕장 인근에서 튤립축제를 개최한다.

경기도의 안성팜랜드는 멋진 호밀밭을 볼 수 있는 곳이다. 원래 1960년대에 박정희 대통령의 서독 방문을 통해 얻은 차관을 가지고 선진 낙농 기술의 육성을 목표로 조성한 한독韓獨목장이라는 곳이었으나, 지금은 축산체험공원으로 바뀌었다. 호밀이 파랗게 자라는 4월 말부터 5월 중순까지 호밀밭축제가 열린다. 우리에게는 생소한 호밀밭의 아름다운 풍경을 감상할 수 있는 곳이다.

전남 보성의 녹차밭은 드라마나 영화 촬영지로 많이 이용되어 이미 상당히 대중화된 경관 농업 지역이다. 녹차밭의 독특한 풍경은 많은 관광객들을 불러 모을 뿐 아니라 녹차의 판매에도 크게 기여하고 있다. 녹차의 효능이 알려지면서 녹차 상품을 구입하는 사람들도 늘어났다.

경남 남해군의 가천 다랭이논은 남해를 바라보는 해안 절벽에 조성한 계단식 논인데, 풍광이 아름다워 국가명승지로 지정된 곳이다. 푸른 남해를

가천 다랭이논 | 경남 남해군의 가천 다랭이논은 계단식 논으로 유명하다. 이곳 마을에서는 모내기 체험 활동도 활발했었다. 그러나 지금은 밭농사를 주로 하고 있다.

굽어보는 45° 경사의 절벽에 100계단도 넘는 논을 만들어 벼를 재배하는 풍경이 신비하다. 그러나 최근에는 마을 인구의 감소 및 노령화, 기계를 쓰기 어려운 지형 때문에 점차 벼농사를 포기하고 콩, 옥수수 등을 심는 밭농사를 주로 하고 있다. 경관 농업도 지역의 형편에 따라 퇴색할 수 있음을 보여주는 사례이다.

농촌 관광과 경관 농업은 자연도 살리면서 지역과 농촌도 살리는 일석이조의 관광 테마이다. 농촌의 관광지화는 지속 가능한 관광의 한 형태로서, 환경과 전통문화의 보전 및 바람직한 여가 문화에 크게 이바지할 전망이다. 적어도 절대적인 기아로 굶어 죽는 사람이 없어진 오늘날, 쌀 이외의 다양한 작물을 재배하는 경관 농업은 변화하는 농촌의 생존 전략 가운데 하나일 것이다. 이러다 보면 우리 농산물의 우수함도 알려져서 농산물 수입 개방의 위협을 조금이나마 극복할 수 있지 않을까? 아울러 농촌의 숨겨진 가치를 깨닫게 되어 국토 균형 발전에도 도움을 줄 것이다.

09 고기잡이 마을에서 종합 관광지로 변모하는 어촌

수산업 발달에 유리한 지형

삼면이 바다로 둘러싸인 우리나라는 일찍부터 수산업이 발달했다. 바다로부터 얻는 생선과 소금, 젓갈 등은 우리 식생활에 없어서는 안 되는 귀중한 식량 자원이다. 그래서 고깃배가 드나드는 포구나 염전이 분포하는 곳을 중심으로 일찍부터 마을이 형성되었다. 크고 작은 배들이 수없이 들어오고 나가는 큰 포구도 있었지만, 대체로 어촌은 작은 규모였고 어업과 농업을 겸하는 경우가 많았다.

조선시대에 이르러 어업에 대한 이권이 강화되면서 어장이나 염전을 둘러싸고 권력층의 개입과 사유화가 심해졌다. 이 때문에 어민들에 대한 부당 과세가 가혹해졌으며, 그 결과 어민들의 도주나 어업의 포기 현상이 나타났다. 이는 어촌과 수산업 발달에 악영향을 끼치기도 하였다. 그럼에도 어업은 점차 활성화되었으며, 고기가 많이 잡히는 해역에서는 대규모 파시가 형성되기도 하였다.

개항 이후 통상협정을 통해 청국(1882년 조청상민수륙무역장정 : 청국인의 조선 연안어업권 인정)과 일본(1883년 일본 어민에게 전라·경상·강원·함경도의 연안어업권 인정. 이후 1890년의 통어규칙으로 제도화되었으며 1901년에는 경기, 1904년에는 나머지 도의 어업권을 인정)에 한반도 주변 해역의 어업권을 인정해줌에 따라 조선의 어민들은 재래식 어구와 소규모 어선으로 청국 및 일본 어민들과 경쟁해야 하는 상황에 놓여졌다. 그러나 때로 위기는 기회가 되기도 하는 법이다. 이러한 상황은 일본식 어구와 어법을 도입하고 주변 국가와 경쟁하면서 재래식 수산업을 근대적인 수산업으로 발전시킬 수 있는 기회를 마련해주었다.

동력선이 늘어나고 어망 중심으로 어업이 발달하자 어획량이 증가하고, 그 결과 포구의 기능도 더욱 강화되었다. 자연스레 어촌은 활기를 띠었다. 다만, 남해안이나 동해안에 비해 대체로 수심이 얕고 겨울철 수온이 떨어지는 서해안은 어업에 불리하였으며, 이는 서해 쪽 어촌의 발달에도 영향을 미쳤다. 이 같은 상대적 불리함이 있기는 하지만 서해안의 천일제염업은 이런 점을 어느 정도 상쇄할 수 있었다.

위태위태한 어업 환경

우리나라 모든 촌락에서 공통적으로 나타난 현상이기는 하지만, 산업화와 경제의 고도성장이 진행되면서 어촌 역시 급격한 인구 감소를 경험했다. 어업의 환경도 점점 어려워졌다. 국토의 면적을 넓히고 식량의 자급자족을 달성해야 한다는 명분 아래 간척 사업이 꾸준히 진행되었고, 수출 중심의 경제개발 전략에 따라 해안 지역에 대규모 공업단지가 조성되었기 때문이다. 바다 및 갯벌 면적의 감소와 공업화로 인한 환경오염은 어업과 어촌의 쇠퇴를 가져왔다.

어업의 발달이 도리어 어촌의 쇠퇴를 가져오는 역설적인 상황도 벌어졌다. 동력선이 늘어나고 어선이 대형화되었으며 어망이 현대화된 것은 분명 수산업이 발달할 수 있는 조건이지만, 이 때문에 수산자원의 남획이 무차별적으로 발생했다. 쌍끌이 어선을 통한 대량 포획은 수산자원의 씨를 말리는 일이었고, 이는 어촌과 어업의 침체를 가져오는 결과를 낳았다.

더구나 세계 각국이 200해리의 배타적 경제수역(EEZ)을 선포함에 따라 어업 구역은 더욱 좁아졌다. 우리나라는 같은 해역에 걸친 중국, 일본과 각각 어업협정을 맺어 어업 가능 구역을 설정해야 했다. 또한 수입 개방에 따른 값싼 외국 수산물이 유입되는 상황도 수산업의 기반을 위태롭게 만들었다. 어업은 사양산업으로 전락해가는 듯했고, 어업에 종사한 많은 사람들이 어촌을 떠날 수밖에 없었다. 반농반어半農半漁의 특징을 지녔던 어촌은 더욱 황폐화될 위험에 처했다.

아름다운 풍경과 색다른 테마로 진화하는 곳

어촌의 어려운 상황에 다소 숨통을 틔워준 계기는 바로 관광산업의 발달이었다. 서해안고속도로의 건설(1990~2001)과 전국 주요 국도의 4차선 확장은 해안 지방, 특히 해안선의 길이가 길고 복잡한 서해안과 남해안 지방에 대한 접근성을 크게 높였다. 서해안을 중심으로 펼쳐졌던 대규모의 간척사업은 해안선을 직선화 해놓았으며, 바닷가에 쌓은 방조제는 교통로 구실을 하면서 해안 지방에 좀 더 쉽게 다가갈 수 있게 만들었다.

물은 인간의 마음을 여유롭고 평화롭게 해준다. 따라서 수변 공간을 의미하는 워터프런트water front는 소득수준이 높고 여가 시간이 넉넉한 선진국일수록 관광 여가 공간으로 선호되는 경향이 뚜렷하다. 앞서 말한 조건이 어느 정도 충족된 2000년대부터 어촌은 새로운 관광 대상 지역으로 변모하기 시작했다. 주말 여가를 즐기려는 사람들이 경치가 멋진 바닷가 마을로 찾아가기 시작한 것이다. 이들은 도시에서 접하기 어려운 바다의 경치를 감상하며 낚시를 하거나 갯벌 체험을 한다. 음식점에 들어가 회나 조개구이, 바지락칼국수 등을 먹는다. '잡는 어업'에서 양식업 등의 '기르는 어업'으로 전환됨에 따라 생선회와 같은 음식은 과거에 비해 쉽게 먹을 수 있는 대중적 음식이 되었다. 바닷가 카페에서는 차를 마시며 여유를 누리기도 한다. 그리고 바닷가의 전망 좋고 예쁜 펜션이나 리조트에서 숙박을 한다.

인터넷의 보급은 관광 어촌의 활성화에 결정적인 역할을 하였다. 소규모의 어촌이 자신의 마을을 홍보하기는 매우 어렵다. 그러나 이런 작은 어촌을 다녀간 사람들이 인터넷 블로그나 SNS에 글과 사진을 올리면 그곳은 순식간에 유명 관광지로 부각되곤 한다. 어촌의 마을들도 누리집을 통해 홍보할 수단을 얻었다. 해양수산부의 어촌 및 바다관광운동도 한몫했다.

어촌을 찾는 사람이 점점 늘어나자, 어업에 종사하며 생계를 유지하는 마을에 숙박 단지와 음식점 거리, 수산물 판매장과 같은 시설이 들어섰다. 마을 주민들 가운데는 자신의 집을 리모델링하여 민박집을 운영하거나 횟집을 차리는 사람도 생겨났다. 쓸쓸하기만 하던 한적한 어촌은 관광 어촌으로 새롭게 변신하기 시작했다. 나아가 몇몇 마을에서는 독특한 어촌 관광 프로그램을 마련하여 관광객 유치에도 적극 나서고 있다. 원래 마을의 수산자원을 공동관리하면서 지속 가능하도록 보존하는 역할을 해오던 어촌계는 이제 관광객의 갯벌 체험을 관리하는 역할도 수행한다.

갯벌이 넓은 서해안 지역의 어촌들은 갯벌 체험장을 꾸려 인기를 끌고 있다. 안산의 대부도 종현마을은 수도권 도시들과 가깝다는 장점을 살려서 갯벌 체험에 각종 레포츠 활동까지 결합한 종합 어촌체험마을로 부상했다.

대부도 종현마을 | 수도권의 대표적 어촌체험마을인 종현마을은 대부도의 중심에 위치해 있으며, 주민 대부분이 반농반어의 생업에 종사한다. 이 마을에서는 어촌체험종합안내소를 두고 갯벌 체험과 해양 스포츠를 즐길 수 있는 프로그램을 준비하여 방문객을 맞이하고 있다. 또한 제주 올레길이나 지리산 둘레길에 뒤지지 않는 해솔길이 있어 걷기 코스로도 사랑받는 마을이다.

강화도의 여차리와 장화리도 갯벌 체험으로 유명하다. 충남 태안반도 일대에는 독살을 이용하여 고기를 잡거나 바닷물을 끓여 얻는 전통 소금인 자염을 만들어볼 수 있는 전통문화체험마을이 여럿 분포한다.

아름다운 경관을 내세워서 관광 어촌으로 부상한 곳도 있다. 당진의 왜목마을은 지형적인 특성 덕분에, 서해안에 자리하고 있음에도 일출과 일몰을 모두 볼 수 있는 마을로 유명하다. 강화도의 장화리는 낙조마을로 명성이 높다. 동해안에는 신년 해돋이를 테마로 한 마을들이 분포한다.

수산물을 먹거나 구입하는 곳으로 유명해진 어촌도 있다. 인천의 소래포구는 원래 인천항의 부두가 건설되면서 옮겨온 작은 어항이었다. 그러나 지금은 수도권의 대표적인 수산물 시장이자 관광 어촌으로 성장했다. 수원

사진 제공 : 한국관광공사

당진 왜목마을 | '왜목'은 마을의 지형이 바다로 왜가리 목처럼 가늘고 길게 뻗어 나갔다고 해서 붙여진 이름이다. 당진시는 서해에서 반도처럼 북쪽으로 불쑥 솟아 나와 있는데, 왜목마을은 바로 그 솟아 나온 부분의 해안이 동쪽으로 향해 툭 튀어 나와 있는 곳에 위치해 있기 때문에 동해안과 같은 방향이다. 그래서 서해안임에도 동해안에서와 같은 일출을 볼 수 있다.

과 인천을 연결한 협궤철로인 수인선이 1995년 12월 31일자로 운행을 중단하기 전까지는 꼬마열차로 찾아가는 낭만의 장소였으며, 수도권 전철로 새롭게 수인선이 개통된 뒤에는 수산물을 구입하려는 사람들과 추억의 나들이를 즐기려는 사람들로 붐빈다. 이에 더해 근처에 습지생태공원이 생기고 옛 소래포구의 역사를 소개하는 소래역사관이 개관하면서 연계 관광 코스로 거듭나고 있다. 시흥의 오이도는 간척 사업으로 육지와 연결된 섬 아닌 섬인데, 수도권 지하철 4호선의 연장과 시화방조제의 연결로 교통망이 발달하면서 대규모 수산시장으로 발돋움했다. 대하로 유명한 홍성의 남당항도 서해안고속도로의 개통으로 많은 관광객을 불러 모으고 있다(☞ 387쪽 참조).

통영시 동피랑마을과 동해시 묵호 등대마을의 논골담길 | '동쪽 벼랑'이라는 뜻을 갖고 있는 동피랑 마을은 담벼락마다 형형색색의 벽화가 눈을 떼지 못하게 한다. 2007년 시민단체가 '동피랑 색칠하기 — 전국벽화공모전'을 열어, 전국의 예술가들이 낡은 담벼락에 벽화를 그려서 유명해졌다. 이곳에서 바라보는 통영의 바다 풍경도 장관이다.
1963년에 건립된 등대가 있는 묵호의 등대마을은 등대와 함께 논골담길로 유명하다. 동해안의 경사면에 형성된 가옥들을 단장하여 골목마다 재치가 넘치는 벽화가 가득하다. 영화 〈미워도 다시 한번〉, 드라마 〈찬란한 유산〉과 〈상속자들〉이 이곳에서 촬영되었다.

구룡포 | 경북 포항의 구룡포는 어업 기지이자 관광 어촌이기도 하다. 이 지역은 먹거리로 과메기가 유명하며 대게 거리도 조성되어 있다(☞ 389쪽 참조). 구룡포 공원에 올라서면 항구가 한눈에 들어온다(위). 구룡포에는 100여 년 전 일본인들이 살았던 일본식 가옥이 그대로 남아 있는데, 최근에 이 거류지 골목을 '구룡포근대문화역사거리'로 조성하였다(오른쪽).

지역색과 관계없는 색다른 테마로 유명해진 곳도 있다. 강원도 강릉 해변에는 바리스타가 운영하는 카페가 마을을 이루어 성업 중이다. 강릉은 원래 커피와 관계없는 곳이었지만, 바리스타 1세대들이 이 지역으로 커피점을 옮기면서 커피의 도시로 탈바꿈하였다. 이렇게 커피로 특화된 강릉에서는 매년 가을에 커피축제를 개최한다. 강릉의 정동진은 드라마 촬영지로 이용되면서 유명해졌다(☞ 409쪽 참조).

경남 통영의 동피랑마을은 노후화된 주택들이 모여 있는 달동네였으나, 공공미술프로젝트에 따른 벽화 그리기로 아름다운 골목길이 조성되면서 수

강릉 커피축제 | 강릉에 자생적으로 발달한 커피 명가들이 소문 나면서 커피를 찾는 사람들의 발길이 잦아지고, 이를 바탕으로 해마다 커피축제를 개최하고 있다(왼쪽). 강릉은 커피 도시로 이름난 만큼 커피 아카데미도 활발하다. 커피축제는 2015년에 7회를 맞이했다(오른쪽).

많은 관광객이 찾는 남해안의 명소가 되었다. 강원도 동해시의 묵호동 등대마을도 드라마 촬영지와 논골담길 벽화로 유명해진 어촌이다.

몇 년 전 『곽재구의 포구기행』이라는 책이 베스트셀러에 오른 적이 있다. 책 관련 방송 프로그램에 소개된 일이 인기를 얻는 데 영향을 미쳤을 터이지만, 다른 한편으로는 작은 어촌에 대한 사람들의 그리움이나 호감이 그만큼 컸던 점이 반영되지 않았을까? 이제 어촌은 스산하고 쓸쓸한 낙후 지역이 아니라 도시 생활에 지친 사람들을 받아주는 여유로운 공간으로 변모한다는 느낌이 든다. 적적하고 황폐해져가던 어촌은 국민의 사랑을 받는 장소로 진화할 수 있을 것이다.

10 술 익는 향기 가득한 마을, 양조장과 와이너리

삶의 희로애락을 함께해온 술

여러 행사에 거의 빠짐없이 함께하는 것, 기분이 좋거나 경사가 있을 때도 우울하거나 화가 나거나 슬플 때도 항상 우리 곁에 있는 것, 서로 잘 모르는 사람과 가까워지게 만드는 것, 나의 고민과 마음속 이야기를 남에게 털어놓을 때 필요한 것. 이처럼 만능의 먹거리는 무엇일까? 이미 많은 독자는, 특히 이것을 즐기는 분은 금방 눈치챘을 것이다. 바로 술이다.

너무 지나치게 마신 나머지 사건과 사고를 유발하고, 개인 간의 오해와 다툼을 종종 불러일으키건만, 심지어 과음 때문에 건강을 해치는 사람도 여전히 많건만 술은 항상 인간과 함께해왔다. 인간의 역사를 돌이켜보면 결혼식 피로연, 생일잔치, 기념식, 승전 파티, 축제 때면 어김없이 술이 등장했다. 장례식, 제사와 같은 슬픈 날이나 엄숙하기 그지없는 종교적 의례에도 술을 사용했다. 곡식이나 과일, 농작물을 발효하거나 증류해서 술을 만드는 방법은 인류의 오랜 자산이라고 해도 무방하다.

술은 각 나라나 지방마다 해당 지역에서 가장 많이 생산되거나 쉽게 얻을 수 있는 재료로 만들어졌다. 우리나라나 일본 같은 벼농사 지역은 당연

〈주막〉 | 조선시대 주막의 모습을 묘사한 김홍도의 풍속화이다. 국자로 막걸리를 떠내는 주모의 모습, 부뚜막 위의 밥 양푼과 술사발들이 당시 주막의 풍경을 잘 전해준다. 막걸리는 일반 백성이 마시는 값싼 술이었다.

히 쌀을 원료로 술을 만들었다. 한국의 막걸리와 전통 소주, 일본의 청주는 쌀을 이용한 술의 종류이다. 중국은 수수를 원료로 한 고량주가 유명하다. 유럽은 보리를 사용한 맥주와 포도를 발효한 와인이 대표적이고, 감자나 호밀을 사용한 위스키나 와인을 증류한 꼬냑도 유명하다. 열대지방의 경우에는 사탕수수를 이용하여 만든 럼주, 멕시코는 선인장 술인 데킬라가 특히 유명하다. 모두 지역에 맞는 기후와 농산물을 활용하여 만들어서 널리 알려진 술이다.

우리나라는 예부터 쌀로 만든 고품질의 청주나 소주는 상류층이, 낮은 품질의 막걸리는 일반 서민이 마신 것으로 알려져 있다. 다양하고 귀한 재료로 만든 술은 왕실의 각종 의례에도 사용되었고 일반 백성은 고된 농사일의 갈증과 허기를 막걸리로 달래곤 하였으니, 예로부터 민가는 물론 궁

한산 소곡주 | 소곡주란 '누룩을 적게 사용하여 빚은 술'이란 뜻에서 유래하는데, 한번 마시기 시작하면 못 일어나고 계속 앉아 마신다는 까닭에 '앉은뱅이 술'로도 유명하다. 충남 서천군 한산면 지현리의 한산 소곡주 양조장에서는 술 빚기 체험 행사도 열린다. 사진은 한산 소곡주 기능 보유자인 우희열 여사의 술 빚기 시연 모습이다.

중에서도 술을 빚는 양조장은 반드시 있어야 했다. 또한 안동의 소주, 진도의 홍주, 서천 한산의 소곡주, 평양의 문배주, 전주의 이강주 등 지역에 따라 다양한 전통주가 생산되었는데, 이러한 전통주는 특산물로 이름이 높았으며 진상품이 되기도 하였으니, 양조장은 해당 지역에 필연적으로 자리 잡을 수밖에 없었다.

전통 사회를 배경으로 하는 소설을 보면, 지역의 양조장은 '술도가'라 불리는 부잣집이었다. 오늘날과 같은 상품경제와 자본주의 시장이 발달하기 전이었으므로 자기 고장에서 생산되는 술을 사 마실 수밖에 없었기 때문에 일종의 독점 체제가 구축되었다. 마을에 행사가 있거나 가정에서 잔치를 벌일 때, 혹은 명절 때면 지역의 양조장에서 술을 받아 오기 바빴다. 양조장을 운영한다는 것은 상당한 재력을 갖고 있음을 의미했다. 특히 음주가무를 즐겼던 우리 조상들에게 술은 필수 품목이었으니 지역사회에서 양조장의 위력은 막강했다고 하겠다.

퇴락하는 전통주 vs 소주와 맥주의 전성시대

우리나라의 술 소비 시장에 미세한 변화가 나타나기 시작한 때는 일제강점기부터다. 일본산 청주가 국내에 들어오면서 술에 대한 수요가 조금씩 달라졌다. 국내에도 일본식 기법으로 청주를 만드는 기업과 공장이 원료를 원활하게 공급받을 수 있는 호남의 항구도시를 중심으로 생겨났다. 값비싼 전통 소주 제조 기법은 점차 외면받았으며, 좀 더 값싼 원료를 사용하여 생산하는 일본식 제조법이 국내에 소개되면서 저렴하고 대량으로 생산하는 소주 공장이 세워졌고, 이런 소주가 점차 대중적으로 보급되었다. 이에 더해 일본을 거쳐 국내에 들어온 서양 술, 곧 맥주도 알려지기 시작했다. 일본의 맥주 회사들이 1910년대에 조선 땅에도 세워지면서 조금씩 맥주 맛도 알게 되었다. 우리 전통주와 막걸리에 대한 수요가 하향 곡선을 탈 서막이었다.

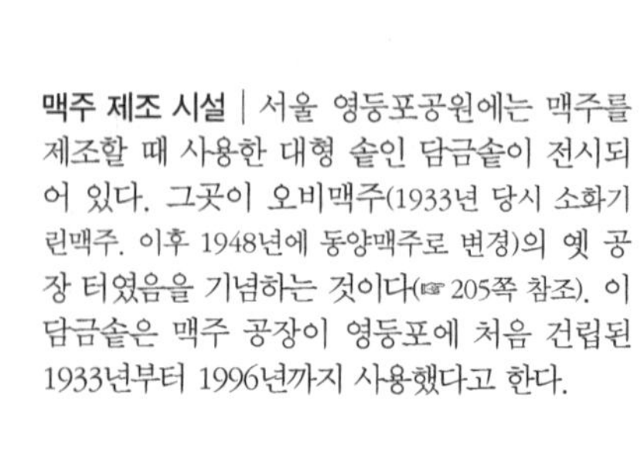

맥주 제조 시설 | 서울 영등포공원에는 맥주를 제조할 때 사용한 대형 솥인 담금솥이 전시되어 있다. 그곳이 오비맥주(1933년 당시 소화기린맥주. 이후 1948년에 동양맥주로 변경)의 옛 공장 터였음을 기념하는 것이다(☞ 205쪽 참조). 이 담금솥은 맥주 공장이 영등포에 처음 건립된 1933년부터 1996년까지 사용했다고 한다.

이러한 변화는 경제개발과 고도성장기에 더욱 가속화되었다. 잘살아보자며 허리띠를 졸라매던 시절, 더욱 값싸고 대량생산으로 쉽게 사 먹을 수 있는 희석식 기법(연속증류로 주정을 만든 뒤 물을 타서 희석하는 방법인데 1965년부터 우리나라 소주는 이 방식으로 제조되었다)의 소주가 인기를 끌었고, 다른 한편 서양식 식생활에 대한 동경이 강해지면서 맥주에 대한 소비가 상류층을 중심으로 늘어나기 시작했다. 생산량이 제한적인 데다 값도 비싸며, 지방에 생산 라인이 있어 유통과 공급 면에서 상대적으로 불리한 전통주는 점차 인기를 잃어갔다. 대도시의 직장인들은 퇴근 후 근처 술집에서 저렴하게 사 마실 수 있는 술을 찾았다. 상류층이나 지식인들, 젊은 층은 맥주나 양주 같은 서양 술을 선호했다.

더구나 쌀의 자급과 증산을 위해 박정희 정부가 강력히 추진한 혼·분식 장려 정책은 전통주와 막걸리 생산에 찬물을 끼얹은 결과를 가져왔다. 주식용으로도 쌀이 모자라는 판국에 술을 담가 먹는 것은 절대 용납될 수 없는 일이었다. 도시민들에게는 쌀에 반드시 잡곡을 섞어 먹거나 쌀 대신 밀가루 음식을 먹으라고 권장하면서, 동시에 농촌에서는 쌀막걸리를 빚어 먹는 것을 엄격히 금지하였다. 박정희 정부가 추진한 새마을운동은 일종의 농촌계몽운동으로서 농한기에 마을 사람들이 모여 술을 마시는 풍습도 없애야 할 악습으로 여겼기에, 농촌에서 흔히 만들어 마셨던 막걸리의 소비에도 일정 정도 영향을 미쳤다. 이러한 정책은 농촌의 양조장이 그 전성기를 잃고 점차 퇴락하게 됨을, 그리고 막걸리 등 전통주 제조 기법이 후대에 전수되지 못하고 명맥이 끊어짐을 의미했다.

이 같은 변화는 1980년대 후반에서 1990년대에 들어 농촌 양조장의 감소와 폐쇄, 막걸리 소비량의 급격한 감소, 그에 따른 도시의 막걸리 주점 감소를 가져온 반면, 소주와 맥주 및 양주의 매출 증가로 이어졌다. 당시 농촌

지평막걸리 양조장 | 경기도 양평의 지평막걸리 양조장은 1925년에 세워졌으며, 일본식 건축 양식으로 지어졌다. 이 양조장은 1951년 2월 한국전쟁이 벌어질 때 이곳의 작전을 맡았던 프랑스 대대의 사령부로 이용되기도 하였다. 이를 알 수 있는 전적비가 양조장 옆에 세워져 있다(오른쪽).

에서는 퇴락해가는 양조장의 모습을 곧잘 볼 수 있었다. 또 대학교 앞에는 막걸리를 팔지 않는 술집들이 늘어났다. 찾는 사람이 없다는 이유였다.

새롭게 부활하는 양조장

2000년대 들어서자 생각지도 못한 변화가 나타나기 시작했다. 막걸리를 찾는 사람이 늘어난 것이다. 적당히 마실 경우 막걸리가 다른 술에 비해 건강에 좋다는 연구 결과가 나오고, 쌀의 자급률이 높아지면서 쌀막걸리를 빚어 먹을 수 있는 환경이 조성되었다. 한류의 열풍을 타고 한국을 찾은 일본인을 비롯한 아시아 관광객들이 막걸리에 대해 호평을 늘어놓으면서 수출

금정산성막걸리 양조장 | 부산의 금정산성막걸리는 조선 숙종 때인 1704년 금정산성을 축조할 때 일꾼들에게 제공하여 유명해졌고, 1978년 정부에 의해 지역 특산물로 공식 지정되었다. 금정산성 안에 있는 양조장에서는 금정산의 지하 암반수로 술을 빚기 때문에 맛이 뛰어나다고 한다. 오른쪽 사진은 밀을 누룩 틀에 넣어 동그랗게 만든 뒤 누룩집에 넣어 띄우는 모습이다.

도 증가하기 시작했다. 대도시의 술집이나 음식점에도 다시 막걸리의 공급이 늘어났다.

우리 문화에 대한 관심은 전통 음식과 전통주에 대한 관심으로 이어져서 전통주의 제조법이나 맛의 비결에 관심을 갖는 사람들이 늘어났다. 테마를 정해 떠나는 여행이 인기를 모으자 전통주나 막걸리 양조장을 찾아 맛을 음미하는 관광 상품도 등장하였고, 이러한 곳을 직접 찾아다니는 사람도 많아졌다. 아직까지 남아 있는, 그러나 서서히 몰락의 길을 걸어가던 농촌의 양조장들은 다시 활기를 되찾고 있다. 사라져가거나 희귀한 옛 건물 또는 풍습을 사진에 담으려는 사람들도 이곳을 찾았다. 자연스럽게 전통주와 막걸리의 생산이 늘어났음은 물론이다.

한편 서양의 음식 문화가 유입됨에 따라 와인에 대한 수요도 증가하였

덕산막걸리(세왕주조) 양조장 | 1930년에 세워진 충북 진천군 덕산면의 세왕주조 건물은 백두산 삼나무와 전나무로 지어졌으며, 등록문화재로 지정된 전통 양조장이다. 양조장 앞의 측백나무들은 한여름의 열기를 식히고 해충의 접근을 막아 막걸리의 신선도와 양조장 건물의 보존에도 크게 기여한다. 덕산막걸리는 허영만의 만화 『식객』에도 소개되면서 더욱 인기를 모았다.

다. 2000년대 이전까지만 해도 일반 대중에게는 다소 생소하게 느껴지던 와인은 2000년대 들어 가파른 수요의 상승세가 이어졌다. 특히 우리나라가 최초로 자유무역협정을 맺은 나라가 칠레다 보니, 칠레산 와인이 상대적으로 저렴한 가격에 수입되기 시작했다. 이후 유럽연합과 자유무역협정을 체결하면서 프랑스, 독일, 이탈리아 등 주요 와인 생산국의 제품도 많이 들어왔다. 최근에는 호주와 자유무역협정을 체결한 뒤로 호주산 와인도 수입되고 있다.

와인은 알코올 도수가 그리 높지 않아 부담이 덜하고 특유의 향과 맛이 있으며 한국 음식과도 잘 어울리는 편이다. 와인을 찾는 사람들이 점차 늘어나자 국내에서도 와인을 만드는 곳이 생겨나기 시작했다. 특히 포도 재배가 활발하고 생산량도 많은 충북 영동, 충남 천안, 경기 서해안 등지에 와인

사진 제공 : 한국관광공사

와인트레인 | 서울과 충청북도 영동 간을 운행하는 테마 열차이다. 서울역에서 출발하는 이 열차를 타면 영동에서 생산된 포도로 만든 와인을 즐길 수 있다.

을 만들어 파는 와이너리(포도주를 만드는 양조장)가 등장하였다. 유럽이나 남미 국가들처럼 와인 제조용 포도를 따로 재배하지 않고 우리가 평소에 먹는 일반 과일 품종으로 와인을 만든다는 점 때문에 수입 와인의 맛을 내기는 아직 어렵지만, 국내 와이너리와 와인은 확실히 많은 관심을 모으고 있다. 충북 영동은 대규모 와이너리를 갖추고, 한국철도공사와 연계하여 와인트레인이라는 열차 여행 상품도 운영하고 있다.

우리의 토종 품종인 산머루를 가공하여 생산하는 머루 와인도 주목받고 있다. 와인용 포도를 재배하지 못하는 약점을 극복하고 토종 산머루로 와인을 만들어서 와인 시장에 승부를 걸고 있는 곳은 충북 영동 외에도 경기 파주와 전북 무주 등이 있다(☞62쪽 참조). 이러한 곳에도 와이너리가 있으며 산머루 와인 만들기 체험도 진행하고 있어 가족이 함께 찾는 체험 학습 장소로 인기를 끈다.

와인코리아 | 백두대간 아래의 내륙 산간 지역인 충북 영동은 큰 일교차 덕분에 포도가 잘 재배된다. 일교차가 크면 낮에 많은 일조량으로 생성된 당분이 밤에 호흡으로 소모되지 않고 축적되므로 포도의 당도가 높아지기 때문이다. 영동은 많이 생산되는 포도를 이용하여 와인 제조에 나섰고, 유럽의 성과을 본뜬 와이너리에서 포도 따기나 와인 족욕 등의 체험을 진행하고 있다.

맥주 공장 | 대기업에서 운영하는 대형 맥주 공장들은 시음장과 제품 홍보관을 만들어 견학 프로그램을 통한 관광객 유치에 나서고 있다. 이러한 활동이 결국 매출액의 증가와 함께 제품의 이미지 개선에 도움이 되기 때문이다.

산사원 | 경기도 포천의 산사원은 배상면주가에서 운영하는 술 박물관이자 갤러리, 체험장이다. 여기서는 배상면주가의 다양한 제품을 시음할 수 있고 전통주에 관한 여러 전시물을 관람할 수도 있다.

소주나 맥주를 만드는 대기업의 공장에서는 자사의 제품을 홍보하기 위해 공장 견학 투어를 실시하고 있다. 소비자들이 안심하고 마실 수 있도록 제품을 홍보하면서 술의 생산 공정 과정을 보여준 뒤 시음장에서 직접 맛볼 수 있도록 하는 것이다. 또 자사의 로고나 상표가 새겨진 기념품을 제공함으로써 잠재적인 고객도 확보한다.

한국 사람들은 술을 매우 즐기는 편이다. 1인당 알코올 소비가 세계 최상위권이라는 통계도 있다. 하지만 잘못된 음주 문화로 여러 가지 폐단을 낳기도 한다. 술도 엄연한 음식인 만큼 제대로 알고 마신다면 좀 더 건전한 음주 문화가 정착될 수 있을 것이다.

여행을 다니다가 양조장이나 와이너리에 들러 술에 대한 이해를 높인다면 여행의 재미가 배가됨은 물론, 지역에 대한 이해와 건강한 음주 문화 양성이 동반되는 일석 삼조의 효과를 가져올 수 있다. 그래서 가까스로 맥을 이어온 지방의 양조장과 전통주 제조장, 와이너리를 찾는 사람이 늘어나는 현상이 무척 기쁘다.

그곳이 사라지고, 그곳이 살아나고

2부. 역사적 유적지

: 잊어버렸던 옛 장소에 대한 관심

01 도시의 멋으로 승화한 옛 성곽

알고 보면 원칙이 있다

우리나라의 도시들은 크게 보면 중국의 옛 고전인 『주례周禮』에 나오는 도성의 배치 원리와 풍수 사상을 바탕으로 건설된 경우가 많다. 중국 주나라의 관직 제도와 전국시대 각국의 제도를 기록한 『주례』「고공기考工記」에 따르면 도읍의 주요 시설은 궁궐을 기준으로 하여 좌묘우사左廟右社, 전조후시前朝後市의 원리로 배치하고, 도성都城은 방형의 성곽으로 한다. 즉 궁궐을 중심으로 봤을때 그 좌측에는 왕실의 사당(종묘)이, 우측에는 곡신과 토신에게 제사를 지내는 사직단이, 전면에는 행정 부서에 해당하는 조정朝廷이, 후면에는 상품을 사고파는 시장이 들어서도록 한 것이다.(조선시대 한양의 경복궁을 중심으로 본다면 궁의 왼쪽, 곧 동쪽에 종묘가 있고 궁의 오른쪽인 서쪽에 사직단이 있다.) 그리고 이러한 도읍지를 성벽으로 둘러쌓아 경계로 삼고 방어하게 만들었다. 또한 풍수 사상에 따라 궁궐은 주산主山의 아래에 자리 잡고 앞에는 하천과 평야를 두었다. 『주례』의 「고공기」는 가장 이상적인 도성 계획의 원리로 여겨졌으며, 중국은 물론 우리나라와 일본 등 동북아시아 지역의 도성 건설 계획에서 가장 모범이 되는 기준으로 작용하였다.

남한산성 | 포곡식으로 축성된 남한산성은 북한산성과 함께 수도 한양을 지키던 조선시대의 산성이다. 병자호란 때 이곳으로 피신한 인조는 결국 청나라와 강화하고 삼전도의 치욕을 겪었으나, 청의 대규모 군대에 함락되지 않은 난공불락의 요새였다.

따라서 도성뿐만 아니라 지방의 읍치와 같은 전통 도시는 지형에 따라 차이는 있지만 비슷한 방식으로 도시 구조가 형성되었고, 돌을 쌓아 만든 성벽이 둘러싸는 형태를 띠고 있다. 방어상 중요한 요충지 주변의 산에도 성을 쌓은 곳이 많았다. 우리나라는 기본적으로 산이 많은 지형이기도 하지만, 강한 외적의 침략을 받으면 산성에 방어선을 구축한 뒤 외적의 보급로를 차단하는 전술로 맞섰기 때문이다. 보급로가 끊길 것을 우려한 적군은 깊숙이 진격하기가 어려웠다.

도시를 둘러싼 성곽은 평지와 산의 능선을 연결한 형태가 많다. 우리나라 대부분의 도시가 풍수 사상의 원리에 따라 주산과 조산朝山, 그리고 좌청룡左青龍과 우백호右白虎 사이에 들어섰기 때문이다. 반면 서양의 성곽도시는 성곽이 대체로 평지에서만 둘러싸고 있는 형태이거나 봉건 영주의 거주지인 경우가 많아 우리와 대조적인 경관을 보인다. 도시의 주변 산지와 평지를 연결한 우리의 성곽 풍경은 마치 성벽이 물결치는 듯한 모습이었다.

산성은 형태에 따라 크게 포곡식包谷式과 테뫼식으로 나뉜다. 포곡식 산성은 능선을 연결하여 골짜기를 둘러싸는 형태이다. 둘러싼 범위가 넓으므로 적과의 장기전에 유리하고, 골짜기를 포함하므로 물을 얻기 쉬웠다. 북한산성과 남한산성 등 규모가 큰 산성은 대부분 포곡식으로 축조되었다. 반면 테뫼식 산성은 산의 정상 부분을 둘러싼 형태로서 대체로 규모가 작기 때문에 적에게 노출되는 공간이 적다는 장점이 있으며, 주로 역사가 오래된 초기의 산성 형태이다. 산성 축조 방식은 테뫼식에서 점차 포곡식으로 진화한 것으로 보인다.

전근대 시기에 성곽은 방어를 위해 필수적인 시설이었다. 삼국시대에 벌어졌던 고구려·백제·신라 간의 치열한 전쟁은 성곽 뺏기의 과정이라고 해도 과언이 아니다. 중국 수나라와 당나라의 대군이 침입했을 때 고구려군은 이른바 청야수성淸野守城(들판을 비우고 산성을 지킴)의 작전으로 슬기롭게 적군을 물리칠 수 있었다. 해안 지방에는 왜구의 침략을 막기 위해 견고한 읍성을 세웠다. 광해군과 숙종은 북방 세력의 침략에 대비하려는 목적으로 성곽의 신축과 보수에 많은 힘을 쏟은 국왕으로 기록되어 있다. 심지어 조선시대 말기에 서양 열강의 군사력을 막기에는 턱없이 벅찬 방어 시설이었음에도 흥선대원군은 해안 지방의 성곽과 돈대를 꼼꼼히 점검했을 정도다.

도시 발달과 도시화를 방해하는 애물단지?

화약의 보급으로 중세 유럽의 높고 튼튼한 성벽이 하루아침에 무용지

강화도 덕진진 | 조선시대 강화 해협을 지키는 요충지로서, 덕진돈대, 남장포대 등이 덕진진에 소속되어 있었다. 남장포대는 반월형의 요새를 이룬 곳으로(왼쪽), 신미양요 때 포격을 입어 심한 피해를 입은 바 있다. 덕진돈대 앞에는 흥선대원군의 명으로 세워진 경고비가 있는데, '海門防守他國船愼勿過(해문방수타국선신물과)'라고 음각되어 있다(오른쪽). 이는 어떠한 외국 선박도 이 해협을 통과할 수 없다는 쇄국 의지를 나타낸 것이다.

물이 되었듯이, 이 땅을 위협한 서양 열강의 근대식 화력을 우리의 전통 성곽이 막기에는 역부족이었다. 1866년 병인양요 당시 프랑스 군대를 물리치면서 기세를 올렸던 강화도의 성곽은 이후 밀려오는 서양 열강의 군사력을 끝내 당해내지 못했다. 조선왕조의 역사를 지켜낸 한양 도성은 일본의 국권 침탈을 막아내기는커녕 전찻길의 부설과 인구 증가에 따른 도시계획의 명분으로 무참하게 헐려 나갔다.

서양 문물이 도입되고 전차와 같은 근대적 교통수단이 등장하면서, 그리고 도시인구가 증가하면서 성곽은 마을과 도시를 지켜주던 방어 시설이 아닌 도시의 발전을 방해하는 애물단지로 전락하였다. 더구나 성곽을 지속적으로 관리하고 보수해주어야 할 조선의 국가 시스템이 무너지자 한번 허물어지거나 망가진 성벽은 점차 폐허로 변해갔다. 넓은 도로를 내거나 전차를 개통시킬 때 성벽을 허는 것은 당연하게 여겨졌다. 늘어나는 인구를 수용할 주택지를 개발하고 도시의 영역을 확장하는 데 성벽은 장애물에 불과했다. 멸망한 나라의 옛 성곽과 성벽은 저개발의 상징처럼 인식되었으며, 지역의 침체와 퇴락의 분위기를 더욱 두드러지게 할 뿐이었다.

산업화 이후 농촌의 인구가 도시로 대거 몰려들면서 이런 생각은 더욱 심해졌다. 산업화된 현대 도시에 옛 성곽이 차지할 자리는 없는 것 같았다. 성벽은 더욱 훼손되었으며, 운 좋게 살아남은 옛 성문은 자동차의 홍수 속에서 외롭게 떠 있는 섬과 같았다. 남북이 대치하는 냉전 시대에 산성은 군부대가 들어서기에 좋은 장소로 여겨지면서 철조망에 갇혀버리기도 했다. 개발의 바람이 덜했던 지방 소도시에 성곽이 보존되어 있기는 하였으나 아무 기능도 못하는 빈 공간으로 방치되기 일쑤였다. 음식점이 산성 안에 들어서 있는 경우는 그나마 사람들이 찾기라도 했지만, 바람직한 보존과 거리가 멀기는 매한가지였다. 심지어 성곽 주변의 일부 주민은 허물어진 성곽의 돌을 가져다가 집의 담장을 정비하는 데 사용하기까지 했다.

역사의 숨결을 간직한 예스러운 산책로

도시의 발달에 방해된다고 여겨졌던 성곽과 성벽은 2000년대 들어서면서 다시 주목받기 시작했다. 우리 문화에 대한 관심이 높아지고 사극이 인기를 끌면서 성곽을 보는 새로운 시선이 나타났다. 1997년 수원 화성이 세계문화유산에 등재되고, 2002년 한일월드컵의 일부 경기가 수원에서 치러지면서 성곽의 가치는 더욱 주목을 받았다.

관광 행태의 변화와 삶의 질에 대한 욕구도 성곽을 다시 보게 하는 계

서울 성곽 | 산세를 따라 굽이굽이 이어진 한양 도성은 전체 길이 약 18.6km, 평균 높이 약 5~8m이다. 북악산 쪽 구간은 1968년 1·21사태 이후 출입이 제한되었다가 2007년에 개방되었다. '한양도성길'로 조성됨에 따라 많은 사람이 찾고 있으며, 세계문화유산 등재를 준비하고 있다.

기가 되었다. 기존의 유명한 대중 관광지 대신 테마가 있는 장소를 찬찬히 둘러보는 답사 문화가 형성되면서 성곽이나 산성이 매력적인 답사지로 꼽히기 시작했다. 성곽에는 수많은 역사적 이야기가 담겨 있으니 말이다. 이른바 '웰빙'과 걷기 열풍은 건강을 챙기는 많은 사람을 등산의 길로 인도했다. 일정한 구간에 걸쳐 둘러쳐진 성곽은 훌륭한 걷기 장소였다.

지방자치제도의 실시도 성곽의 재발견에 기폭제 역할을 했다. 자신의 지역을 찾아오고 싶은 매력적인 장소, 테마가 있는 장소로 만들어야 홍보도 되고 관광 수입도 생기며 지역 경쟁력을 가지는 시대다. 지방자치단체의 입장에서 쉽게 발견할 수 있는 문화재가 바로 관내에 남아 있는 옛 성곽이었다. 전국적으로 성곽에 대한 복원·정비운동이 일어난 것도 그런 이유였다.

600년 이상의 도읍지 역사를 지닌 서울은 과거 한양을 둘러쌌던 성곽이 그간의 많은 멸실에도 불구하고 2/3가량 남아 있다. 박정희 정부 때 부분

사진 제공 : 한국관광공사

수원 화성 | 정조가 자신의 부친 장헌세자의 묘를 옮기면서 계획적으로 만든 신도시가 화성이다. 총 길이 5.74km, 높이 4~6m의 성벽이 이어지며, 성벽과 4대문, 각종 방어 시설이 잘 보존되어 있다. 화성열차를 운행하고부터 더 많은 관광객을 불러 모으고 있다.

보수와 개축을 하였으며, 이후에도 꾸준히 복원을 계속하여 멋진 '한양도성길'로 재탄생했다. 앞으로 나머지 부분을 최대한 복원하여 유네스코 세계문화유산에 등재 신청할 계획이다. 북한산의 북한산성은 1990년대부터 복원을 시작하여 거의 마쳤으며, 수많은 등산객이 찾는 명소가 되었다.

2014년에 유네스코 세계문화유산으로 등재된 경기도 광주와 성남의 남한산성도 빼놓을 수 없는 아름다운 성곽이다. 수원 화성은 세계적인 유적지로서 손색이 없다. 화성행궁의 복원(☞161쪽 참조)과 화성관광열차 운행 및 수원화성박물관의 건립으로 더욱 많은 사람이 찾고 있는 곳이다. 강화도의 성곽과 돈대 등 국방 유적은 선사시대 고인돌과 더불어 섬 자체를 살아 있는 박물관으로 만들었다. 이런 유적·유물은 '강화 나들길'이라는 걷기 코스에 포함되어 도보 여행객들에게 사랑받고 있다.

상당산성 | 상당산의 계곡과 분지를 감싸듯 둘러쌓은 포곡식 산성으로, 곡선미가 빼어나다. 성의 둘레는 약 4.2km이고, 옛 성벽이 잘 남아 있는 서쪽과 동쪽의 성벽 높이는 3~4m 정도다. 성에 오르면 서쪽으로 청주와 청원 지역이 한눈에 내려다보인다.

청주의 상당산성도 비교적 원형을 잘 간직하고 훼손이 덜한, 충청권의 대표적인 성곽이다. 충청권은 과거 고구려, 백제, 신라의 삼국이 치열한 대결을 벌였던 접경 지역이라 산성이 많이 남아 있다. 충청북도는 상당산성 외에도 단양의 온달산성, 보은의 삼년산성, 충주의 장미산성을 묶어 '중원의 산성 기행' 코스로 개발하고 있다.

충남 서산의 해미읍성은 과거 왜구의 침입을 막기 위해 해안 지방에 세운 읍성이다. 계속된 간척 사업으로 인해 성의 위치가 바다로부터 멀어졌지만 그 역사성만큼은 그대로 유지하고 있다. 매년 봄에는 그런 역사성을 기리는 해미읍성 병영축제가 열린다. 축제의 인기가 높아지자 읍성 안의 옛 건물들도 순차적으로 복원하고 있다. 충남 홍성의 홍주성도 최근 대부분 복원을 마치고 홍주성역사공원 안에 홍주성역사관을 개관하였다.

낙안읍성과 진주성 | 순천의 낙안읍성은 성곽도 둘러보고 읍성 안의 초가집에서 민박도 할 수 있는 체험형 관광지이다(위).
진주성은 임진왜란의 역사가 담긴 곳으로, 매년 가을에 남강유등축제가 열린다(오른쪽). 가운데 사진은 남강에서 보는 진주성의 촉석루와 성곽이다.

김해 분산성 | 가야의 산성으로 추정되며, 조선시대에는 왜구의 침입을 막는 데도 활용된 테뫼식 산성이다. 낙동강 하류의 삼각주를 한눈에 볼 수 있는 분산의 정상에 약 900m에 걸쳐 축조되었다. 성 주변에는 가야 무덤들과 수로왕비릉, 가야의 건국 설화와 관련 있는 구지봉이 있다.

전북 고창의 고창읍성과 순천의 낙안읍성은 읍성의 원형을 비교적 잘 간직한 곳이다. 특히 낙안읍성은 읍성 안의 초가집을 여행객이 머물 수 있도록 민박집으로 활용하고 있다. 전남 나주의 나주읍성은 성벽이 대부분 유실되었지만, 1993년부터 읍성의 성문인 남고문(1993), 동점문(2006), 영금문(서성문, 2011)이 차례로 옛 성문 자리에 복원되었다.

영남 지방의 도시들도 부분적으로 성문과 성벽을 복원하고 있다. 부산과 김해는 이미 읍성의 복원을 시작하여 일부 구간의 공사를 끝마쳤고, 통영은 옛 삼도수군통제영을 진작에 복원하였다. 과거 신라와 가야의 산성은 충청권의 산성만큼 널리 알려지거나 정비되지는 않았지만, 이를 역사 유적화하려는 지방자치단체의 주목을 받고 있다. 진주의 진주성은 1980년대에 복원되었는데, 2000년부터 이곳에서 화려한 남강유등축제가 열린다. 밀

사천 선진리 왜성 | 이 성은 사천읍에서 서남쪽으로 약 4km 떨어진 선진항의 북쪽에 있으며, 서·북·남의 삼면은 바다에 임하고 동쪽의 한 면만 육지와 이어진 곳에 세워졌다. 임진왜란 때 이순신 장군에 의해 격파당했는데, 왜군이 흙으로 쌓은 성벽은 현재 1km가량 남아 있고, 사진에 보이는 왜성은 복원한 부분이다. 현재 선진공원으로 조성되어 있다.

양은 2010년부터 밀양읍성과 해자의 일부를 복원하였다. 해자는 성벽 밖에 조성한 인공 수로인데 밀양의 해자는 '해천'이라고 일컫는다. 복원을 통해 밀양의 역사성을 살릴 뿐만 아니라 밀양 시민에게는 수변 공간도 마련해주는 효과를 거두고 있다. 울산과 사천 등 영남의 남해안 일대에는 임진왜란 때 왜군이 장기 주둔하면서 쌓은 왜성이 남아 있다. 특히 사천의 선진리 왜성은 이 성을 둘러싼 앞바다에서 이순신이 사천양해전을 벌인 것으로 유명하며, '이충무공사천해전승첩기념비李忠武公泗川海戰勝捷紀念碑'가 세워져 있다.

제주도에는 해안가에 쌓은 환해장성이 일부 남아 있다. 환해장성은 원래 고려 조정이 삼별초가 진도에서 탐라로 들어오는 것을 막기 위해 처음 축성하였으나, 이후 삼별초가 제주도에 주둔하면서 도리어 여몽연합군을 막는 데 이용되었다. 이후 조선시대에 잦은 왜구의 침입을 막기 위해 보수,

성읍민속마을 | 제주특별자치도 서귀포시 표선면에 있으며, 옛 민가 마을의 형태가 잘 간직되어 있다. 정의읍성 성곽의 크기는 동서로 160m, 남북으로 140m쯤이고, 제주도답게 현무암으로 성벽과 돌담을 쌓은 것이 특징적이다. 마을 안에는 향교, 일관헌(관공서), 돌하르방, 연자방아 등 유적과 민속자료가 풍부하다.

증축된 바 있다. 서귀포시의 옛 정의현 읍성은 성읍민속마을로 단장되었고, 대정현의 읍성도 복원되었다. 특히 대정읍성 근처에는 추사 유배지도 위치하고 있어 성벽을 둘러보면서 들러볼 만하다. 올레길로 관광객이 더욱 몰려드는 제주도는 이러한 옛 성곽들을 활용할 계획을 세우고 있다.

옛 성곽과 성벽들은 더 이상 도시의 발전과 성장을 가로막는 장애물이 아니다. 오히려 도시의 지역성을 상징하는 훌륭한 랜드마크이자 지역을 알리고 지역의 소득을 높이는 경제적 자산이다. 분명히 성곽은 과거의 방어 요충지만큼이나 해당 지역에 중요한 장소로 변해가고 있다.

02 산 자와 죽은 자의 공간으로 변모하는 **능과 묘지**

학교 소풍 때나 갔던 곳

요즘이야 워낙 먹거리가 다양한 세상이고 전국 곳곳으로 여행을 가는 것에 대한 갈증이 덜하지만, 필자가 어린 시절만 해도 그렇지 못했다. 그 시절 아이들에게는 학교에서 소풍을 가는 것이 너무도 신나고 설레는 일이었다. 소풍 가는 날 아침, 어머니는 맛있는 김밥을 싸주셨고 평소에는 먹지 못하는 귀한 간식을 가방에 넣어주셨기 때문이다. 여행도 변변히 못 가던 시절에 학교를 떠나 어디론가 가서 학급 친구들과 즐거운 시간을 보낸다는 것 자체가 마음을 들뜨게 했다. 그래서 소풍 전날 밤에는 흥분한 나머지 잠도 못 이루었다.

소풍을 간다고 하면 당연히 어디로 가는지가 관심사였다. 요즘과 같이 시설 좋은 놀이동산이나 테마파크가 없던 시절, 더구나 대중교통망이 지금처럼 발달하지 못했던 시절에는 사실 갈 곳이 그리 많지 않았다. 그래도 뭔가 근사한 장소를 잔뜩 기대하고 있다가 가장 실망하는 장소가 왕릉이었다. 도대체 볼 것도 없고, 공놀이라도 하려 하면 호루라기 소리와 함께 으레 제재당하고, 사방에 보이는 것이라곤 나무와 풀밖에 없는 남의 무덤으로 왜 소풍을 가는지, 어린 마음에 온통 불만과 의문투성이였다. 게다가 왕릉을 가는 길은 차편도 좋지 않아 매우 불편했기에 불만은 더했다. 누가 거기에 묻혀 있는지는 아무도 관심을 갖지 않았다. 그러니 다녀오고도 그 왕릉의 이름조차 모르고 능의 주인이 누구인지 모르는 경우가 태반이었다.

뭔가 꺼림칙한 느낌

그나마 왕릉은 문화재이기에 사람들이 찾아가는 곳이지만, 일반 묘지의 경우는 유가족을 제외하면 찾지 않는 곳이다. 찾지 않기는 고사하고 아예 가기를 꺼려 하기조차 한다. 유교의 영향이 강한 한국 사회에서 묘지는 망자의 공간으로 인식되었다. 그 때문에 가족이나 후손이 아니면 갈 곳이 못 되었다. 어릴 적 여름밤, 대청마루에서 할머니 품에 누워 소름이 돋도록 무서워하며 듣던 귀신 이야기의 배경은 대부분 공동묘지였다.

인간 사회의 문화 가운데 가장 변화하기 어려운 보수적인 문화가 장례 문화라고 한다. 그 때문에 장례 문화는 시대의 변화와 흐름을 같이하는지도 모른다. 예컨대 불교 사회였던 고려시대에는 화장이 많았던 반면, 유교 사회인 조선시대에 들어와서는 봉분을 꾸미고 묘를 만들었다.

유교적 관념에 따르면 돌아가신 조상님이 가까이에서 항상 우리를 지켜봐주시기 때문에 조상님을 좋은 묏자리에 모셔야 한다. 그런데 인구가 늘어나면 당연히 사망자도 많아지는 법이라 전국의 야트막한 산에는 점차 묘가 들어차기 시작했다. 우리나라 곳곳을 다녀보면 논만큼 많이 보이는 것이 묘라는 말도 있다. 사회적으로도, 묘가 너무 많아서 가뜩이나 좁은 국토가 더 좁아진다는 우려의 여론이 일었다. 더 심각한 문제는 국토를 점유하고 있는 묘들 가운데 적잖은 수가 거의 관리되지 않는 버려진 묘라는 것이었다. 외국의 공원묘지와 달리 우리나라의 전통적인 묘는 봉분 형태이기 때문에 일정 크기의 면적을 차지하는 문제점도 컸다.

유교가 강하게 지배했던 과거에 신성하게 여겨진 묘지는 산업화 과정에서 국토의 효율적 이용을 저해하는 존재로 인식되기 시작했다. 특히 산업화·도시화가 진행될수록 많은 묘들이 토지 이용에 걸림돌이 되었고, 그에 대한 처리 방안이 사회적 고민으로 대두했다. 인구가 도시로 몰리고 핵가족화되면서 후손들이 묘지를 관리하기도 점차 어려워졌다. 바쁘게 살아가는 도시 생활로 인해 명절 때가 아니면 자주 찾아가지도 못하는 형편이다.

왕릉은 학교 소풍 때나 가보는 곳이었고, 소풍이 아니면 일부러는 찾아가지 않는 곳, 또한 일반 묘지는 갈 곳이 못 되는, 뭔가 두렵고 부담스러운 장소였다. 집집마다 조상을 모신 산소는 자주 찾아가기 힘들지만 명절 때 교통 체증으로 고생하면서도 안 갈 수는 없는 장소였다. 산업화·도시화에 따른 문화와 가치관의 급격한 변화가 야기한 우리 사회의 풍경이었다.

산 자와 죽은 자가 함께 살아갈 곳

그러나 산업화·도시화로 인한 문화와 가치관의 변화는 역설적으로 왕릉과 묘를 새롭게 인식하는 계기를 만들어냈다. 경제력의 상승은 우리 역사와 문화에 대한 자부심을 키워내기에 충분하였다. 조선의 국왕이 주인공으로 등장한 TV 사극이 인기를 끌고 조선시대를 시대적 배경으로 삼은 영화가 흥행하면서 사람들은 자연스럽게 조선의 역대 국왕에 관심을 갖게 되었다. 왕릉은 관심을 갖고 찾아간다면 언제든 쉽게 가볼 수 있는 장소가 되었다.

왕릉은 역사 기행으로도 답사할 만한 곳이지만, 특히 울창한 숲과 넓은 녹지로 둘러싸여 있기에 생태와 환경을 중시하는 최근의 여행 분위기에도 적합한 곳이다. 사람들은 왕릉을 찾아가 역사를 배우고, 쾌적한 환경에서 심신을 맑게 하며, 조용한 분위기에서 사색을 즐기고 스트레스를 해소한다.

건원릉 | 유네스코 지정 세계문화유산으로 등재된 조선 왕릉은 역사적인 유적지이면서, 동시에 숲으로 둘러싸인 생태 관광지이기도 하다. 사진은 경기도 구리시 인창동에 조선시대의 9릉 17위의 왕과 왕비, 후비 등이 안장된 동구릉 가운데 조선 태조의 무덤인 건원릉이다.

2009년에 조선 왕릉이 유네스코 지정 세계문화유산에 선정되자 국민의 관심은 더욱 높아졌다. 이에 따라 주로 서울과 수도권에 몰려 있는 조선 왕릉의 입장객 수가 크게 늘었다. 문화재청은 조선 왕릉에 대한 국민의 이해를 돕기 위해 태릉·강릉 경내에 조선왕릉전시관을 건립하였다(☞399쪽 참조).

조선시대의 왕릉뿐 아니라 다른 시대의 능들도 훌륭한 관광지가 되고 있다. 이미 널리 알려진 경주의 고분들 외에 새롭게 발굴되거나 연구를 통해 밝혀진 백제와 가야의 고분이 관심을 받으면서 관광지로 떠오르고 있다. 고분들 다수가 모여 있는 곳은 공원화가 이루어지면서 유적 답사를 하는 사람들과 걷기 여행을 하는 사람들에게 인기를 모으고 있다.

고령 지산동 고분군 | 잊힌 제국 가야의 고분들이 발굴되면서 고령, 창녕 등 가야 관련 도시들이 새로운 역사 도시로 떠오르고 있다. 옛 가야의 고분군은 훌륭한 역사 답사지이자, 주민에게는 산책로 역할도 한다. 왕릉이 밀집된 곳에는 대가야박물관과 대가야왕릉전시관(오른쪽)도 있어 가야인들의 생활과 문화를 살펴볼 수 있다.

사망자가 늘어나면서 묘가 국토를 잠식하는 사회적 문제점도 국민들이 묘지를 다른 관점으로 보게 되는 계기를 마련했다. 도시 중심의 생활과 가치관의 변화에 따라 조상과 가족의 묘를 돌보기 어려운 상황은 결국 가장 바뀌기 어렵다는 장례 문화를 변화시켰다. 묘를 조성하고 관리하는 일이 어려워지자 화장 문화를 선택하기 시작한 것이다. 이와 동시에 납골당이 우리 사회의 새로운 시설물로 등장하기 시작했다.

납골당이 세워지기 시작한 초창기만 하더라도 문화적 거부감이 만만찮았으며, 대표적인 님비(NIMBY : Not In My Back Yard) 현상의 장소이기도 했

서울추모공원 | 2012년 초 서울시 서초구 원지동에 개장한 국내 최초의 대도시 내 화장 시설이다. 화장 시설이지만 화장장 위에는 연못, 조각품을 전시한 잔디 광장, 숲으로 꾸몄고, 화장장은 지하에 설치함으로써 부정적 이미지를 최소화하였다.

다. 그러나 묘지를 조성하고 관리하기 어렵다는 현실적인 상황은 결국 화장과 납골당 문화를 빠른 속도로 수용케 만들었다. 정부나 지방자치단체는 납골당의 부정적 이미지를 불식하기 위해 추모공원의 형태로 가꾸기 시작했다. 새로운 묘지 형태인 추모공원은 옛날 귀신 이야기 속에나 나올 법한 음산하고 괴기스러운 분위기의 묘지가 아니다. 나무와 잔디, 숲과 꽃밭으로 꾸며지고 예술 조각품이 전시되어 유족들이 부담 없이 찾아올 수 있고, 떠난 사람을 추모하면서 휴식도 취할 수 있는 장소로 바뀌고 있다.

대표적인 예로 서울추모공원이 있다. 서울시는 1998년부터 추진한 서울추모공원을 주민과 14년간의 갈등 끝에 2011년 청계산 자락에 완공하였다. 처음엔 지역 주민들의 반발이 거셌으나, 화장 시설을 지하화하고 배출 물질을 완벽하게 처리하겠다는 내용의 타협안으로 마침내 추모공원이 추진될

북한산 둘레길의 2구간 순례길 | 북한산에 있는 애국지사들과 명사들의 묘는 순례길 구간으로 꾸며졌다.

수 있었다. 이렇게 조성된 추모공원은 새로운 장례 문화를 이끄는 곳이 되었다. 다른 지자체에서도 납골당이나 공동묘지를 공원 형태로 꾸며서 이제는 묘지가 아닌 추모공원이라는 명칭을 쓴다.

도시의 규모가 커지면서 도시 면적이 확대되자 지방자치단체들은 공동묘지의 묘들을 이장하는 정책을 추진하고 있으며, 이 일이 어려울 경우에는 공동묘지를 잘 꾸며서 공원화하는 방식을 세우고 있다. 또한 역사성이 있는 묘지는 지역의 가볼 만한 곳으로 선정하여 적극 홍보하기도 한다. 색다른 테마 중심으로 여행 문화가 바뀐 사회적 분위기도 이러한 정책에 힘이 실리도록 해주었다.

서울 중랑구의 망우리 공동묘지가 입지한 곳은 과거에는 서울 외곽의 변두리 위치에 해당했으나 수도권의 도시화가 연계되면서 더 이상 외곽에 자리하고 있다고 할 수 없다. 서울시는 묘의 연고자들에게 이장을 권유하는

양화진외국인선교사묘원 | 구한말부터 조선에서 활동한 15개국 417명의 외국인 선교사들이 잠들어 있는 곳이다. 한국 개신교의 생생한 역사의 현장이기도 하다.

한편, 남아 있는 묘에 대해서는 산책 길로 꾸며 사색의 동산으로 바꾸었고, 명칭도 '망우리공원'로 변경하였다. 북한산 주변의 유명 인사나 애국지사의 묘, 4·19국립묘지 등도 '순례길'로 단장하여 시민들이 북한산 둘레길을 걸을 때 자연스럽게 찾아볼 수 있는 곳으로 만들었다.

외국인들과 관련된 묘지나 장례 시설도 주목할 만하다. 서울시 마포구 합정동의 외국인 묘지(양화진외국인선교사묘원)는 한국의 개화기 역사를 설명할 수 있는 장소이기도 하다. 개항 이후 우리나라에 들어와서 활동하다가 사망한 외국인들이 안장된 또 다른 곳으로는 인천광역시 연수구 청학동의 외국인 공동묘지가 있다. 이곳은 가장 먼저 개항했던 인천의 지역성을 증명하는 좋은 장소이다. 인천시는 그동안 청량산 자락에 방치되어 제대로 관리하지 못했던 외국인 묘지를 새롭게 단장할 예정이다. 근대화 시기에 대구 지역에서 활동하던 선교사들의 묘역이 있는 청라언덕은 선교사 사택이 남아 있는

대구 청라언덕 | 대구광역시 중구에 위치한 3·1운동 계단(☞ 328쪽 참조)을 따라 올라가면 언덕 위에 선교사들이 잠든 묘역(위)과 선교사 사택(아래)이 나타난다. 청라언덕은 가곡 〈동무생각〉의 배경이자 대구 3·1만세운동의 발상지라는 사연이 깃든 곳이다. 청라언덕의 선교사 묘지는 '은혜정원'이라고 불린다.

연천 유엔군 화장장 시설 | 이곳은 유엔군 전사자를 화장하기 위해 1952년에 건립되었다. 민간인 통제구역 안에 있었기 때문에 접근이 어려웠으나 2008년에 등록문화재로 지정되면서 개방되었다. 건물의 벽과 지붕이 크게 훼손되었지만 가장 중요한 화장장 굴뚝은 그대로 남아 있다. 묘지와는 또 다른, 죽은 자들의 공간이면서 한국현대사의 아픔을 간직한 곳이다.

데다 가곡 〈동무생각〉의 발상지라는 사연이 어우러져서 대구의 가볼 만한 곳으로 꼽힌다. 부산의 유엔기념공원, 전남 거문도의 영국군 묘지, 경기도 연천군의 유엔군 화장터도 주목받는 묘원이다.

죽은 자들의 공간인 묘지 관련 시설은 부정적 이미지가 강한 장소이다. 그러나 공포 영화의 걸작 〈디 아더스〉가 던져준 메시지, 곧 '산 자와 죽은 자는 결국 함께 있는 것'임을 곱씹어본다면 더 이상 부정적인 장소일 수 없다. 오히려 그런 곳을 잘 가꾸고 정비함으로써 죽은 자들이 살았던 국토에 우리도 살고 있으며, 우리가 죽은 뒤에는 후손도 살아갈 것이라는 평범한 진리를 깨닫게 한다면, 장소를 바라보는 우리의 눈과 생각도 달라질 수 있지 않을까.

03 지역사회의 행정·교육 유적지, 향교, 서원, 관아

무얼 하던 곳이지?

조선의 통치 이념이자 생활윤리는 단연 유교, 즉 성리학이었다. 조선을 건국하는 데 앞장섰던 이들은 성리학적 이념으로 무장한 신진 사대부였다. 이들은 조선을 건국한 뒤 새 국가를 하루빨리 성리학적 유교 사회로 개편하기 위해 많은 노력을 기울였다. 따라서 중앙은 두말할 나위도 없고 지방에서도 유교 분위기를 진작하고, 성리학적 인재를 양성하며, 공자와 선현들을 모시고 제사를 지내기 위해 전국 각지에 향교를 세웠다.

향교는 고려 인종 때인 1127년에 처음 세워졌다고 하는데, 1읍 1교一邑一校의 전국적인 체제를 갖출 정도로 체계화된 것은 조선이 건국된 지 거의 100년이 다 되어가는 성종 19년, 곧 1488년의 일이었다. 요컨대 향교의 확산과 정착은 사실상 조선왕조에 들어와서다.

향교는 전국의 군현 단위까지 설치되어 인재의 교육과 지방 사회의 교화를 담당했으니 요즘으로 치면 일종의 지방 공립학교였다. 향교에는 공자의 위패를 모시고 제사를 지내는 대성전大成展과 강학 공간인 명륜당明倫堂, 공자의 제자들과 선현의 위패를 모신 동무東廡·서무西廡 등의 건물이 엄격한

양천향교 | 서울시 지하철 9호선의 역 이름(오른쪽)으로도 사용되고 있으며, 서울에 남아 있는 유일한 향교라는 점에서 문화재적 가치가 충분하다. 조선 태종 대에 창건되었고, 이후 노후된 것을 1981년에 전면 복원하였다.

유교적 위계질서에 입각하여 배치되었다. 이러한 건물 배치의 원리가 적용된 향교에는 유교 특유의 단순 소박하면서도 엄숙한 절제미가 묻어난다.

서원은 조선 중기 이후 향촌 사회에서 사림 세력이 문묘종사를 중시하고 학파와 학풍을 바탕으로 고급 인재를 육성하기 위해 조성한 고등교육기관으로서 요즘으로 치면 지방의 사립학교에 해당한다. 서원이 조선 중기부터 생겨나기 시작하여 17세기에 들어 급증한 것은 지방 사림 세력의 성장, 향교 등 관학의 쇠퇴, 사화나 당쟁에 따른 교관의 감소와 질적 저하, 관학의 유지에 필요한 예산의 부족이 복합적으로 작용한 결과였다.

서원은 크게 선현을 모시고 제사를 지내는 기능과 인재를 가르치고 길러내는 기능을 갖고 있다. 공자와 중국의 성인을 주로 모셨던 향교와 달리, 서원은 우리나라의 선현을 주로 모셨다. 그러나 시간이 흐르면서 서원이 사

병산서원 | 한국 서원 건축의 걸작으로 꼽히는 안동의 병산서원은 관광객은 물론 역사학도와 지리학도, 건축 답사가들도 자주 찾는 곳이다. 하회마을과 가까운 이 서원에는 풍산 류씨 집안의 류성룡이 배향되어 있다. 사진 정면에 보이는 건물이 병산서원의 강당인 만대루이다.

림의 당파·학파적 근거지가 됨에 따라 자신들 학파의 시조를 배향하는 쪽으로 나아갔다. 학파의 명성이 높아지면 그 해당 서원에는 지방의 많은 선비들이 모여들었고, 그에 따라 교육 기능이 더욱 강화되었다. 조정에서는 명망이 높은 서원에 편액과 노비, 토지, 서적 등을 내리고, 병역과 세금을 면제해주는 사액서원화 정책을 펼쳐 서원을 양성했다. 그 결과 향교의 상대적 부진과 낙후는 점차 심화되었다.

서원의 핵심은 사당과 강당이다. 사당은 선현을 모시고 제사를 지내는 곳이며, 강당은 학생들을 모아 놓고 교육하는 곳이다. 향교의 대성전과 명륜당처럼 서원의 건물도 유교적 위계질서에 따라 배치되었다. 사당과 강당 외에 서원을 구성하는 건축물로는 학생들이 기숙하는 동재東齋와 서재西齋, 서책을 보관하는 장판각藏板閣, 제수 마련과 기물 보관을 위한 전사청典祀廳,

나주목 객사 금성관 | 나주 관아의 객사인 금성관은 상당히 웅장한 느낌을 준다. 왕의 전패를 모시고 예를 올리는 장소이므로 관아에서 가장 중요하고 큰 건물이기 때문일 것이다. 관아 역시 유교적 이념과 중앙집권 국가의 이데올로기에 따라 조성되었음을 알 수 있다.

휴식과 토론 그리고 정문의 기능도 담당하는 누각 등이 있다.

조선의 행정단위는 각 도별로 부-목-군-현의 체제를 갖추었다. 고려 때의 향·소·부곡도 편입시켰으며, 고려와 달리 기초 행정단위인 모든 군현에까지 지방관을 파견한, 명실공히 중앙집권 국가였다. 조선 건국 초기에는 속현까지 포함하여 520읍이 있었으나, 국가의 기틀이 잡히기 시작한 15세기 초반의 태종 대에 이르러 330여 개 읍으로 정리되었다. 이러한 체제는 갑오개혁 이후 20세기 초반 220읍으로 축소될 때까지 큰 변화 없이 지속적으로 유지된 군건한 시스템이었다.

따라서 행정단위마다 중앙에서 파견된 관원, 곧 수령이 정무를 보는 관아가 설치되었다. 관아에는 일정한 건축양식이 있다. 수령이 근무하는 건물인 동헌東軒이 있고, 그 뒤에는 수령의 사적 공간인 내아內衙가 있었다. 그리

양근향교 | 오늘날의 양평은 남한강 변의 양근현과 강원도 가까이의 지평현이 합쳐지면서 한 글자씩 따서 탄생한 행정구역이다. 양근향교는 경기도 양평에 자리 잡고 있는데, 향교를 통해서도 옛 행정구역과 국토 구조를 이해할 수 있다. 공부하는 공간인 명륜당이 아래쪽에, 공자를 모시고 제사를 지내는 대성전이 위쪽에 자리 잡고 있음을 볼 수 있다.

고 동헌보다 격이 높은 객사客舍도 중요 건물인데, 객사는 관아에서 가장 규모가 컸다. 이곳에는 전패殿牌(임금을 상징하는 '전殿' 자를 새겨 넣은 나무패)를 안치했다. 객사는 외국 사신이 내왕할 때 머물거나 중앙에서 파견된 관리가 기거하는 곳으로도 사용되었다. 관아 또한 유교적 건축 원리와 질서에 따라 조성되었음은 물론이다. 대체로 관아와 가까운 곳에 향교가 자리했으며, 서원은 읍내로부터 일정 정도 떨어져서 입지하였다. 향교는 1읍 1교의 원칙에 따라 조정에서 설치한 교육기관이므로 관아와 인접할 수밖에 없었고, 서원은 학문에 몰두하기 위한 전문적인 고급 교육기관으로서 개인이 설립했기 때문이었다.

이렇게 일관된 원리와 탄탄한 지속성으로 유지되던 향교와 서원, 관아는 조선의 대표적인 공공 기관이었다. 조선은 이러한 행정과 교육 및 사회 시스템을 통해 세계에서 유례가 거의 없는 518년의 역사를 지속할 수 있었다. 외국 문화의 유입에도 불구하고 현재의 한국 사회에 기본적으로 유교 문화가 그 어느 나라보다 뿌리 깊게 자리 잡고 있는 것을 보면 조선의 시스템이 얼마나 강력했는지를 알 수 있다.

유교 건축물을 통해 드러난 조선의 저력

조선왕조가 막을 내리면서 이러한 시스템의 붕괴는 불가피했다. 일본제국주의의 행정 체제가 이식되었으며 서양과 일본의 영향을 받은 근대식 교육과 학교가 생겨나기 시작했다. 지방의 유생이 중앙 정계에 진출하는 수단이었던 과거제는 폐지되었다. 갑오개혁 때 공식적으로 폐지되었음에도 지방에서 관습적으로 남아 있던, 양반과 천인을 구분하는 신분제는 1948년 대한민국 정부 수립 후 토지개혁과 한국전쟁의 격변기를 거치면서 사실상 사라졌다.

옛 관아는 관리 주체인 조선왕조가 무너지면서 건물들도 하나둘씩 사라져갔고, 그 자리에는 일본제국주의의 읍면사무소나 초등학교(당시에는 '보통학교')가 들어서기 시작했다. 일제의 건물이 세워지지 않은 옛 관아 터는 잡초가 우거지고 퇴락했으며, 심지어 혼란기를 틈타 개인에 의해 무단 점유되기도 했다. 과거제 폐지는 향교·서원의 권위와 기능을 무력화했다. 또한 대학이 고등교육기관의 역할을 담당하면서 교육기관으로서의 향교와 서원은 사람들의 의식에서 점차 멀어져갔다. 왕정 폐지와 민주공화국의 출범으로 제사는 가정에서 개별적으로 지내는 행사가 되다 보니 향교와 서원이 갖고 있던 제사 기능도 사라져갔다. 철도와 도로 등 근대식 교통망이 발달하고 새로운 중심지가 출현하면서 향교와 서원, 관아가 모여 있던 옛 중심지는

옥구향교 | 전북 군산시 옥구읍에 있는 옥구향교에서는 '삼강오륜과 함께하는 세상'이라는 프로그램을 준비하여 지역 내 초등학생들에게 체험 활동을 실시한다. 향교 안의 명륜당에서 삼강오륜을 교육하고 붓글씨를 써보는 체험이다.

점차 쇠퇴하였다. 젊은이와 어린이들은 향교와 서원이 뭘 하던 곳인지조차 모르고 궁금해하지도 않았으며, 찾는 사람이 드물어지자 그곳은 늘 굳게 닫혀 있는 경우가 많았다.

딱딱하게 잠겨 있는 문으로 인해 어느 누구의 접근도 허락할 것 같지 않고, 그래서 망각의 저편으로 사라질 것 같았던 조선의 유서 깊은 공공 기관은 그대로 무너져 내리지는 않았다. 향교와 서원은 자신만의 역할을 지역사회 안에서 수행하며 질긴 생명력을 이어 가고 있다. 한때 조선의 관아와 마찬가지로 330여 곳에 달했던 향교는 아직도 230여 곳이 남아 있으며, 서원도 흥선대원군의 서원 철폐로 이미 크게 감소한 상황이지만 최근 들어 속속 정비되고 있다. 나아가 건물 자체의 정비에만 그치지 않고, 현대식 교육이 미처 다루지 못하거나 미흡한 영역을 보완하는 역할을 수행하고 있기

광주향교 | 광주광역시 남구에 자리한 광주향교에서는 전통문화를 체험해보는 프로그램을 활발히 운영하고 있다. 명륜당 옆의 양사재(사진 전면에 보이는 건물)에서는 한문과 서예 교육을 실시하고, 충효교육관(사진 뒤쪽에 보이는 건물)에서는 다도 체험과 한복 입기를 체험할 수 있다.

도 하다.

전국의 많은 향교와 서원에서는 한자 교실, 고전 강독, 전통 예절, 다도, 제사 기법, 전통 음식 만들기 등의 교육 강좌를 마련하여 전통문화의 계승과 복원 및 지역사회 교육에서 큰 소임을 맡고 있다. 그뿐 아니라 천편일률적인 결혼식 문화에 싫증을 느낀 사람들을 대상으로 전통 혼례를 치를 수 있도록 예식장의 기능도 하고 있다.

서울 궁궐 앞의 수문장 교대식(☞ 159쪽 참조)과 종묘제례악이 인기 있는 관광 상품이 되었듯이, 향교에서 거행하는 제례나 서원의 전통문화 체험도 점차 관광 상품으로서 관심을 모으고 있다. 향교와 서원, 옛 관아 건물 들은 그 자체로 훌륭한 문화재이다. 이러한 건축물은 지역의 역사를 증명할 뿐 아니라 전통 건축의 답사지로도 훌륭한 곳이다. 이런 까닭에 최근 지방자치

인천도호부 | 오늘날의 인천은 옛날에는 부평과 인천이라는 다른 행정구역이었다. 한강 유역권이었던 부평이 현재 인천의 북쪽이라면 서해안 권역의 인천은 현재 인천의 남서쪽이었다. 그 인천 지역을 통치하던 관아인 인천도호부가 한일월드컵을 앞두고 2001년에 복원되었다. 관아의 객사에서 보면 인천문학경기장이 바라보인다.

단체들은 향교와 서원의 보존에 노력하고 건물의 복원에도 힘쓰고 있다.

서울의 양천향교는 서울에 남아 있는 유일한 향교라는 가치를 지니고 있다. 지하철 9호선이 인근에 개통되면서 양천향교는 지하철역 이름으로도 선정되었는데, 이는 시민들에게 향교의 존재를 인식시키는 데 유리하게 작용할 것이다. 인천도호부는 비록 원래 위치인 문학초등학교에서 약간 떨어진 지점에 복원되었지만, 2002년 한일월드컵의 개최를 앞두고 지역 관광의 활성화와 역사 살리기 차원에서 옛 모습을 복원했다는 의의가 있다. 강릉의 관아인 강릉대도호부(임영관)는 멋진 배흘림기둥을 간직한 삼문만 남아서 오랫동안 빈터였으나 최근 멋지게 복원되었고, 관아 내에는 작은 도서관까지 마련하여 시민들에게 한층 친근하게 다가서려는 노력을 하고 있다.

충청과 경북 지방은 기호 사림과 영남 사림의 쟁쟁한 인물을 다수 배출

강릉대도호부(임영관)의 삼문 | 고려시대에 지은 임영관의 정문이다. '臨瀛館(임영관)'이라는 현판은 고려 공민왕이 직접 쓴 것이라고 한다. 간결하고 소박한 고려시대 건축의 특징을 잘 보여준다.

한 지역답게 이들을 배향한 유서 깊은 서원이 많다. 김장생金長生·김집金集·송준길宋浚吉 등을 배향한 논산의 돈암서원과 송시열宋時烈을 배향한 괴산의 화양서원이 유명하며, 이황李滉을 배향한 안동의 도산서원과 류성룡柳成龍을 배향한 안동의 병산서원, 조식曺植을 배향한 진주 덕천서원은 조선시대 역사와 성리학뿐 아니라 전통 건축을 공부하는 이들의 필수 답사 코스이다.

전남 나주는 그동안 개발에서 소외되었던 까닭에 옛 관아와 향교가 잘 보존된 편이다. 나주시는 과거 나주 목사가 생활하던 내아를 정비하여 관광객들에게 한옥 체험의 숙박소로 제공하고 있다. 관광객은 수령의 살림집인 내아에 숙박하면서 바로 옆의 나주 관아에 있는 객사의 위용을 살펴볼 수 있다. 또한 가까이에 위치한 나주향교와 읍성문도 관람할 수 있다. 관아 옆의 나주목문화관에서는 조선시대의 행정구역과 제도에 대해서 알아볼 수 있다. 제주의 관아 역시 제주의 분위기와 지역색을 물씬 풍기는 분위기로

돈암서원 | 김장생의 학문과 덕행을 기리기 위해 인조 12년(1634)에 창건하였으며, 현종 1년(1660)에 돈암이라 사액되어 사액서원으로 승격하였다. 돈암서원은 서인-노론계를 대표하는 서원으로, 1871년의 서원훼철령 때도 훼철되지 않고 보존되어 오늘에 이른다. 광산 김씨는 연산 지역에 세거하면서 많은 인재를 배출한 호서의 명문 사족 가문이다.

말끔하게 복원되어 또 다른 관광 코스로 주목을 받는다.

향교와 서원, 관아는 우리 건축의 옛 구조와 모습을 이해하는 데 좋은 근거 자료가 된다. 지역 주민에게는 역사와 전통을 간직한 고을이라는 자부심을 갖게 해주며, 설령 지금은 쇠퇴했더라도 여행객을 불러오게 하는 존재이기도 하다. 조선왕조의 멸망과 급속한 근대화로 많은 이들의 관심에서 멀어진 이런 옛 기관들이 여전히 중요한 이유이며, 이들이 살아남은 까닭이기도 하다. 또한, 오랜 세월 우리 국민의 생활윤리로 자리 잡은 유교 문화의 저력이 만만찮음을 증명하는 장소이기도 하다.

04 왕국의 추억이 아스라한 옛 궁궐과 궁궐터

원래는 왕국이었다

지금은 민주공화국 체제이지만 원래 우리나라는 왕국이었고 불과 100여 년 전만 해도 왕이 통치했다. 한반도에 존재했던 고구려, 백제, 신라, 가야, 발해, 후삼국, 고려, 조선…… 이들 국가 모두가 왕국이었다. 국민이 선출한 대통령이 나라를 다스린 것은 이제 겨우 70년도 채 되지 않는다.

역사상 국왕이 존재하지 않았던 미국 같은 나라를 제외하면 세계 각국은 과거 왕조의 흔적이 남아 있게 마련이다. 우리 역시 과거 왕조 시대의 역사를 갖고 있다. 그 때문인지 지금은 존재하지도 않는 왕과 관련된 이야기가 드라마나 영화의 소재로 제법 이용되는 편이며, 실제로 왕의 흔적과 사연이 깃든 장소도 많이 남아 있다. 그중 사람들이 가장 즐겨 찾는 곳은 아마 왕궁일 듯싶다.

우리나라의 도시 발달 역사를 보면 국왕이 거처하며 국가를 통치하는 도읍지나 지방 관리가 파견된 행정 중심지가 도시 성장을 이끌어왔다. 농업 이외에 특별히 발달한 산업이 없고 교통·통신이 불편했던 전근대 사회에서는 국가 통치기관이나 행정기관이 있는 도시에 사람들이 몰려드는 것은 당연했다. 더구나 조선왕조에서는 금난전권禁亂廛權(육의전이나 시전 상인이 난전을 금지시킬 수 있는 권리로, 조정으로부터 부여받은 상업상의 특권)이나 방납제防納制(국가에 바치는 공물을 상인이나 관원이 대신 납부하고 백성에게 이자를 붙여 받은 일) 등을 통해 국가가 상공업을 어느 정도 통제했기 때문에 자유로운 상공업 도시가 발달하기 어려웠다. 따라서 도읍지는 최대의 도시였고 왕궁은 그 도읍지의 중심이었다.

역대 왕조의 도읍지는 그 나라가 멸망한 이후에도 여전히 지방의 중심 도시로 기능했다. 고구려의 도읍지 평양은 북부 지방의 오랜 중심지였는데, 조선 후기에 이르러서는 전국 3대 장시로 번영을 누렸다. 백제의 도읍지인 위례성의 위치에 대해서는 의견이 분분하지만 대체로 서울시 송파구 일대와 경기도 하남시 일대라고 할 경우, 이곳은 조선시대의 광주 유수부와 송파 나루로 번창했다. 백제의 두 번째 도읍지 공주 역시 금강의 중요한 나루터이자 상업 도시로서 일제강점기 중반까지 충청남도청의 소재지였다.

신라의 도읍지 경주는 신라가 멸망한 뒤 고려시대에도 3경의 하나인 동경東京의 지위를 유지했으며, 조선시대에도 경상도라는 행정구역 명칭의 앞 글자를 경주에서 따왔을 정도로 지방의 중심 도시로서 번영했다. 고려의 도읍지 개성은 조선시대에 대표적인 상업 도시로 융성했으며, 일제강점기에는 일본인 상인들이 좀처럼 상권을 펼치기 어려울 정도로 토착 상인의 세력이 강하였다. 이처럼 왕궁이 위치했던 옛 도읍지는 강력한 도시의 전통을 꾸준히 이어가고 있었다.

한편 국왕이 궁 밖으로 행차할 때 임시로 거처하는 곳, 또는 전란이 발생하여 피난을 갈 때 머무는 국방상의 요지에는 행궁을 세웠다. 조선시대 국왕이 질병 치료와 휴식차 자주 찾던 온양온천에는 온양행궁이 있었고, 정조가 자신의 아버지 사도세자의 능을 참배하러 가는 노정에 있던 서울 시홍동, 과천, 안양, 그리고 그가 만든 계획도시인 수원 화성에도 각각 행궁이 있었다. 남한산성과 북한산성, 월미도 등 국방상의 요충지에도 행궁이 있어서 유사시 국왕이 피난을 오거나 평상시 이곳에 머물며 군사훈련을 지휘, 참관하였다.

왕이 사라진 나라, 궁궐의 수난

그러나 일제강점기에 들어서면서 궁궐과 궁궐터는 무참히 파괴되고 변형되었으며, 주권을 상실한 이유로 그 전통과 역사 또한 사람들의 뇌리에서 잊혀갔다. 조선왕조의 정궁이었던 경복궁은 임진왜란으로 불탄 뒤 고종 때 홍선대원군의 주도로 중건되었지만, 조선총독부 건물이 들어서고 조선물산공진회라는 박람회가 개최되면서 광화문이 철거되고 총독부 건물에 의해 경복궁이 가려져버렸다. 궐내의 많은 전각들도 헐려 나가는 비극을 맞았다. 또 다른 궁궐인 창경궁은 창경원이라는 동물원과 식물원으로 전락해버렸다. 서궁이라고 불리던 경희궁은 정문인 홍화문이 장충동에 있는 박문사博文寺의 정문으로 뜯겨 나갔다. 박문사는 이토 히로부미伊藤博文를 기리기 위한 절이었다. 그뿐 아니라 경희궁도 대부분 철거되면서 이곳엔 일본인 자제들을 교육시키는 경성중학교(뒷날의 서울고등학교)가 들어섰다. 대한제국의 숨결이 어린 덕수궁도 주변의 각국 외교관 건물 등으로 인해 크게 훼손되고 그 영역이 축소되었다.

지방 도시의 경우에도 형편은 마찬가지였다. 옛 궁궐이나 행궁들은 훼손을 입은 채 잡초로 뒤덮이고 홍수와 같은 자연재해를 겪으면서 그나마 남아 있던 건물이나 흔적도 점차 사라져갔다. 국권을 상실했으니 옛 궁궐이

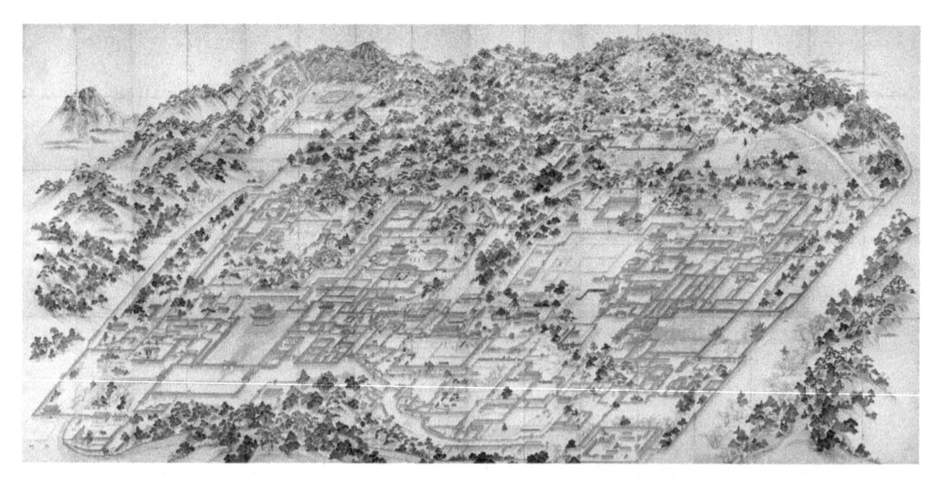

궁궐의 수난 | 조선 순조 때인 1826년에서 1830년 사이에 그린 것으로 추정되는 〈동궐도〉(위 : 고려대학교 박물관 소장)는 국보 249호로 지정되어 있고, 창덕궁과 창경궁을 그린 것이다. 20세기 초만 해도 이런 모습을 간직하고 있던 창덕궁과 창경궁은 일제강점기부터 훼손되었다. 창경궁은 동물원으로 전락했으며 일제가 심어 놓은 벚꽃이 만발했다(오른쪽). 경복궁 앞에는 조선총독부 건물이 들어섰고, 해방 후에도 중앙청, 국립중앙박물관으로 사용되었다. 아래 사진은 1980년대 경복궁 근정전 쪽에서 보이는 조선총독부(당시 국립중앙박물관) 건물과 정부서울청사이다.

광화문 | 제자리와 제 모습을 찾은 광화문 및 경복궁 복원 과정을 통해 조선 왕궁은 예전의 위용을 되찾았다. 박정희 정부 시절에 철근콘크리트로 복원했던 광화문의 철거 부재(오른쪽)는 현재 옛 경희궁 터 일부에 자리 잡은 서울역사박물관 앞에 전시되어 있다.

나 터를 관리하고 정비할 주체도 없어진 셈이다. 해방을 맞은 뒤에도 상황은 크게 달라지지 않았다. 경제성장과 절대 빈곤의 해결이 최대 과제였던 만큼 문화재를 돌보거나 정비할 만한 경제적 정신적 여유는 없었다.

경복궁 앞에는 여전히 조선총독부 건물이 막아섰으며, 우리는 식민 정치의 악몽이 서려 있는 그 총독부 건물을 중앙청이라는 이름의 정부 청사로 계속 사용했다. 1970년에 정부서울청사가 완공되고서야 겨우 행정 부서가 이전했으나, 건물은 그대로 남아서 1995년 철거되기 전까지 국립중앙박물관으로 사용되었다. 박정희 정부 때인 1968년에 광화문을 복원했지만 원래의 재질이 아닌 철근콘크리트로 복원하고, 심지어 현판은 박정희 대통령이 직접 한글로 써서 달아 놓았기에 진정한 모습의 복원이라고 하기 어려웠다. 창경궁은 일제가 바꿔버린 창경원의 이름으로 계속 불렸으며, 조선 왕궁의 위엄은커녕 많은 사람들이 벚꽃 놀이를 즐기고 동물을 관람하는 위락 시설일 뿐이었다. 수도 서울의 궁궐이 이럴진대, 지방 도시의 궁궐터나 행궁의 상황은 더욱 열악할 수밖에 없었다.

왕국은 엄연한 우리의 역사

궁궐에 조금씩 관심을 가지고 옛 모습을 되찾으려는 노력을 기울이기 시작한 것은 어느 정도 경제성장을 이루고 개발도상국의 선두 주자로 나선 무렵인 1980년대부터였다. 1984년 경기도 과천에 서울대공원을 개원하면서 창경원의 동물원을 이전시킨 뒤 비로소 원래의 창경궁으로 되돌아갈 수 있었다. 경희궁은 그 터를 점령하고 있던 서울고등학교가 1980년에 한강 이남의 서초동으로 이전함에 따라 궁궐 복원의 실마리가 풀렸다.

1990년대에 들어서면서부터는 이러한 움직임이 좀 더 가시화되었다. 김영삼 정부 때인 1995년, 광복 50주년을 맞이하여 조선총독부 건물의 철거가 이루어졌다(☞ 394쪽 참조). 당시 국립중앙박물관으로 쓰던 총독부 건물을 철거하고 새 국립중앙박물관은 용산 미군 골프장 부지에 신축하기로 하였으며, 총독부 건물 자리에는 경복궁 출입문인 홍례문과 일부 전각을 복원하기로 결정했다. 덕수궁 터의 일부를 점유하고 있던 경기여자고등학교는 1988년 강남 개포동으로 이전하면서 그 자리에 미국대사관저가 들어설 계

경희궁 | 경희궁은 1990년대부터 복원되면서 일부 제 모습을 되찾았다. 정문인 흥화문은 한때 장충동에 있는 박문사의 문으로 뜯겨 나갔고, 그 뒤 박문사가 있던 자리에 신라호텔이 들어서면서 호텔 정문으로 사용되었으나 1994년에 원래의 경희궁 터로 돌아왔다.

획이었지만 시민들의 반대에 직면했다. 국민의 인식이 달라진 것이다. 경희궁 터의 일부에 경희궁의 전각들이 복원되고 나머지 터에는 서울역사박물관이 건립되었다(☞309쪽 참조). 불완전하게나마 경희궁도 궁궐의 지위를 회복한 셈이다. 창덕궁은 세계문화유산으로 지정되었다.

2000년대 들어 관광 문화의 변화, 우리 역사와 문화에 대한 관심 증가, 경제성장에 따른 여유, 지방자치제도의 정착으로 궁궐을 바라보는 시선도 크게 달라졌다. 단지 서울의 유적이자 만남의 장소 또는 소풍 장소로만 여겨졌던 궁궐이 자랑스러운 우리 역사의 일부이며 세계적인 문화유산이라고 인식하게 되었다. 오래된 역사 도시나 지방 도시들에게 옛 궁궐이나 궁궐 터는 관광객을 모으고 지역을 홍보할 수 있으며 지역 주민에게는 향토애를 고취할 수 있는 좋은 자산이었다.

서울의 경복궁은 꾸준한 복원 사업을 통해 많은 전각들을 되찾을 수 있

창덕궁 | 창덕궁 후원에는 자연 지형을 그대로 살려서 지은 아름다운 정자가 곳곳에 있다. 사진은 창덕궁 후원의 애련지와 애련정이다. 연꽃을 좋아했던 숙종이 정자 이름을 '애련愛蓮'이라 지었다고 한다.

었다. 광화문은 2010년에 원래의 건축재로 다시 태어났으며, 1960년대에 성급히 복원하는 바람에 제자리를 못 찾았던 위치도 원래대로 다시 옮겨 세워졌다. 경복궁에서 가장 깊숙한 곳에 자리한 건청궁은 명성황후가 시해된 역사적 장소로서 일제에 의해 헐렸으나 2007년에 복원되었다(☞ 177쪽 참조). 청와대로 이어지는 경복궁의 북문인 신무문은 시민들에게 개방되었다. 창덕궁은 생태 보호를 위하여 후원 관광의 경우 관람 인원을 제한하고 인터넷 사전 예약 관람제를 도입하면서 더욱 고급스러운 관광지로 변모하였다. 경기여자고등학교 터는 결국 시민의 힘을 통해 덕수궁 장기 복원 예정 부지로 편입되었다. 경복궁과 덕수궁에서는 수문장 교대 의식을 하루에 세 차례씩 거행하여 국내외 관광객의 큰 호응을 얻고 있다.

백제의 왕도王都였던 공주와 부여도 옛 궁궐터 발굴 사업을 진행하고 있

덕수궁 수문장 교대식 | 조선시대 수문장은 흥인지문·숭례문 등 도성문과 경복궁·덕수궁 등 국왕이 생활하는 궁궐의 문을 지키는 책임자였다. 고증을 거쳐 1996년부터 재현되고 있는 수문장 교대 의식은 경복궁과 덕수궁에서 하루 세 번씩 화려하게 거행된다.

다. 궁궐터로 추정되는 공주의 공산성과 부여의 부소산성은 백제의 대표적인 역사 유적지이며, 최근에 세계문화유산으로 지정되었다. 경주의 반월성은 여러 차례 발굴 사업을 거친 뒤 해자를 복원하고 산책로를 정비하였으며, 반월성에서 남천을 건너던 월정교는 2005년부터 복원이 시작되어 2015년 현재 거의 제 모습을 갖추었다. 건너편의 동궁에 딸린 연못 안압지의 발굴과 정비는 1975년부터 1980년까지 이루어져서 발굴된 유물을 국립경주박물관에서 전시하고 있다. 이렇게 경주역사지구가 세계문화유산에 등재되면서 복원 사업도 더욱 탄력을 받고 있다.

금관가야의 도읍지 김해는 가야 도시라는 이미지 조성과 관광산업 육성을 위해 시내의 봉황대에 가야민속촌을 만드는 과정에서 옛 금관가야의 포구 시설과 왕궁 터를 발견하였다. 금관가야가 해상무역의 제국이었던 만

김해 봉황동 유적 | 봉황대에서 금관가야의 포구 유적이 발굴됨으로써 2002~2005년에 가야 마을이 대대적으로 복원되었다(왼쪽). 봉황대 정상에는 금관가야의 천제단이 있었던 것으로 밝혀졌다.

익산 왕궁리 유적 | 왕궁리는 백제의 왕궁이 있던 자리로 추정되는 곳인데, 나중에 사찰이 들어서서 오랫동안 절터로 알려졌다. 그 때문에 이곳은 왕궁 유적과 사찰 유적이 함께 남아 있다(위 오른쪽 사진이 왕궁리 5층석탑). 발굴 결과 백제 무왕이 왕궁으로 조성했던 것으로 추정되고 있다. 현재 이곳은 백제역사유적지구로 조성되었다. 왕궁리 유적의 남측에는 2008년 개관한 왕궁리유적전시관(왼쪽)이 있는데, 유적 발굴 과정에서 확인된 내용을 소개하고 출토 유물을 전시하는 문화교육장이다.

화성행궁 | 정조가 현릉원(사도세자와 그의 비 경의왕후의 묘)에 행차할 때 머물던 임시 거처로, 수원 화성과 함께 수원의 역사성을 한껏 드높이고 있다.

큼 김해시는 이 일대를 대대적인 역사 유적지로 복원해 놓았다. 백제 무왕의 천도지遷都地 혹은 후백제의 도읍지로 추정되는 익산 왕궁리 유적도 왕궁터로 추정되는 많은 유물과 흔적이 발굴되어 역사 유적지로 조성되었을 뿐 아니라 공주·부여의 백제 유적들과 함께 세계문화유산으로 등재되었다.

국왕이 거둥할 때 머물던 행궁도 본모습을 찾아가고 있다. 정조의 정치적 이상이 담긴 수원 화성의 부속 건물인 화성행궁은 시간이 흐르면서 무너지고 훼손된 뒤 일제강점기에 병원(자혜의원)이 들어서기도 했지만, 1996년 화성 축성 200주년을 맞아 복원 공사를 시작하고 꾸준히 정비하면서 원래의 모습을 찾았다. 화성행궁과 그 뒷산으로 이어지는 수원 화성은 이곳을 운행하는 화성열차를 타고 꼭 가볼 만한 곳이다(☞124쪽 참조).

병자호란의 치욕과 국난 극복의 의지가 서린 남한산성에도 병자호란 당시 인조가 피신해 있던 행궁을 복원해 놓았다. 북한산성의 행궁은 1915년

남한산성 행궁 | 조선시대의 별궁別宮 또는 이궁離宮으로서, 종묘사직 위패를 봉안하는 건물을 갖추고 있는 것이 특징이다. 인조 때 후금의 침입에 대비하여 축조하였으며, 병자호란 때는 임시 궁궐로 사용되었다. 역사적으로 한 번도 함락되지 않은 전적지로서의 의의도 갖고 있다.

의 폭우로 붕괴되어 터만 쓸쓸히 남아 있었는데, 최근 복원을 추진 중이다. 온양의 행궁 터에는 현재 온양관광호텔이 들어서 있는데, 호텔 정원에 1760년 영조와 사도세자가 행차했던 당시 사도세자가 활을 쏘며 무술을 연마했던 영괴대 터와 뒷날 아들 정조가 세운 영괴대비가 남아 있다. 호텔 1층에는 온양행궁전시관이 마련되어 있어, 복원되지 못한 행궁의 아쉬움을 조금이나마 달래준다.

우리 역사의 거의 대부분은 왕국이었다. 국토 곳곳에 남아 있는 궁궐과 궁궐터는 멸망한 왕국의 부끄러운 흔적이 아닌 자랑스러운 우리 역사의 소중한 일부이다. 궁궐과 궁궐터가 다시금 주목받고 많은 발길을 모으는 것은 우리 역사의 깊이가 매우 유구함을 말해준다. 숱한 외침에 시달리고 강대국들의 틈바구니 속에 위치했음에도 불구하고 살아남아서 선진국을 만든 저력이기도 하다.

05 여백의 미학, 폐사지와 불교 유적

한국 제1의 종교

공식적으로는 고구려 소수림왕 때인 372년에 한반도에 유입된 것으로 기록된 불교는 이후 우리의 역사·문화와 꾸준히 함께했다. 삼국시대의 고구려, 백제, 신라는 물론이고 고려도 불교를 국가의 공식 종교로 인정했다. 척불숭유斥佛崇儒 정책을 내세운 조선도 실제로는 불교를 배척했다고 보기 어렵다. 조선시대 적지 않은 국왕과 왕실의 종친이 불교를 믿었고 백성들 사이에서는 여전히 영향력이 강했다. 정말로 불교가 심하게 홀대를 받았다면, 과연 임진왜란 때 승병들이 그처럼 활약했을까?

조선 후기부터 심한 갈등을 일으키며 마침내 천주교가 유입되고 개항 이후에는 개신교가 들어왔지만 여전히 불교의 힘은 강력했다. 산업화·근대화의 물결이 폭발적으로 몰아치고 한때 미국과 서양의 가치가 최우선적으로 받아들여지기도 했지만, 이 땅의 국민은 전과 다름없이 석가탄신일에는 당연하게 절에 갔으며 가정의 대소사가 있을 때도 인근 사찰을 찾았다. 그뿐 아니라 돌아가신 분을 절에 모시는 경우도 많았다. 지금도 석가탄신일이 국가 공휴일로 지정되어 있으며, 종교 현황 통계에서 불교가 가장 많은 신도 수를 확보하고 있는 점을 보아도 불교는 한국의 제1의 종교라고 해도 과언이 아닐 듯하다. 다만 국민의 절반가량이 종교가 없고, 천주교와 개신교를 합친 기독교 신자가 불교 신자 수에 거의 육박하다 보니 그런 느낌이 잘 안 들 뿐이다.

이렇듯 한국 역사에서 불교가 차지하는 높은 영향으로 일찍부터 사찰이 많이 세워졌다. 신라의 경우 삼국통일 이후 도읍인 경주에 대규모 사찰들이 모여 있었고, 왕궁에서 바라보이는 남산에는 수많은 불상과 석탑이 세워져 '불국토佛國土'의 모습을 연출했다고 한다. 불교를 국교로 삼은 고려는 이보다 더했을 것이다. 고려는 거란과 원나라의 침략을 부처의 힘으로 극복하기 위해 초조대장경과 팔만대장경을 판각했던 나라가 아닌가. 유교 국가 조선에 들어서도 사찰의 건립은 계속되었을 것이다. 지배층은 유교 이념에 심취했으나 백성에게는 불교가 사뭇 생활 이념이었기 때문이다.

사찰의 황폐화

그런데 새롭게 세워지는 사찰이 있는가 하면, 황폐화되거나 무너져서 버려지는 사찰도 나타나기 마련이다. 이러한 곳을 폐사지라고 하는데, 폐사지가 생기는 주된 원인으로는 다음과 같은 것이 있다.

첫째는 왕조의 멸망이다. 고구려, 백제, 신라, 고려 등의 왕조가 멸망하면서 그 도읍지가 폐허가 되면, 도읍지 안에 있는 사찰들도 황폐화되는 경우가 있다. 백제의 도읍지 부여와 신라의 도읍지 경주에 있는 폐사지는 대체로 왕조가 멸망하면서 도시가 서서히 쇠락하는 가운데 황폐화된 사례가 많다.

부여 정림사지와 경주 황룡사지 | 정림사지는 백제가 부여로 도읍을 옮긴 시기(538~660)에 중심 사찰이 있던 자리이다(위). 특히 한국 석탑의 시원으로 일컫는 정림사지 5층석탑으로 유명하다. 바로 옆에는 2006년에 개관한 석탑 전문 박물관인 정림사지박물관이 있어 백제 문화를 둘러볼 수 있다.
황룡사는 신라 진흥왕 14년(553)에 경주 월성의 동쪽에 궁궐을 짓다가 그곳에서 황룡黃龍이 나타났다는 말을 듣고 절로 고쳐 짓기 시작하여 17년 만에 완성한 사찰이다. 이후 금당과 9층목탑을 645년에 완공했다. 총 93년에 이르는 대규모 국가사업이었다. 그러나 고려 때 원나라의 침입으로 불타고, 지금은 그 흔적만 남아 있을 뿐이다(아래).

두 번째는 외적의 침입이다. 대대적인 국난이나 외침을 당할 때 사찰들이 불타버린 경우가 많았다. 경주의 대형 사찰이었던 황룡사는 1238년 원나라의 침입으로 불타면서 9층목탑까지 소실되는 아픔을 겪었다. 고려 말과 조선 초에 한반도 해안 지방을 초토화했던 왜구의 침입, 7년간이나 지속되었던 임진왜란도 많은 사찰을 폐사지의 운명으로 떨어뜨렸다.

세 번째는 유교 세력의 발흥에 따른 파괴이다. 조선의 지배 이념인 유교는 처음엔 왕실과 지배층에게만 큰 영향력을 발휘했지만 시간이 지나면서 일반 백성에게도 깊숙이 뿌리내렸다. 한글의 창제와 보급도 유교 이념의 전파에 한몫했다. 16세기에 들어서면서 유교 이념과 문화는 더욱 확대되었는데, 이때 일부 급진 유교 세력이나 성리학 사상으로 무장한 지방 사족들이 세력을 잃어가는 사찰을 파괴하는 일이 벌어졌다. 고려 때만 해도 사세가 드높았던 경기도 양주의 회암사는 이러한 원인 때문에 폐사가 된 것으로 추측된다.

이러한 원인에다 자연재해까지 겹치기라도 하면 사찰은 더욱 급속히 황폐화되었다. 사찰이 대개 산지에 자리 잡고 있던 까닭에 여름철의 집중호우에 특히 취약했다. 장대비가 쏟아지면 이미 폐사가 된 사찰의 건물들이 추가로 무너지거나 떠내려가는 일도 종종 나타났다. 사람이 드나들지 않는 건물은 망가지기 마련이고, 게다가 관리도 전혀 안 되니 폐사지가 되는 것은 시간문제였다.

한국전쟁의 발발도 사찰의 황폐화에 크게 영향을 미쳤다. 한국전쟁 이후 전쟁의 복구 사업과 산업화·도시화가 빠르게 진행되고 서양의 문화가 쏟아져 들어오면서 전국의 지방에 흩어져 있던 폐사지에 관심을 가질 여력은 없었다. 오히려 서양 문화의 수용과 함께 기독교 인구가 늘어남에 따라 불교의 비중은 점점 줄어드는 형편이었다. 여전히 불교 인구가 절대적 숫자로는 가장 많았음에도 불교 국가라고는 할 수 없었기에, 폐사지를 복구하거나 폐사지에 눈길을 돌릴 상황은 아니었던 것이다.

새로운 미학적 관점의 발견

폐사지에 관심을 갖기 시작한 것은 우리 문화에 대한 관심이 증대하면서 문화 유적을 답사하는 분위기에 힘입은 바가 크다. 1990년대부터 서서히 일기 시작한 우리 문화에 대한 관심은 드라마나 영화에서 사극의 제작 편수 증가와 문화유산 답사기류 도서의 지속적 출간으로 이어졌다. 때마침 본격적인 마이카My car 시대로 접어들고 1인당 국민소득이 1만 달러에 육박할 무렵이었으므로, 그 같은 요인들이 서로 연계되면서 상승작용을 일으켰다. 그전까지는 그다지 유명한 곳이 아니었지만 문화유산을 소개하는 책에 실리면서 폐사지로 여행을 가거나 사진을 찍으러 가는 사람이 부쩍 늘어났다.

이에 따라 정부나 지방자치단체, 박물관, 대학에서도 폐사지의 발굴에 착수하는 사례가 증가했다. 폐사지의 발굴을 통해 땅속에 묻혀 있던 건물의 기단부나 유구遺構가 드러나면서 사찰의 원래 모습대로 복원이 가능해졌고, 많은 유물이 햇빛을 보게 되었다. 이렇게 발굴된 유물이 늘어나자 이들을 보관하거나 전시할 공간이 필요해졌고, 이는 또 박물관이나 전시관의 건립으로 이어지면서 더욱 볼거리가 풍부해졌다. 사람들은 원형을 보존하고 있는 유적 못지않게 폐허가 되어버린 채 흔적만 남아 있는 폐사지도 매력적인 곳임을 깨달았다. 폐사지가 지닌 여백의 미학, 폐사지에서 느낄 수 있는 세월과 역사의 무상함, 그리고 발굴된 유물에서 느끼는 감동은 많은 이들의 발길을 이끌고 있다. 지방자치단체에서도 그간 방치되었던 폐사지의 무성한 풀을 베어내고 탐방로를 만들며 안내판을 설치하는 등의 노력을 하고 있다.

경기도 양주시의 회암사지는 대표적인 폐사지이자 오랫동안의 발굴 사업으로 많은 역사적 비밀을 밝혀낸 곳이다. 회암사는 고려 후기에 창건된 사찰로 추정되며, 한때 태조 이성계가 머물렀던 대형 사찰로서 왕궁과 비슷한 양식과 규모로 만들어졌다. 조선 초기에 최대의 왕실 사찰로 번영했던 회암사는 조선 중기 이후에 계속 쇠퇴의 길을 걷다가 1800년대에 완전히 폐사되었다. 그러나 1990년대 들어 발굴 계획에 따라 10년이 넘는 기간 동안 꾸준히 발굴한 결과, 많은 유물을 출토하는 성과를 올렸다. 2012년에는 회암사지박물관도 개관하였다. 경기도 여주의 고달사지는 통일신라 최전성기였던 8세기 중엽인 경덕왕 때 창건된 고달사의 터이다. 고려 광종 때 크게 중창된 적도 있지만 임진왜란 뒤에 폐허가 된 것으로 추정하는데, 이곳은 규모도 방대하지만 아름다운 부도로 더 알려졌다. 고달사지의 부도는 우리나라 부도의 최고 걸작으로 꼽힌다.

남한강이 흐르는 원주 일대에는 법천사지, 거돈사지, 홍법사지가 분포한다. 남한강이 한반도의 중요한 내륙수로로 이용되었던 까닭에 이 길을 따라서 사찰이 분포했던 것으로 추정하는데, 원주의 이들 폐사지는 고

법천사 지광국사현묘탑비 | 원주의 법천사지에는 지광국사현묘탑비가 있다. 부도인 지광국사현묘탑은 한일병합 직후 오사카로 밀반출되었다가 반환되어 현재 경복궁 안에 있으나, 현묘탑비는 법천사지의 원래 위치에 서 있다. 현묘탑비의 측면에 새겨진 용의 문양은 화려하기 그지없어 감탄을 자아낸다.

양주 회암사지 | 회암사는 고려 충숙왕 때(1328) 지공指空 선사가 창건하여 조선 순조 때인 1800년대에 폐사된 사찰이다. 조선 초기 대규모의 왕실 사찰이었고, 태조 이성계와 무학대사가 머물렀던 곳으로도 유명하다. 규모나 양식이 궁궐과 버금갈 정도였던 이 사찰은 조선 중기부터 서서히 쇠락하여 조선 후기에는 완전히 폐사지가 된 것으로 보인다. 여러 차례 발굴을 거치면서 그 웅장한 규모가 점차 드러나고 있다. 오른쪽 사진은 절터의 북쪽에 서 있는 무학대사탑이다.

여주 고달사지 | 이곳은 국보 제4호로 지정된 고달사지 승탑(고달사지 부도)으로 유명하지만, 그것 말고도 석조대좌, 원종대사혜진탑, 원종대사탑비 귀부와 이수 등 다른 석조 문화재도 있다. 오른쪽 사진의 고달사지 승탑은 국내 폐사지 부도 가운데 가장 뛰어나다고 일컫는다.

려 초 고승들의 사리탑과 석비, 석탑 등이 있는 장소로 유명하다. 특히 사리탑들은 굉장히 정교하고 아름다운 석조 예술의 극치를 보여준다. 이 때문에 원주는 대표적인 폐사지 기행 장소로 꼽힌다.

충주 미륵대원지 | 발굴을 통해 이곳의 직사각형 석굴사원 터에 일탑일금당이 배치되어 있었음이 밝혀졌다. 석굴은 거대한 돌을 쌓은 위로 목조로 세운 자취가 있으나, 지금은 남아 있지 않다. 미륵사지의 석불은 국내 유일의 북향 불상이다.

충청권의 폐사지에는 미륵불이나 마애불이 같이 있는 경우가 많아서 흥미를 더한다. 충주의 미륵대원지는 과거 백두대간의 계립령(하늘재)을 넘는 주요 길목에 있던 석굴사원 터이다. 계립령은 죽령보다 먼저 개척된 고갯길이었다. 통일신라 후기에서 고려 전기에 창건되었고, 소실 연대는 확실하지 않다. 이 절은 현재 그 흔적을 보여주는 터에 보물로 지정된 석조여래입상과 5층석탑이 남아 있다.

서해안과 가까운 당진과 서산, 태안에서도 석조여래입상이나 마애불을 볼 수 있다. 이쪽 지방은 서해안을 통해 중국과 교류가 활발했던 지역이었으므로 사찰 주변에 안전 항해를 기원하는 유적이 많이 분포하고 있다. 당진의 안국사지에는 충주 미륵대원지의 불상과 비슷한 계통의 석조여래입상이 있으며, 태안과 서산에는 백제 때의 양식으로 조성된 마애불이 있다(☞18쪽 참조). 백제의 도읍이었던 부여에는 정림사지가 있고 백제 석탑의 전형을 보여주는 정림사지 5층석탑이 있는데, 2006년 폐사지 안에 석탑 전문 박물

화순 운주사지 | 고려 중기에서 말기까지 매우 번창했던 사찰로 보이며, 15세기 후반에 다시 크게 지어졌다가 정유재란으로 폐찰되었다. 운주사雲住寺는 '구름이 머무는 곳'이라는 뜻을 지니고 있는데, '배를 움직인다'는 뜻의 운주사運舟寺로 불리기도 한다. 현재 산과 들에 돌부처 70구와 석탑 18기만이 흩어져 남아 있으나, 조선 초기까지는 1,000여 구의 불상과 탑이 있었던 것으로 여겨진다. 운주사지는 남도의 문화를 간직한 명품 폐사지이다.

관인 정림사지박물관을 개관하여 석탑에 대한 이해를 높여주고 있다.

익산의 미륵사지는 백제의 부흥을 기원하는 호국 사찰이자 왕실 사찰의 역할을 했던 미륵사의 터이다. 백제 무왕 때 세운 것으로 전해진다. 미륵사지에는 우리나라의 석탑 양식이 목탑에서 변형·발전되었음을 증명하는, 현존 석탑 중 가장 오래된 미륵사지 석탑이 있다. 미륵사지 석탑은 2015년 현재, 일제강점기 때 발라진 시멘트를 떼어내고 해체한 뒤 다시 복원하는 중이다. 미륵사지의 발굴로 나온 유물은 폐사지 안의 미륵사지유물전시관에 전시되어 있다. 호남의 또 다른 폐사지인 화순의 운주사지는 천불천탑千佛千塔으로 유명하다. 창건과 관련해서 의견이 분분하나, 대체로 통일신라 말 도선道詵 선사가 세웠다는 설이 널리 알려져 있다. 이곳에는 수많은 불상과 특이한 형식의 석탑이 산재해 있어 신비감을 더해준다. 천불천탑의 건립과 배치에 대해서는 여러 다양한 학설이 대두되면서 관람객의 호기심을 끌고 있다.

경북 경주의 황룡사는 규모나 사격 면에서 신라 제1의 대형 사찰이었다. 이 절에는 선덕여왕 때 건립된, 최소 60m 이상의 높이로 추정하는 거대한 9층목탑이 있었다. 그러나 원나라의 침입으로 불타버린 뒤 현재는 절터만 남아서 사적지로 지정되어 있다. 최근에는 정비와 발굴을 거쳐 경주 여행의 또 다른 맛을 느끼게 해준다. 이곳에서 발굴된 유물은 국립경주박물관에서 볼 수 있다. 경북 안동에는 과거 사찰이 자리했을 것으로 추정되는 곳에 일반적인 석탑과 다른, 흙으로 구운 벽돌을 쌓아 올린 전탑이 남아 있다. 대표적으로 법흥사지 7층전탑, 운흥동 5층전탑, 조탑동 5층전탑 등이 있다. 다른 곳에서는 보기 어려운 이러한 전탑은 안동을 전탑 관광지로 만들고 있다.

우리는 그리스나 이탈리아에서 기둥만 남아 있는 신전과 같은 고대 그리스·로마 문명의 흔적에 감탄한다. 비록 폐허에 건물 흔적과 일부 유물만 남아 있을 뿐이지만, 그로부터 받는 감동은 생생하기 때문이다. 우리나라의 폐사지와 불교 유적에 담긴 여백의 아름다움도 그에 못지않다. 온전한 형태의 모습만이 지역을 아름답게 하는 것은 아니다.

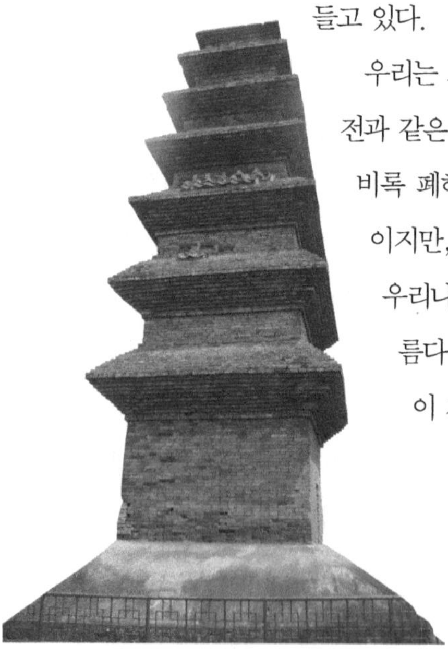

안동 법흥사지 7층전탑 | 안동에는 다른 지역에서 보기 힘든 전탑이 몇 군데 집중 분포하고 있다. 법흥사지 7층전탑은 높이 17m 기단 너비 7.75m의 거대한 탑인데 매우 안정적인 모습을 보인다. 유교의 고장으로 알려진 안동은 전탑 기행지이기도 하다.

06 역사의 숨결을 간직한 한국사의 현장

지정학적 위치가 불러온 숱한 사건

한반도를 가리켜 지정학적으로 강대국들의 틈바구니에 낀 불리한 위치라고 한다. 일반인에게는 다소 생소한 '지정학地政學'이라는 개념을 굳이 들먹일 필요도 없이, 대륙과 해양 세력이 만나는 위치라고 설명하면 쉽게 이해될 듯하다. 한반도는 유라시아 대륙의 동쪽 끝에 위치하면서 동시에 드넓은 태평양을 바라보는 지점에 있다.

사정이 이러하니 대륙을 장악한 세력이 해양 쪽으로 진출하고자 할 때, 또는 해양의 중심 세력이 대륙 쪽으로 뻗어 나가고자 할 때마다 한반도를 거쳐 갈 수밖에 없는 상황이 역사상 끊임없이 계속되었다. 한반도는 국제 정세에 따라, 세계 역사의 변화하는 상황에 따라 징검다리나 길목이 되기도 했는데, 아마 앞으로도 그와 같은 상황이 또다시 닥치지 않으리라는 보장은 없다.

한반도 주변의 대륙 세력과 해양 세력은 강대국인 경우가 많았다. 그 때문에 한반도는 강대국의 틈새에 끼어 시달리는 시기가 제법 있었다. 어느 학자가 일일이 따져본 결과, 우리는 900여 차례의 외침을 당했을 정도로 외

강화도 초지진의 포탄 흔적 | 초지진은 숙종 42년(1716)에 강화 해안을 지키기 위해 세워졌다. 1871년 신미양요 때 미군에 점령당했으며 군사 시설물도 파괴되었다. 그뒤 1875년에 운요 호의 함포 공격을 받고 그 일대가 일시에 파괴되고 말았다. 지금도 성채와 돈 옆의 소나무에는 전투 때 포탄에 맞은 흔적이 생생히 남아 있다. 위는 초지진의 모습이고, 아래 화살표로 표시한 곳이 포탄을 맞은 흔적이다.

세의 침략에 시달렸다. 다른 나라의 지배와 간섭을 일정 기간 받기도 했으며, 외세의 침략을 막아내느라 국토가 초토화된 적도 있다. 근대 이전 한반도에 넓고 평탄한 도로가 적었던 이유도 외세의 침략을 막기 위한 고육지책에서 비롯되었다는 주장이 나올 정도다.

주변의 국가들이 강국인 까닭에 국내의 정치 세력도 이러한 강대국과 맺는 친분 관계에 따라 재편되는 경우가 많았다. 친원親元 세력, 친명親明 세

경교장 | 서울시 종로구에 있는 경교장은 원래 친일 기업인 최창학의 저택이었으나 해방 후에는 백범 김구의 거처로 이용되었다. 김구의 서거 후 경교장은 타이완대사관, 베트남대사관으로 사용되다가 고려병원이 신축되면서 그 영역에 포함되었다. 고려병원은 나중에 강북삼성병원에 인수되었고, 이후 병원 측이 경교장의 제 모습 찾기와 반환에 협조하면서 원래 모습을 되찾았다. 경교장의 2층 백범 집무실에는 1949년 6월 26일 김구가 암살당한 당시의 총탄 흔적도 복원해 놓았다(오른쪽).

력, 친일親日 세력, 친미親美 세력 등의 용어는 한국사에서 종종 등장했다. 역사의 격동기에 국내 정치 세력도 외세의 이해관계에 일정 정도 영향을 받아서 내부적 갈등을 야기하는 결과를 곧잘 낳곤 했다. 이는 권력을 둘러싼 투쟁, 집권 세력의 물리적 교체와 정변政變을 가져왔다.

결국 한반도에서는 거듭되는 전란과 이를 극복하기 위한 항쟁이 반복되었다. 외세의 지배를 받았던 시기에는 그로부터 벗어나기 위한 저항운동과 투쟁을 끈질기게 벌였다. 급변하는 국제 정세에 대응하여 집권 세력 내부의 권력투쟁과 정치적 변동, 그리고 집권 세력의 급작스러운 교체로 인한 굵직굵직한 역사적 사건이 벌어지기도 했다. 따라서 역사적으로 기록될 만한 사건이 벌어졌던 여러 장소는 상당히 의미 있는 곳이 되기 마련이다.

창경궁 문정전 | 문정전 앞마당은 1762년 영조가 자신의 아들인 사도세자를 뒤주에 넣고 가두어 8일 만에 죽게 한 곳이다. 2015년에 개봉한 영화 〈사도〉를 본 뒤 그 현장에 관심을 갖고 찾아오는 이들이 많다.

각각의 장소는 중립적이지 않으며 특별하다

사실 이러한 장소들은 역사적 사건만 아니었다면 별다른 주목을 받지 못했을 것이다. 경치가 대단히 아름다운 곳도 아니고 진기한 특산물이 생산되는 곳도 아니다. 주목을 끌 만한 유물이나 문화재가 남아 있는 것도 아니다. 그 장소에서 일어났던 역사적 사건을 사전에 알지 못한다면 관심 없이 지나칠, 지극히 평범한 장소가 대부분이다.

또한 계속되는 후속 연구를 통해 이제까지 몰랐던 역사적 사실이 알려지면서 새롭게 주목받는 역사적 현장과 장소도 있다. 이런 장소도 그전에는 사람들에게 특별한 관심을 주지 못한, 예사롭고 일상적인 곳이었다. 역사적 인물이나 사건을 다룬 영화와 드라마 또는 소설이 대중적으로 큰 인기를

건청궁 | 경복궁 후원의 깊숙한 곳에 자리한 건청궁은 1895년의 을미사변 때 명성왕후가 일본 자객들에게 시해당한 비극의 현장이다. 1887년 우리나라에서 가장 먼저 전기가 점등된 곳이기도 하다. 1909년 일제에 의해 완전히 헐린 뒤 조선총독부미술관이 들어섰으며, 이 미술관을 해방 후 국립민속박물관으로 사용해오다가 아예 철거한 뒤에는 빈 공간으로 남아 있었다. 이후 경복궁 복원 사업의 일환으로 건청궁이 복원되면서 2007년 일반인에게 공개되었다. 사진은 건청궁의 장안당이다. 명성황후는 건청궁 곤녕합에서 시해당한 뒤 장안당 옥호루에 잠시 시신이 안치되었다가 건청궁의 뒷산인 녹산에서 불태워졌다.

모으면서 뒤늦게 사람들이 많이 찾아가는 역사적 장소도 있다.

장소는 어찌 보면 지극히 객관적이고 가치중립적인 듯하지만 실상 상당히 주관적인 의미를 지니고 있는 실체이다. 장소를 관찰하고 이용하는 인간은 저마다 자신이 알고 있는 지식과 감정, 느낌, 이미지를 그곳에 투영한다. 그 결과 장소는 개별적 개인들에게는 제각각 다른 의미의 실체로 인식되는 것이다. 이를 가리켜 '장소성'이라고 한다. 개인별로 장소성이 다름은 물론이요, 집단별로도 계층별로도 장소성이 다르게 나타나기 마련이다. 한민족에게 백두산이 남다르듯이 예루살렘이라는 도시는 유대인, 무슬림, 기독교도에게 각각 다르게 인식되는 장소이다. 드넓은 농토를 소유한 지주에게 인식되는 대평원과 가난한 소작인에게 인식되는 대평원의 의미는 완전히 다를 수밖에 없다.

따라서 수많은 역사적 사건에 대해 일반적인 한국 사람이라면 공통적으로 느끼는 의미와 주관적 관점은 그 사건이 벌어졌던 장소에 대한 시각을 독특하게 형성시키고, 마침내 많은 사람이 찾는 장소로 변모시킨다. 또 같은 한국인이지만 자신의 평소 정치적 성향이나 가치관에 따라 역사적 현장을 대하는 생각이 제각각 다를 수 있는데, 이는 많은 역사적 현장이 각자 다른 이유를 가지고 가볼 만한 곳으로 바뀔 수 있음을 보여준다.

그런 데다 장소의 차별성을 강조하는 탈산업사회의 포스트모더니즘적 분위기, 지방자치단체의 지역 홍보와 관광객 유치 전략, 영화·드라마·소설 등 다양한 문화 장르의 발전과 성장이 가세하면서 역사의 현장은 새로운 명소로 떠오르고 있다. 지방자치단체들은 이러한 장소에 깃든 역사적 사건과 의미를 알리는 안내판이나 표지석을 설치하기도 한다. 경우에 따라서는 기념관이나 박물관, 전시관을 꾸미고, 그와 관련된 명칭을 붙인 걷기 코스를 개발하기도 한다. 역사적 현장은 지역의 '장소 만들기' 프로젝트에 곧잘 활용된다.

전국 곳곳의 역사적 현장

2015년 현재, 대한민국 정부가 수립된 지 이제 겨우 67년째인 우리나라는 과거 왕조에 얽힌 사건이 많았고, 이러한 사건의 현장은 바로 궁궐이었다. 서울의 여러 궁궐에는 역대 국왕과 왕실에 관련된 역사적 사건이 많이 있다. 이러한 사건들은 오늘날 궁궐을 찾는 이들에게 더 큰 흥미를 불러일

서울광장 | 서울시청 앞의 광장은 한국현대사의 산 증인이다. 1987년에 6월 항쟁이 벌어졌으며, 2002년 한일월드컵 때는 붉은색의 거리 응원전이 펼쳐졌고, 2008년에는 미국 쇠고기 수입 반대 촛불 시위가 대규모로 벌어지면서 한국 현대 정치의 공간으로 자리 잡았다. 2009년에는 고故 노무현 대통령의 노제가 열렸던 곳이며, 최근에는 세월호 희생자를 추모하고 진상 규명을 요구하는 공간이었다. 우리가 지금도 일상적으로 지나치는 장소이지만 훗날 상당히 의미 있는 장소로 기록될 것이 틀림없다.

으킨다. 서울은 조선왕조 이래 600년이 넘는 오늘날까지도 계속 수도의 지위를 갖고 있으며, 인구가 가장 많은 최대 도시로서 정치적 운동과 사건이 그 어느 곳보다 많이 발생한 장소이다. 비단 조선시대 궁궐에서 일어난 사건뿐 아니라 일제강점기에 전개한 독립 투쟁은 물론이고 정부 수립과 한국전쟁 이후 현대사의 굵직굵직한 사건은 대체로 서울에서 벌어졌다. 도심 곳곳에는 역사적 사건과 관련된 장소가 숨 쉬고 있다.

경기도 및 강원도 북부 지역은 휴전선과 가까운 까닭에 한국전쟁과 관련된 역사적 장소가 분포한다. 1990년대 들어와 민통선(비무장지대 바깥 남방한계선을 경계로 남쪽 5~20km의 거리를 동서로 잇는 민간인 출입 통제선)이 북쪽으로 상향 조정되면서 일반인들도 한국전쟁 관련 장소를 방문할 수 있게 되었다. 인천과 강화도 지역은 개항 및 인천상륙작전과 관련된 역사적 현장이 여럿

철원 제일감리교회와 수도국 터 | 한국전쟁의 비극적 현장은 경기도와 강원도 북부 지역에 여럿 남아 있어 안보 및 통일 교육의 장으로 활용된다. 철원은 한국전쟁 당시 치열한 격전으로 도시 전체가 폐허가 된 탓에 노동당사(☞246쪽 참조)와 수도국 시설(오른쪽 사진이 수도국의 급수탑) 등만 남아 있다. 대부분 파괴되고 벽면만 남은 철원 제일감리교회의 모습은 철원이 겪어야 했던 고통을 상징적으로 보여준다(위).

인천상륙작전 기념비 | 1950년 인천상륙작전 때 국군과 유엔군은 녹색 해안(Green Beach, 중구 월미도 선착장), 적색 해안(Red Beach : 동구 만석동 대한제분 입구), 청색 해안(Blue Beach : 남구 용현 5동 해안 도로 입구)의 세 지점에서 상륙했는데, 그곳에는 이를 기념하는 기념비가 각각 세워져 있다.

동래읍성임진왜란역사관 | 부산 지하철 4호선 수안역을 공사하던 도중, 1592년 임진왜란 당시 부산에 상륙한 왜군을 맞아 동래 읍성을 사수하려 했던 흔적(인골, 무기류)과 동래읍성의 유구가 발굴되었다. 3년간의 발굴 작업을 거쳐 부산교통공사는 수안역 한쪽에 동래읍성임진왜란역사관을 2011년에 개관하였다. 사진은 전시관 입구에 동래읍성 모형을 만들어 놓은 것이다. 벽의 왼쪽과 오른쪽에는 각각 다음과 같은 글귀가 씌어 있다. "싸우고 싶거든 싸우고, 싸우지 않으려면 우리에게 길을 빌려달라.(戰則戰矣 不戰則假我道)" 일본군이 이렇게 말하니, 동래 부사 송상현은 "싸워서 죽는 것은 쉬워도 길을 빌려주기는 어렵다.(戰死易假道難)"는 말로 굳은 결사의 뜻을 나타냈다.

분포한다. 개항과 관련된 장소는 공원화되거나 근대 역사의 거리 등으로 지정되었다. 인천 동구 화수동 화도진공원의 옛 화도진 동헌 건물에는 1882년 조선과 미국 간의 조미수호통상조약이 체결된 현장을 재현해 놓았다. 또 인근 월미도가 보이는 자유공원에는 인천상륙작전을 지휘한 미국 더글러스 맥아더 장군의 동상이 있는데, 동상의 이전과 보존 문제를 놓고 보수와 진보 진영의 논쟁이 뜨거운 현장이기도 하다. 이러한 장소들은 대부분 아픔의 역사를 간직한 곳이지만, 우리 사회도 이제는 아픔과 고통의 장소를 보듬어 안을 여유를 가질 만큼 성숙했다.

남해안 일대에는 고려 말 왜구의 침략과 조선 중기 임진왜란 등 일본과

이락사 | 노량해전에서 전사한 이순신 장군의 유해가 맨 처음 육지에 오른 곳이 이른바 이락사이다. '李落祠'라는 현판은 1965년에 박정희 대통령이 친필로 내린 것이다. 1973년에 이충무공 전몰 유허는 사적으로 지정되었다. 이락사로 들어가는 입구에는 잘 가꾼 육송이 도열해 있다. 이곳에서 500m쯤 떨어진 첨망대에서는 관음포와 노량 앞바다가 한눈에 보인다.

전쟁이 벌어졌던 역사적 장소가 곳곳에 자리한다. 경남 남해도의 관음포는 1598년 임진왜란 당시 노량해전에서 이순신 장군이 전사한 곳이다. 관음포가 잘 내려다보이는 지점에 이충무공의 전몰 유허인 이락사李落祠가 있다. 그 밖에 내륙의 주요 지점들, 즉 고갯길이나 하천의 중심 길목, 중요한 산줄기 등지에도 한반도를 침략한 외세와 격전을 벌인 장소가 많다. 이런 장소는 지형적으로 볼 때 전략적 요충지였기에 이곳을 차지하려는 전투가 많이 벌어질 수밖에 없었다.

넓고 기름진 평야가 드넓게 펼쳐져서 곡

정읍시 이평면 말목장터 | 동학농민운동을 전개할 때 전봉준은 말목장터의 감나무 아래서 조병갑의 학정을 고발하는 연설을 했는데, 그 감나무는 2003년에 태풍 '매미'로 인해 죽고 지금은 새 감나무가 심겨 있다.

사진 제공 : 연합포토

나주역 | 전남의 구 나주역은 1929년 광주로 통학하던 한국인 학생과 일본인 학생들이 충돌하면서 광주학생운동의 도화선이 된 장소이다. 2001년 호남선 복선화 부분 개통에 따라 나주역은 영산포역과 통합되면서 나주시청 근처로 이전 신축되었으며, 옛 나주역사는 '광주학생독립운동 진원지 나주역사'라는 이름으로 보존되고 있다. 바로 옆에는 나주학생독립운동기념관도 있다.

창지대로 일컬어지는 호남 지방은 예부터 지배자의 수탈에 저항한 민중 봉기가 빈번히 일어났고, 일제강점기에는 독립운동도 활발했다. 그런 까닭에 이 지역에는 민중운동과 독립운동의 장소가 많다. 전북 정읍시 이평면의 말목장터는 동학농민운동의 지도자 전봉준이 농민들 앞에서 봉기의 필요성을 역설했던 현장이다.

민주화운동이 활발히 일어났던 남부 지방의 중심 도시들에는 현대사의 역사적 장소가 여럿 분포하며, 지역 주민의 자랑거리이자 기념적인 장소가 되어가고 있다. 광주광역시의 구 전남도청 분수대 앞에서 가톨

5·18민중항쟁 사적지 표지석 | 광주민중항쟁 사적지에는 이를 기리는 표지석이 서 있다. 사진은 사적지 1호 표지석으로, 전남대학교 정문 우측 소공원에 있다.

다랑쉬굴과 제주4·3평화공원 | 1948년의 제주도 4·3사건은 제주도민 열 명 중 한 명꼴로 학살된 한국현대사의 대표적인 비극이다. 제주도민들은 정부에 꾸준히 진상 규명을 요구하였지만 묵살되거나 탄압받았다. 2003년에 이르러서야 마침내 노무현 대통령이 대한민국 대통령으로서는 처음으로 국가권력에 의한 희생임을 인정하며 제주도민에게 사과하였다. 이후 4·3사건에 대한 관심이 높아지면서 제주도를 찾는 사람들이 들르는 다크 투어리즘의 대표적 장소가 되었다. 왼쪽 사진은 4·3 희생자 발굴에 관한 다큐멘터리 〈다랑쉬굴의 슬픈 노래〉의 한 장면으로, 1992년 발굴 당시의 현장이다. 오른쪽 사진은 제주4·3평화공원이다.

릭센터 사거리까지 518m 구간은 '유네스코 민주인권로'로서 1980년 5·18 광주민주화운동의 역사를 간직한 곳이다. 5·18광주민주화운동 기록물이 유네스코 세계기록유산에 등재된 일을 기념하여 2011년 9월에 광주시가 '유네스코 민주인권로'로 지정하였다.

좀 더 특별한 역사적 경험을 갖고 있는 제주도의 경우, 고려시대 항몽抗蒙 관련 장소나 해방 후 좌우익의 갈등과 관련된 장소에 탐방객의 관심이 모아지고 있다.

한반도는 대륙 세력과 해양 세력이 만나는 지점에 위치하고 있기 때문에 외세의 침략을 극복하기 위한 노력이 치열했고, 국내 정치 상황의 변동도 극적으로 일어난 경우가 많았다. 이러한 역사의 숨결이 담겨 있는 장소에 가 봄으로써 우리 역사에 대한 이해도를 높이고, 그때 그 시절의 분위기

충북 영동의 노근리 쌍굴다리와 전남 보성 벌교의 소화다리 | 노근리는 한국전쟁 초기 피난민들을 사살하라는 명령을 받은 미군에 의해 양민 학살이 자행된 현장으로, 거의 50년이 지나서야 진상이 밝혀진 비극의 장소이다. 경부선 철로 쌍굴다리 밑에 갇힌 피난민들은 1950년 7월 26일부터 29일까지 4일간 미군의 집중 사격을 받았고, 수백명의 사상자가 발생했다. 지금도 당시의 총탄 자국(○, △ 표시)이 선명하다(위).
벌교의 소화다리(부용교)는 여순사건 때와 한국전쟁기에 좌우익 간 치열한 대립과 학살이 반복되었던 현장이다(아래). "소화다리 아래 갯물에고 갯바닥에고 시체가 질펀허니 널렸는디, 아이고메 인자 징혀서 더 못 보겄구만이라…"라는 대목이 조정래의 소설 『태백산맥』 1권에 나온다.

에 젖어볼 수 있을 것이다. 이는 우리 국토와 지역에 대한 사랑으로 발전할 것이며, 우리 국토의 많은 장소들 가운데 중요하지 않은 곳, 의미 없는 곳은 하나도 없음을 깨닫게 해줄 것이다.

최근에는 인간의 반인륜적인 행위로 얼룩진 역사적 현장을 방문하는 다크 투어리즘Dark Tourism의 대두로 전쟁·학살 등 비극적 역사의 장소가 반성과 교훈을 얻는 또 다른 의미의 답사지로 주목을 받고 있다. 다크 투어리즘은 블랙 투어리즘black Tourism 또는 그리프 투어리즘grief Tourism이라고도 하며, 세계적으로 대표적인 명소는 폴란드의 아우슈비츠 수용소, 일본의 히로시마 평화기념관 등이 있다. 아픈 역사도 우리 역사의 엄연한 일부분이므로 이를 외면하기보다는 현장을 찾아 그 역사적 의의를 되새기고 당시 사람들의 고통과 슬픔을 이해하며 공감하는 활동이 새로운 관광과 답사의 형태로 자리 잡고 있다. 어떠한 역사적 시각으로 장소를 바라보느냐에 따라 그곳에 부여하는 의미가 달라지며, 가볼 만한 장소도 당연히 늘어나게 마련이다.

과거의 역사적 현장을 찾아 그 의미를 되새기기 위해서는 단순히 사건의 내용만 파악해서는 안 되고 그런 사건이 일어나게 된 지리적 장소적 배경도 함께 살펴보아야 한다. 지역에 기반하지 않은 역사란 존재할 수 없기 때문에 역사 공부에서 지역 이해는 필수이다. '역사와 지리는 사촌지간의 학문'이라고 했던 대학 시절 한국사 강좌의 은사님 말씀이 새삼 떠오른다.

07 개발로 더욱 드러나는 역설의 장소, 선사 유적지

문자 발명 이전의 시대

역사 기록이 존재하지 않는 시대를 선사시대라 하며, 선사시대의 유적이 있는 장소를 선사 유적지라고 한다. 선사시대라고 하면 대략 구석기부터 신석기와 청동기를 거쳐 초기 철기시대까지로 규정한다. 선사 유적으로는 어떤 것이 있을까? 당시 사람들이 사용한 각종 석기와 동물의 뼈로 만든 도구, 토기, 먹거리 흔적인 씨앗이나 탄화된 곡식, 조개무지, 집터, 무덤인 고인돌, 바위나 동굴 벽에 새긴 그림인 암각화 등이 있다.

한국의 구석기시대가 언제 시작되었는지는 확실치 않다. 또, 발견된 구석기 유적에 대한 해석도 분분하다. 현재 발견된 구석기 유물의 연대를 계산하는 방법과 그에 따른 시기 추정에 대한 주장이 다양하기 때문에 정확한 연대를 파악하기 어려운 점도 있다. 하지만 대략 우리나라의 구석기 유적은 세계사적으로 볼 때 후기 구석기시대의 유물에 속한다는 것이 일반적인 견해이다. 우리나라의 구석기 유물·유적으로는 뗀석기, 동물 뼈, 동굴 등이 있다.

신석기시대는 대략 10,000~8,000년 전쯤부터로 추정한다. 구석기시대에

빗살무늬토기 | 우리나라 신석기시대를 상징하는 유물 중 하나이다. 바닥이 뾰족한 포탄 모양의 형태를 하고, 토기 겉면은 점과 선으로 구성된 기하학적인 문양으로 장식되었다. 이 토기는 음식의 저장과 운반, 조리와 같이 실생활에 사용하기 위한 목적으로 만들어졌다.

서 신석기시대로 변화하는 데 큰 영향을 미친 요인은 기후이다. 이 무렵 빙하기가 끝나면서 기후가 따뜻해지고 해수면이 상승했는데, 이는 침식기준면의 상승을 불러왔다. 그 결과 하천 수량이 풍부해지고 골짜기에는 퇴적물이 충적되면서 평야가 발달하였다. 따뜻한 기후는 인류의 식생활을 사냥에만 의존하지 않아도 되도록 만들었다. 수렵과 나무 열매 채집에서 벗어나 농업을 가능하게 했으며, 나아가 경작을 위해 이동하지 않고 정착 생활을 하도록 만들었다. 신석기인들은 주로 해안가나 하천 주변에 움집을 짓고 생활했으며, 농경뿐 아니라 고기잡이도 병행하며 살았다. 신석기시대의 유물과 유적으로는 간석기, 빗살무늬토기를 비롯한 각종 토기, 탄화미, 패총, 동물 뼈, 그물추, 암각화, 움집터 등이 있다.

청동기시대는 기원전 10세기경부터 시작되었다고 보는 게 정설인데, 구리에 주석이나 아연을 섞은 청동으로 도구를 만들어 쓰던 시기를 말한다. 그렇지만 청동으로 도구를 생산하는 양은 매우 적었고, 따라서 각종 석기와 함께 사용할 수밖에 없었다. 청동이 워낙 귀했기 때문에 장신구나 의례 용품, 신분을 나타내는 징표 등에 사용되었던 것이며, 농기구나 사냥 도구 등 일상생활의 각종 기구는 여전히 석기를 사용했다. 청동기시대 유물과 유적으로는 민무늬토기를 비롯한 토기류, 간석기, 청동검과 청동거울, 고인돌,

집터 등이 있다. 청동기시대에는 벼농사가 시작되고 농업이 광범위하게 확산되어 정착 생활이 이루어짐에 따라 마을과 도시가 출현했다. 또한 잉여 농산물의 확보에 따른 계급의 출현과 정치·종교 제도의 초기 형태가 확립되면서 그와 관련된 유적과 유물이 나타났다.

개발 시대에 홀대받은 선사 유적

선사 유적지의 발굴은 매우 어려운 일이다. 우선 너무도 오래전의 유적이라 온전히 남아 있을 가능성이 적다. 오랜 세월 동안 침식이나 운반 및 퇴적 등 각종 지형적인 변화나 인간의 활동에 의해 파괴되고 훼손된 경우가 많기 때문이다. 선사 유적지나 유물들 위로 계속 토양이 퇴적될 경우에 점점 깊이 묻히게 되므로 발굴하기가 매우 까다롭다. 역사 기록이 없으니 발굴하기도 힘들고, 설령 발굴한다고 해도 전문가의 손을 거치지 않고는 선사시대의 유물인지도 알 수 없다. 지금도 빛을 보지 못한 많은 선사 유적이 산재하고 있음은 물론이다.

그동안 경제성장을 최고 목표로 두었던 까닭에 실생활에 활용될 만한 학문이나 취업이 용이한 학문 쪽으로 우수한 인재가 몰렸고, 이에 비해 순수 학문이라고 할 수 있는 고고학 분야에 대한 관심이나 연구 및 지원은 상대적으로 적었다. 고고학에 흥미를 가진 사람이 드물었던 탓에 선사 유적에 대해 관심을 가지는 사람도 적을 수밖에 없었다.

한편 고도 경제성장과 도시화는 전국 곳곳에 개발 사업을 불러일으켰다. 각종 국토개발사업을 진행하면서 땅을 파헤치자 새롭게 드러나는 선사 유적과 유물이 늘어났다. 그러나 개발 시대에는 이를 보존해야 한다는 공감

대가 강하게 형성되어 있지는 않았다. 학술적 고고학적으로 아주 중요하다고 생각되는 곳들만 사적지로 지정하고, 발굴된 유물을 국립박물관으로 옮겨 보존했을 뿐, 그대로 묻어버리고 공사를 강행하는 일도 있었다. 역사시대의 문화재도 제대로 발굴·관리되지 않던 상황에서 그보다 더 오래되고 확실한 기록이 없는 선사시대의 유물과 유적지가 대접을 받기는 더 어려웠는지도 모른다. 고고학에 대한 전공자와 전문 인력의 부족도 이런 상황에 부채질했다. 정부의 예산 지원도 부족했다.

세계 고고학사에도 길이 남은 한국의 선사 유물

그러나 경제적 여유와 소득수준이 높아지고 인문학의 전반적 수준도 과거에 비해 크게 향상하면서 우리 것과 우리 역사에 대한 관심이 증대했다. 이는 역사시대를 거슬러 올라가 마침내 선사시대에 대한 관심으로까지 이어졌다.

정부의 태도도 많이 달라졌다. 개발 사업을 위한 공사 도중 선사 유적지나 유물이 발견될 경우, 과거와 달리 공사를 일시 중단하고 발굴을 지원했다. 고고학이나 역사학에 대한 국민의 관심 증대는 대학의 해당 학과 증설이나 신설로 이어졌는데, 그 결과 더 많은 전공자와 전문 인력이 배출될 수 있었다. 인문학 연구에 대한 정부의 학술 기금 지원도 큰 힘이 되었다. 방송국에서 선사 유적에 대한 다큐멘터리 프로그램을 제작 방영하자 일반인의 관심도 더욱 높아지는 선순환이 일어났다.

이제는 개발 사업의 각종 공사 현장에서 선사 유물이 묻힌 유적지가 나타나면 적극적으로 발굴하여 선사유적공원을 만들고 보존하면서 개발과 보

서울 암사동 유적 | 한강 유역의 대표적인 신석기시대 유적이며, 우리나라 신석기시대 유적 중 최대의 마을 단위 유적으로서 매우 중요하다. 집터는 바닥을 둥글거나 모서리를 죽인 네모꼴로 팠으며, 크기는 길이 5~6m, 깊이 70~100㎝ 정도이다. 집터 가운데에는 돌을 두른 화덕 자리도 보인다. 오른쪽 사진은 암사동 유적 안의 체험마을에 움집과 신석기인의 생활상을 모형으로 만든 것이다.

존의 상생을 추구한다. 발굴된 선사 유물은 일반 박물관으로 보내서 보관하지만, 그 종류가 많을 경우에는 일종의 전문 박물관인 선사박물관을 따로 세워 선사 유물을 보관하고 전시한다. 선사박물관 및 전시관은 각종 체험활동을 비롯하여 자체 교육 프로그램을 통해 선사 유적에 대한 국민의 이해도를 높이는 데 크게 기여하고 있다.

서울 강동구 암사동의 움집터는 대표적인 신석기 유적지다. 이곳에서 출토된 대표적 유물은 널리 알려진 빗살무늬토기이다. 암사동 선사 유적지는 최근에 선사체험마을도 꾸며 놓아 서울 유일의 선사 유적지로서 장점을 살려 나가고 있다.

강화도, 전북 고창, 전남 화순의 청동기시대 유적인 고인돌이 유네스코 지정 세계문화유산에 등재된 것은 우리의 선사 유적과 고고학에 대한 관심

고창·화순의 고인돌 유적 | 고창(위)·화순(가운데)·강화 고인돌 유적은 유네스코가 지정한 세계문화유산이다. 세계 고인돌의 40% 이상이 한국에 분포하며 그중 70%가량이 호남 지방에 분포한다. 고창에서는 관광객의 편의를 위해 모로모로 탐방열차도 운행한다(맨 아래 왼쪽). 화순의 이른바 핑매바위는 길이 7.3m, 폭 5m, 두께 4m, 무게 280여 톤으로 세계 최대를 자랑한다(맨 아래 오른쪽).

연천 전곡리 유적 | 왼쪽 사진의 유물은 미국에서 고고학을 전공하고 주한미군으로 파견되었던 한 미국 병사가 발견하여 세계 고고학 이론을 다시 정립하게 만든 주먹도끼이다. 이 주먹도끼의 발견으로 한탄강 변의 연천 전곡리 선사 유적지는 선사유적공원으로 단장되었다(오른쪽).

증대에 결정적인 영향을 미친 사건이었다. 이 지역에는 고인돌 관련 박물관이나 전시관, 공원 및 탐방 코스 등이 마련되어 있어 일반 관광객은 물론 학생들의 수학여행 장소로도 인기를 모은다.

경기도 연천의 전곡리 선사 유적지는 상당히 의미가 큰 곳이다. 1970년대까지만 해도 세계 고고학계는 유럽이나 아프리카의 구석기시대 사람은 정교한 석기를 사용했던 반면 동아시아는 단순한 석기를 사용했다고 보았고, 그것이 정설로 받아들여졌다. 이 같은 기존의 고고학 이론을 다시 쓰게 만든 곳이 바로 연천의 전곡리다. 여기서 발굴된 아슐리안형 주먹도끼는 유럽의 석기와 같은 종류였기 때문이다. 세계 고고학 교과서에 서울은 없어도 전곡리는 표시되어 있을 정도라고 한다. 한적한 농촌에 불과했던 전곡리는 인근 주상절리와 어우러진 선사유적공원으로 유명해졌다.

강원도 양구와 양양 오산리에도 선사유적박물관이 있다. 전자는 북한강

양양 오산리 선사유적박물관 | 오산리 유적에서 출토된 유물을 보관, 전시하기 위해 2007년에 개관하였다. 박물관 내부 전시장에는 선사시대의 유물을 전시할 뿐 아니라 조각난 토기를 맞춰보는 체험 학습도 할 수 있도록 꾸며 놓았다. 야외에는 쌍호라는 갈대 습지와 이를 관찰할 수 있는 탐방로가 마련되어 있다. 오산리선사유적박물관은 주변의 습지와 어우러져 멋진 풍광을 연출한다. 사진에서 쌍호 뒤쪽에 멀리 보이는 건물이 박물관이다.

상류에서 출토된 선사 유물들을, 후자는 동해안의 선사 유물들을 각각 전시하고 있다. 특히 오산리는 우리나라 각 지방의 토기 유형이 모두 나타나는 곳으로서 중·고등학교의 한국사 교과서에는 오산리 유적과 출토 유물이 항상 등장한다.

충북 단양군 적성면의 수양개 유적과 충남 공주시 석장리 유적지는 각각 한강과 금강 변에 발달한 대표적인 구석기 유적지이다. 두 지역 모두 선사 유물을 전시하는 박물관과 전시관을 보유하고 있다. 2014년 공주시에서는 구석기 발굴 50주년을 기념하여 '석장리 세계구석기축제'도 개최하였다. 대전광역시 유성구 노은동에 위치한 선사박물관은 대전 일대의 아파트 단지와 신시가지 조성 때 발굴된 선사 유적과 유물들을 모아서 조성한 박물관이다. 유물이 발견된 곳은 1992년 둔산선사유적지로 지정하여 대도시의

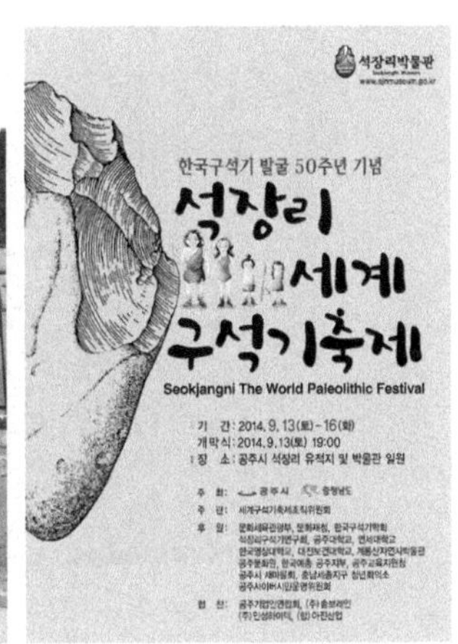

공주 석장리박물관 | 공주 석장리는 한국 최초로 구석기 유적의 발굴과 연구가 시작된 곳이며, 석장리박물관은 석장리 구석기 유적지에서 발굴된 유물을 중심으로 2006년에 개관했다. 옥외 전시장에는 선사인들의 생활 모습을 모형으로 만들어 놓은 선사공원이 꾸며져 있다. 박물관 바로 앞에는 금강이 유유히 흐른다. 오른쪽 사진은 2014년에 개최된 '석장리 세계구석기축제'를 알리는 포스터이다.

선사유적공원으로 꾸며 놓았다. 이로써 교통과 행정, 과학의 도시로 이미지가 구축되었던 대전은 독자적인 선사박물관과 선사 유적을 보유한 도시가 되었다.

울산광역시와 경북 고령에는 유명한 암각화가 있다. 암각화는 선사시대 인들이 자신들의 관념을 바위에 그림으로 새겨 표현한 것이다. 특히 울산광역시 울주군 대곡리의 반구대 암각화는 고래 등 많은 동물이 표현되어 있어 사냥과 어로 등 당시 사람들의 생산 활동을 이해하는 데 큰 도움이 되고 있다. 인근의 댐 건설로 암각화를 가까이 가서 보기 어려워지자 최근에는 울산암각화박물관을 개관하여 실물 크기로 재현한 암각화를 볼 수 있게 해 놓았다.

낙동강 하구와 가까운 남해안의 부산 동삼동과 김해 회현동에는 패총전

울산 대곡리 반구대 암각화와 고령 장기리 암각화 | 영남 지방에는 암각화가 많이 분포한다. 신석기 후기에 새겼을 것으로 짐작되는 울산의 반구대 암각화는 태화강 암벽에 새겨져 있는데, 인근의 댐으로 인해 물에 일부 잠겨서 접근이 어렵다. 이 때문에 반구대 암각화는 탁본이나 복제품으로 전시된다(위).
경북 고령 양전동에는 청동기시대의 것으로 추정되는 암각화가 있다(아래). 양전동 암각화 유적은 당시 주민들의 농경 의식이나 제사 때 사용했던 장소로 추정된다.

부산 동삼동패총전시관 | 부산 동삼동의 패총 유적은 신석기 시대 전 기간에 걸쳐 남해안 지역에 형성된 유적으로, 남부 지방 신석기 문화를 대표한다. 이곳 전시관에는 낙동강 하구의 패총 유적 분포도와 패총의 단면을 전시하고 있다. 오른쪽 사진은 부산 동삼동 패총에서 출토된 조개가면이다.

시관이 있다. 패총은 선사시대인들이 먹고 버린 조개껍데기들이 당시 온갖 쓰레기들과 함께 쌓여 두꺼운 퇴적층을 이룬 유적이다. 그 시대엔 쓰레기 더미였겠지만 오늘날에 와서는 당시 사람들의 생활사를 분석할 수 있는 아주 고마운 유적이다. 패총에는 조개껍데기뿐만 아니라 토기나 동물 뼈 등도 함께 쌓여 묻혀 있기 때문이다.

어렵고 전문적인 장소인 것만 같고 각종 개발 사업 뒤에서 등한시된 적도 있던 선사 유적지는 최근 고고학에 대한 높은 관심을 반영하듯 선사유적공원, 선사박물관 등의 모습으로 점차 친숙하게 다가오고 있다.

그런데 춘천의 북한강 내에 있는 중도中島 유적의 발굴 및 보존 문제와

김해 봉황동 유적 패총전시관 | 남해안 일대에는 선사시대인들의 생활 자료가 퇴적된 패총이 많이 분포한다. 김해 회현동에는 조개 모양을 한 소규모 패총전시관이 있다. 회현리 패총에는 탄화미와 초기 철기시대의 것으로 짐작되는 중국 화폐도 발굴되어 당시의 벼농사 실태와 동북아시아 교류 현황도 짐작케 한다.

관련해서는 최근 심각한 갈등이 끊이지 않고 있다. 이곳에서 대규모 선사 유적지가 발굴되었는데, 동시에 이곳에 테마파크인 레고랜드의 국내 투자 및 놀이공원 조성이 진행되고 있기 때문이다. 유적지 보존과 개발 문제를 놓고 지금까지도 논란이 수그러들지 않는다. 선사 유적지에 대한 우리 사회의 시각과 태도 및 전망을 파악할 수 있다는 점에서 이 갈등의 결과가 주목된다. 분명한 것은 선사 유적지가 이제는 더 이상 사람들의 관심 바깥에 존재하는 장소가 아니라는 점이다.

그곳이 사라지고,
그곳이 살아나고

3부. 냉전과 산업화의 음지

: 고도성장과 개발독재의 그늘에 대한 새로운 시선

01 탈산업 시대 대도시의 변신, 사라져가는 **공장 굴뚝**

고도 경제성장의 견인차

한국의 고도 경제성장을 이끈 핵심 동력은 뭐니 뭐니 해도 제조업이었다. 근대 공업은 일제강점기부터 발달했는데, 인구가 많아 노동력을 확보하기 좋고 철도의 중심지이기도 했던 서울이 단연 그 선두였다. 서울은 근대화 초창기에 도심 지역을 시작으로 점차 왕십리, 청량리, 영등포 등지로 공장을 확산시키며 공업 도시로 발돋움했다. 특히 방직, 식료품, 인쇄 등을 중심으로 각종 경공업이 발달하였다.

경제개발 초기에 한국의 공업 전략은 소비재공업의 수입대체산업화였고, 이것이 차츰 수출 중심의 경공업으로 발전하였다. 이에 따라 섬유, 신발, 가발, 완구 등 저임금에 기반한 노동 집약적 산업이 우리의 주력 수출품목이었다. 저렴한 노동력은 필연적으로 풍부한 노동력을 바탕으로 하기 때문에 서울 근교는 많은 공장이 들어서기에 적합했다. 이미 일제강점기부터 공업화가 진행된 영등포를 시작으로 신도림, 구로, 부천, 부평으로 이어지는 경인선 철도 변을 따라 공장들이 세워졌다. 이로써 서울 남서부 지역은 서울의 대표적인 공업지역이 되었다.

1967년 4월 1일 진행된 구로동 수출산업공업단지 1단지 준공식 | 경제개발 5개년 계획의 수립과 함께 착수한 우리나라 최초의 공업단지는 1960년대 수출 주도형 공업화 정책의 추진에 따라 섬유, 봉제 산업 위주로 구성된 산업단지였다.

1967년, 서울시 구로구 구로동에 우리나라 최초의 대규모 공업단지인 한국수출산업공단 제1단지가 들어섰다. 1972년에는 그곳에서 가까운 가리봉동에 한국수출공단 제2단지가 조성되었고, 1976년에는 가리봉동과 광명시 철산동 지역까지 포함하여 한국수출공단 제3단지가 조성되었다. 주력 업종은 섬유 외에도 봉제, 전자, 잡화로 확대되었다. 이 수출공단의 고용 인원은 1970년에 1만 명이었으나 불과 몇 년 뒤 1976년에는 10만 명을 넘어섰다. 한국의 수출 실적이 10억 달러를 돌파한 1971년에 구로공단은 1억 달러의 실적을, 100억 달러의 수출 실적을 넘어선 1977년에는 10억 달러를 돌파했으니, 구로공단은 명실상부하게 한국 수출산업의 선도적인 역할을 했다고 해도 지나친 말은 아니다.

작업복을 입은 여공들이 공장 마당에서 대화를 나누거나 운동을 하는

산업화 시기 여공들의 모습 | 1960~1970년대 한국 수출 산업을 이끌어간 이들은 구로공단의 젊은 여성 노동자들이었다.

모습, 명절 때가 되면 고향의 가족에게 줄 선물 꾸러미를 들고 공장 인근의 버스 정거장에 줄지어 서 있는 모습은 1970년대 구로구 일대에서 흔히 볼 수 있었다. 굴뚝이 우뚝 선 낮은 지붕의 공장 건물들은 여공의 모습과 함께 서울 남서부 지역의 공장 지대를 상징하는 경관이었다. 그들이 적은 봉급을 아껴가면서 라면으로 끼니를 때우며 살던 속칭 '벌집'도, 인간답게 살아보겠다며 치열하게 노동운동을 벌인 모습도 이 지역의 빼놓을 수 없는 풍경이었다. 그들은 이 지역에서 정말 열심히 일하며 살았고, 그렇게 번 돈으로 고향에 송금을 하고 동생들을 공부시켰다.

탈산업 시대의 천덕꾸러기로 취급받다

그러나 세상은 변해가고 있었다. 서울의 공장들은 농촌의 많은 인구를

서울디지털산업단지 | 1960년대에 국가산업단지로 지정되어 섬유·봉제 산업 위주의 업체들이 모여 있던 구로공단은 2000년 12월 서울디지털산업단지로 명칭을 바꾸고, 고부가가치 첨단산업을 유치하면서 IT벤처타운으로 급속하게 성장하였다.

빨아들였다. 일자리가 넘치니 인구 유입이 늘고, 인구의 증가는 각종 기능과 시설의 증가로 이어졌다. 서울은 이미 과밀도시로서 몸살을 앓았으며, 수도권은 정비의 대상이 되었다. 수요의 증가는 가격을 상승시킨다는 경제학의 기본 법칙에 따라 서울의 땅값과 임대료는 가파르게 올랐다. 서울의 공장들을 지방으로 분산해야 할 필요성이 대두되기 시작한 것이다.

그리고 한국은 섬유공업 등을 중심으로 하는 저임금 중심의 경공업 구조에서 점차 탈피하여 자동차, 기계, 조선 등 중화학공업으로 산업의 중심이 옮겨가고 있었다. 중화학공업은 원료를 해외에서 수입해야 하는 문제가 있으므로 항구를 거느린 임해 지역에서 발달했다. 공업이 발달한 자본주의 국가의 일반적인 특성처럼 한국도 서비스산업의 비중이 점차 커져갔다. 서울은 나라의 경제 중심지이자, 점차 통합되는 세계경제에서도 중요한 거점이 되어갔다. 당연히 서울은 금융, 도·소매, 정보 처리, 디자인, 법률 등 생산자 서비스산업의 입지를 필요로 하였다. 그에 반해 전통적인 제조업은 부담스러운 존재로 변해갔다. 1990년대부터 눈부시게 발전한 IT산업은 생산자에 대한 서비스가 충분히 지원되고 고학력의 전문 인력이 많이 분포하며 도시기반시설과 생활환경이 양호한 대도시에 입지하는 경향이 뚜렷했다.

오랜 개발독재 체제가 서서히 후퇴하면서 민주화가 찾아왔다. 노동자도 인간이라는, 인간답게 살아보겠다는 노동자들의 외침은 마침내 노동자들의 권리 향상과 임금 인상으로 이어졌다. 노동자들의 희생에 기대어 저임금으로 제조업을 계속 운영하기는 어려워졌다.

한편, 후기 산업사회 및 정보화사회가 도래하고 소득수준이 높아지자, 이는 더 나은 생활환경과 여가 시간에 대한 욕구의 분출로 나타났다. 소비문화의 확산, 웰빙 생활에 대한 동경, 가치관의 변화에 따라 새롭게 요구되는 장소는 바로 대형 마트나 전문 상점, 각종 체육 시설, 공원, 문화시설 등이었다. 특히 환경을 중시하는 대도시 주민들의 가치관에 크게 역행하는 존재는 지역사회에 남아 있는 공장들이었다. 지방선거철마다 후보자들은 지역의 공장을 이전시켜달라는 주민들의 민원에 시달려야 했다. 아파트의 뒤를 이은 고층 주상복합건물이나 오피스텔도 수요가 급증했다.

시대의 변화를 읽은 옛 공장의 변신

결국 서울의, 그중에서도 구로, 가리봉, 신도림, 영등포의 많은 공장들은 비싼 지가와 임금, 지자체의 환경 규제를 견디지 못하고 지방이나 해외로 빠져나가기 시작했다. 깨끗한 환경에 대한 시민들의 높아진 욕구를 충족시키고 새롭게 요구되는 시설의 입지를 찾으려는 서울시와 오히려 공장을 유

영등포공원 | 영등포의 옛 동양맥주 공장이 1997년 경기도 이천으로 이전하면서 공장 부지는 영등포공원이 되었다. 영등포구는 이를 기념하여 동양맥주에서 사용하던 맥주 제조 시설(사진 중앙의 담금솥)을 공원 한쪽에 남겨 놓았다. 1933년부터 사용해온 맥주 제조 시설이다.

치하여 일자리를 창출하고 세수를 증대시키려는 지방 도시들의 이해관계가 맞아떨어지면서 이 지역의 공장들은 하나둘씩 서울을 탈출했다. 대신 그 자리에는 벤처와 IT 열풍을 타고 아파트형 공장과 벤처 빌딩, 대형 고급 쇼핑몰, 주민의 여가와 휴식을 위한 공원, 각종 예술 공간, 대규모 아파트 단지나 주상복합건물로 채워지기 시작했다. 모두 후기 산업사회 및 정보화사회의 생활문화에 필요한 장소들이다. 옛 공장과 굴뚝은 대부분 완전히 철거되었지만, 경우에 따라서는 새로운 용도에 맞게 리모델링되거나 과거의 흔적을 일부 남겨 놓기도 했다.

구로공단은 특히 완벽하게 변신했다. 2000년에 구로공단을 구로디지털산업단지로 개명한 뒤 10년간 입주 기업은 597개에서 10,025개로, 고용 인원은 30,000여 명에서 124,000명으로, 생산액은 3조 6,000억 원에서 10조 원으로 급증했다. 업종 역시 과거의 섬유, 봉제, 단순 조립에서 첨단, 지식,

영등포, 구로, 금천구의 변화 | 영등포구 문래동의 영세 금속 가공 공장들은 아직 남아 있으나 점차 아파트 단지로 개발되고 있다(위). 구로구 신도림역 남부 광장에 있던 옛 기아자동차 출하장은 고층의 테크노마트 건물로(왼쪽), 한국타이어 공장은 대규모 아파트 단지로 변신했다. 금천구 가산동의 옛 인쇄 공장은 서울시의 창작 공간 조성 사업에 따라 금천예술공장으로 리모델링되었다. 설치미술이나 실험예술을 전공하는 예술가나 창작인들에게 작업실로 임대되고 있다. 서울시는 이런 흐름이 과거 공단 지역으로 문화 예술을 전파하는 데 기여할 것으로 전망한다(아래).

IT로 혁신을 이루었다. 과거의 여공들 모습이 사라진 이곳엔 지금은 넥타이를 매고 정장을 차려입은 사무직 종사자들이 노트북 가방을 매고 커피를 들고 다니는 모습, 점심시간에 회사원들이 건물 앞의 공원 벤치에서 휴식을 취하는 모습 등이 일상적 풍경이 되었다. 공장과 굴뚝, 어두운 담벼락밖에 없던 거리는 첨단산업의 이미지를 떠올리게 하는 투명한 유리벽의 벤처 빌딩이나 아파트형 공장, 그리고 온갖 아기자기한 상점과 소공원으로 바뀌었다. 강남의 테헤란 밸리에 비해 약 30~40% 저렴한 임대료는 벤처기업과 IT 업체들을 이곳으로 불러들였다.

이러한 현상은 인근 지역으로 확산되면서 '디지털 도미노'를 부추기고 있다. 구로구 가리봉동 일대의 옛 공단들도 변경된 행정구역인 가산동에 맞춰 가산디지털산업단지로 옷을 갈아입었다. 옛 공단의 어둡고 낙후된 이미지를 지우기 위해 과거 공단과 관계된 지명들도 하나둘씩 바뀌고 있다. 지하철 '구로공단역'은 2004년에 '구로디지털단지역'으로, '가리봉역'은 2005년에 '가산디지털단지역'으로 각각 역 이름이 바뀌었다. 한국수출산업공업단지를 남북으로 가로지른 길이 3.5km 왕복 4차선의 '공단로'라는 도로명도 없어졌다. 주민들의 구성이 아파트 중산층으로 바뀌면서 지역 이미지 개선을 통한 주택 가격의 상승을 바라는 움직임이 영향을 미쳤을 것이다.

구로구 신도림역 일대의 옛 공장 부지에는 지금은 테크노마트 빌딩과 대규모 아파트 단지 및 주상복합건물, 쇼핑몰 등이 입지했다. 영등포구 문래동 일대의 영세 금속 공장과 철공소들은 아직 남아 있으나 점차 아파트와 주상복합건물에 밀리는 추세다. 영등포 일대의 옛 공장들이 빠져나간 자리는 공원이나 주상복합건물, 벤처 단지로 메워지고 있다.

옛 공장의 모습과 굴뚝은 이 지역에서 찾아보기 어렵다. 작업복 차림의 여공도 이제는 색 바랜 사진에서나 볼 수 있다. 그러나 서울 남서부의 지

청주 연초제조창의 변신 | 충북 청주시의 연초제조창은 1946년에 세워져 1999년까지 담배 공장으로 운영되었다. 한때 청주 시민의 상당수를 고용했던 이 공장은 청주시가 매입하여 리모델링 끝에 현재는 문화 예술 공간으로 사용되고 있다. 청주국제공예비엔날레도 여기서 열리는데, 위 사진은 2015청주국제공예비엔날레를 앞두고 건물 외벽에 조각보를 설치하는 모습이다.

역성이 근본적으로 바뀌지는 않았다. 전국의 산업단지 가운데 입주 업체가 10,000개를 넘는 곳은 구로와 가산을 포함한 서울디지털산업단지가 유일하다고 한다. 새로운 업종과 구성원, 그리고 새로운 경관으로 옷을 갈아입었을 뿐, 여전히 서울의 주요 산업단지 역할을 하고 있으니 말이다. 다만 분명한 점은 서울이 산업화 시대를 추억 속으로 보내며 탈산업 시대 및 정보화 시대에 따른 변신을 열심히 하고 있다는 사실이다.

지방의 도시들은 아직 서울만큼 탈산업사회의 분위기가 강하지는 않다. 하지만 어느 정도는 이러한 분위기가 진행되고 있다. 여러 이유로 지역을 떠난 산업화 시대의 옛 공장이 흉물스럽게 방치되어 있는 경우, 이는 미관이나 치안상의 문제를 발생시키고 도시의 효율적인 발전이나 토지 이용에

구로공단 노동자 생활체험관(금천 순이의 집) | 1960~1980년대까지 구로공단에서 열악한 노동환경과 저임금에 시달리며 봉제, 가발, 완구 등의 제조업에 종사했던 여공들의 쪽방(이른바 '벌집')을 복원 재현해 놓아 옛 구로공단과 가리봉공단 일대의 산업화 역사를 조금이나마 알려주고 있다.

도 방해가 된다. 이 때문에 지방자치단체는 더 이상 가동하지 않는 공장과 그 부지를 활용하기 위해 다각도로 노력을 펼치고 있다. 예컨대 낡은 공장 건물이나 시설은 공연장이나 전시관 또는 예술가들의 작업실 등 문화 예술 공간으로 활용하고 있다.

그러나 이렇게 변화하는 모습을 보니 산업화 시대에 공장에서 치열하게 일했던 사람들의 땀과 눈물자국, 사연들이 극복되고 잊혀야 할 대상으로만 여겨지는 것 같아 조금 아쉽다. 마침 구로공단 노동자들이 살았던 집을 리모델링하여 만든 구로공단 노동자생활체험관이 개관했기에 무척 반갑다. 그 시절의 모습을 담은 장소가 남아 있거나 새롭게 복원하는 일은 중요하다. 지역성은 그리 빨리, 그리 쉽게 변하는 것이 아니기에……

02 폐광의 아픔을 극복하는 탄광촌과 광산 도시

석탄의 전성시대

땔감과 숯을 뜻하는 신탄薪炭은 인류의 오랜 에너지자원이었다. 영국의 환경정치학자 클라이브 폰팅Clive Ponting의 명저 『녹색세계사(*A Green History of the World*)』에는 인구 증가에 따라 유럽의 드넓은 원시림이 어떻게 파괴되었는가를 잘 설명해 놓았다. 거주 공간의 확보도 중요했지만 각종 동력 수단으로, 그리고 난방을 위해 신탄은 절대적으로 필요했고, 그만큼 삼림은 눈에 띄게 감소했다. 우리나라 역시 울창한 숲이 연료용 땔감으로 베어져 나갔으며, 설상가상으로 일제강점기와 한국전쟁을 거치면서 더욱더 파괴되었다.

한국전쟁 후 산업화의 과정을 겪으면서 연료와 관련하여 다양한 분야의 새로운 기술이 도입되고 산업 시설이 복구되었다. 또한 산업 철도가 조금씩 부설되면서 석탄 개발에 유리한 상황이 조성되기 시작했다. 이에 더해 박정희 정부가 일반 가정에서 사용하는 땔감을 대체할 자원으로 석탄을 개발하면서 석탄 생산이 활기를 띠기 시작했다. 1950년대 중반까지 우리나라 에너지 소비의 80% 가까이를 차지하던 신탄은 그 비중이 급격히 감소했

1980년대 한성광업소 사택 | 1954~1991년까지 운영된 태백의 한성광업소는 1987년에 36만 8,222톤을 생산하며 전성기를 누렸다. 왼쪽 사진의 줄지어 늘어선 사택은 그 시절 번성했던 석탄 산업을 짐작케 한다. 오른쪽은 한성광업주식회사 한성광업소의 나무 간판으로, 태백석탄박물관에 보관되어 있다.

고, 1960년대 중반에 이르면 석탄의 에너지 소비 비중이 50%에 육박했다. 한때 수요의 급증으로 석탄 가격이 가파르게 치솟으면서 연료에서 차지하는 석탄의 비중이 감소하기도 하였으나, 1970년대 들어 중동전쟁과 이란혁명 등으로 오일쇼크가 발생하자 석탄은 다시금 전성시대를 맞이했다. 그 덕분에 전쟁의 참화와 무차별적인 벌목으로 헐벗은 산들이 점차 푸르른 숲을 회복할 수 있었다.

석탄의 수요가 지속되고 생산이 끊이지 않는 호황이 계속되자 전국의 젊은이들은 일자리를 얻기 위해 탄광 지역으로 몰려들었다. 연탄 제조업자들은 겨울철에 대비한 물량을 사전에 확보하기 위해 탄광에 상주하면서 거래처를 물색하고 관리하려 했다. 탄광 지역에 활기가 넘치고 돈이 돌자 지역 경제는 탄탄해졌고, 그에 따라 탄광촌은 광산 도시로 승격되었다. 삼척군의 황지읍과 장성읍이 1981년에 태백시로 통합·승격된 것이 대표적인 사례이다. "탄광촌에서는 광부들의 월급날에 개들도 만 원짜리 지폐를 물고 다닌다"는 우스갯소리가 나온 것도 그 같은 탄광의 호경기를 상징한다.

석탄가루 날리는 하늘 아래 규칙적인 형태로 늘어서 있는 광부 사택, 매일 아침 불안감을 안고 갱도로 출근하는 광부들, 산더미처럼 가득 쌓인 석탄, 검은 석탄이 불룩하게 올라온 탄차가 산업 철도 위를 달리는 모습은 탄광촌의 일반적인 풍경이었다. 가끔씩 갱도 붕괴의 뉴스가 들려오기는 했으나 적어도 1970년대까지는 탄광촌에 생기가 넘쳐흘렀다.

에너지 소비구조의 변화와 탄광촌의 황폐화

1982년경부터 국제 유가가 하락하기 시작했다. 석유 가격의 하락은 국내 에너지 소비구조의 급변을 가져왔다. 사람들은 다루기 쉽고 열효율도 높으며 연탄재나 연탄가스가 배출되지 않는 석유를 더 선호하기 시작했다. 이 무렵 영세 군소 탄광의 난립, 심층 매장에 따른 석탄 채굴의 고비용과 위험성, 석탄 품질의 저하 등 국내 석탄 생산의 구조적 문제점이 불거졌다. 반면 석유 가격은 계속 하락하다가 안정세를 유지했다. 소득수준이 높아진 국민은 좀 더 고급스런 에너지를 찾으려는 분위기도 나타났다. 결국 정부는 1989년부터 석탄 산업 합리화 정책을 실시하였다. 경쟁력이 없는 탄광에 대해서 폐광을 유도하는 이 정책으로 1988년에 347곳에 이르렀던 탄광은 현재 10곳 미만으로 급감했다.

일자리가 없어진 탄광촌에서 광부들이 떠나는 것은 당연했다. 광부들이 떠남에 따라 인구가 급격히 줄자 다른 서비스 업종들도 탄광촌을 떠나갔다. 그 결과 탄광촌은 지역 경제가 마비되고 기본적인 생활 유지도 힘겨운 마을로 삽시간에 전락했다. 이러다가 탄광촌과 광산 도시들이 유령도시로 변하는 것 아니냐는 우려의 목소리도 나왔다.

강원도의 태백·정선·영월·삼척, 충청남도의 보령, 경상북도의 문경은 대표적인 탄광 지역인데, 1980년대 후반부터 앞서 말한 바와 같은 심각한 문제점에 봉착하였다. 탄광이 문을 닫고 지역의 대다수 주민 구성원을 차지했던 광부들이 떠나간 위기를 극복하기 위해 이들 지역은 다양한 노력을 기울였다. 지역 경제를 살리겠다는 이유로 심지어 방사능 폐기물 처리장을 유치하려고 했을 정도다. 그러나 대체로 교통이 불편한 산간 지방이기 때문에 대체 산업이나 시설을 유치하기는 쉽지 않았다. 탄광촌과 광산 도시의 미래는 석탄 빛깔 만큼이나 어둡고 깜깜한 듯했다. 좀처럼 대안은 마련되지 않았다.

을씨년스럽던 마을이 이색적인 관광지로!

그런데 탄광 시설은 그 지역만 갖고 있는 특별한 시설이기도 했다. 그 특별함으로 위기에 봉착했지만 역설적으로 그로 인해 위기에서 벗어날 계기를 찾아냈다. 정선은 사양화된 석탄 산업의 위기를 관광산업으로 극복한 대표적인 모범 사례에 속한다. 많은 우려와 비난을 무릅쓰고 고한읍에 카지노를 유치했다. 지역사회에 부정적인 기능도 했지만, 카지노를 유치함으로써 세수의 증대와 교통의 발달을 가져왔다. 또 폐광된 옛 금광을 화암동굴이라고 이름 붙이고 일종의 금광테마파크로 만들었다. 석탄을 싣고 날랐던 정선선 철도의 약 7.2km 구간에 레일바이크를 설치하고, 레일바이크의 출발 지점에는 옛 기차를 리모델링한 기차펜션도 마련하여 폭발적인 반응을

정선의 변화 | 정선군에 있던 동원탄좌 사북광업소는 2004년 폐광할 때까지 45년간 국내 최대의 민영 탄광이었다. 1980년에는 이 지역 광부들이 노동 항쟁(사북 사건)을 벌인 곳이기도 하다. 지금은 석탄 역사를 체험할 수 있는 공간으로 변모하였다(위).
정선의 레일바이크는 구절리역에서 아우라지역까지 7.2km를 달릴 수 있다. 예전에 석탄을 실어 날랐던 산업 철도는 이렇게 페달을 밟으면서 여유롭게 정선의 아름다운 풍경을 감상할 수 있는 자전거 철길로 바뀌었다(아래).

얻어내고 있다(☞ 364쪽 참조). 레일바이크는 일찍부터 예약하지 않으면 탈 수 없을 정도로 인기를 모으고 있다.

정선은 지역의 전통도 관광 상품으로 만들었다. 뗏목 타고 나간 임을 그리워하는 내용의 민요인 〈정선아리랑〉의 고장답게 '아라리'의 발상지이자 남한강 뗏목의 시작점인 여량리 일대에 아우라지 관광지를 만들어서 뗏목 체험을 할 수 있게 해 놓았다. 또 읍내에서는 5일장을 지속적으로 열어 타 지역 사람들이 일부러 기차를 타고 찾아오도록 철도 관광 상품으로 정착시켰다. 옛날 석탄을 운반하던 산업 철도가 지금은 관광 철도의 구실을 하는 셈이다. 지역 내 삼척탄좌의 탄광 시설을 삼탄아트마인이라는 문화 예술 공간으로 훌륭하게 리모델링하기도 했다. 많은 비난을 받았던 카지노도 주변에 스키장과 리조트를 추가로 조성하면서 겨울철 종합 관광지로 자리 잡았다. 해발고도가 높은 지형적 특징을 활용한 휴양림 조성으로 여름철에는 고원 관광지의 기능도 갖추었다.

정선은 낙후되어가는 지역이 부활한 사례로, 또한 노후화된 산업 시설을 성공적으로 리모델링한 지역의 전형으로 충분히 꼽힐 수 있는 곳이다. 대규모의 투자를 유치하여 자연환경을 파괴해가며 개발하는 것이 아닌 아이디어와 발상의 전환, 지역성 살리기로도 충분히 관광지가 될 수 있음을 보여주는 곳이기도 하다.

정선 인근의 태백도 관광도시로 성공적인 전환을 이룬 경우다. 폐광된 후 태백시에 기부 채납된 함태탄광을 태백체험공원으로 꾸몄다. 옛 탄광촌 가옥들을 일부 복원하여 관광객이 탄광촌을 간접 체험할 수 있게 조성하였고, 직접 갱도에도 들어가 볼 수 있게 했다. 우리나라 최대 규모의 석탄박물관도 조성해 놓아서 석탄 관광지의 주요 요건을 갖추었다. 철암동의 옛 탄광촌과 탄광 시설은 그대로 보존하여 빌리지엄Villageum(빌리지와 뮤지엄의 합

태백 철암역두 선탄 시설 | 일제강점기에 무연탄을 본격적으로 사용하기 시작할 때 만들어진 국내 최초의 무연탄 선탄 시설로서 우리나라 근대 산업사를 상징한다. 선탄 시설이란 탄광에서 채굴한 원탄을 선별하고 가공 처리하는 것이다.

성어)으로 꾸밀 계획도 진행 중이다. 특히 태백 철암역두 선탄 시설은 국내 최초의 무연탄 선탄 시설로서 현재까지도 가동하고 있는데, 일제강점기에 지은 구조물이 거의 그대로 남아 있으며 2002년에 등록문화재로 지정되었다. 여름이 서늘한 고원지대라 모기가 없다는 자연적 특징을 이용하여 한여름에는 '태백 쿨 시네마 페스티벌'도 개최한다. 탄광 도시가 관광과 문화의 도시로 탈바꿈한 것이다.

영월군은 북면 마차리의 옛 탄광촌 앞에 탄광문화촌을 만들어 놓았다. 마차리의 탄광은 1972년에 이미 폐광되었는데, 지금은 옛 탄광사업소 건물을 리모델링하여 탄광촌의 옛 모습을 전시하고 있다. 옛 탄광촌은 공공미술 프로젝트의 벽화로 장식되어 있어 관광객의 발길을 끈다.

충청남도 보령도 석탄박물관을 조성하였다. 보령은 탄광 시설을 냉풍욕장으로 재활용했다. 성주산 자락의 폐광된 옛 탄광이 지하 수백 미터 아래

영월 강원도탄광문화촌 | 1960~1970년대 영월 마차리의 탄광에서 일했던 광부들의 삶의 현장을 녹여낸 곳이다. 광부들의 생활을 체험해보는 '탄광생활관', 갱도에서 일했던 광부들의 삶을 간접 체험해볼 수 있는 '갱도 체험관' 등이 있다.

에 있기 때문에 공기의 대류 현상으로 여름철에도 항상 12~14℃의 찬 공기가 배출되는데, 바로 이 특징에 착안하여 냉풍욕장을 만든 것이다. 그 덕분에 무더운 여름철이 다가오면 이곳을 찾는 이들이 많다. 냉풍욕장에서는 서늘한 바람을 이용하여 버섯도 재배하고 있으며, 인근에 버섯 음식점까지 생길 정도로 옛 탄광을 잘 활용하고 있다.

경상북도 문경은 탄광이 많던 가은읍 일대에 석탄박물관을 꾸몄다. 석탄을 실어 날랐던 옛 문경선 철도의 일부는 레일바이크로 활용하여 진남역 주변의 왕복 4km를 운행하였지만 이제는 4개역 주변 총 10.2km의 구간을 운행하고 있다. 정선의 레일바이크보다는 짧지만 우리나라에서 가장 먼저 생긴 레일바이크라는 자부심을 가지고 있다. 문경은 문경새재 옛길과 연계하여 경북 내륙의 관광도시로 도약하려 하고 있다.

한때는 탄광촌과 탄광 시설이 철거 대상으로 거론된 적도 있다. 잿빛의

문경 석탄박물관 | 은성탄광에서 1994년까지 석탄을 캐다가 폐광된 자리에 세워졌다. 중앙 전시관뿐만 아니라 탄광사택촌도 개관하여 광부들의 가옥을 살펴볼 수 있다. 은성갱에서는 갱도 체험도 할 수 있다. 연탄 모양으로 지어진 박물관 외관이 흥미롭다.

을씨년스럽고 암울해 보이는 탄광 시설과 마을이 철거되거나 완전히 다른 계획으로 개발되었다면 산업화 시대의 우리 생활사뿐 아니라 탄가루를 마셔가며 석탄을 캤던, 땀이 밴 지역사는 흔적도 없이 사라지지 않았을까? 칙칙하기만 했던 옛 탄광 지역을 애정 어린 눈으로 보고 다듬으니 훌륭한 관광지로, 지역사를 돌이켜보는 역사 공부의 좋은 소재로 재탄생함을 깨닫는다. 가난했던 시절, 시커멓기만 하고 귀하게 보이지 않던 석탄이 사실은 에너지자원의 수입 대체와 산림녹화에 일등 공신이었음을 이제서야 알게 되듯이 말이다.

가은역 | 은성광업소에서 생산한 석탄을 수송하기 위해 설치된 역이었으나, 은성광업소 폐쇄 이후 점차 쇠퇴하다가 2004년에 공식 폐역되었다. 2006년에 등록문화재로 지정되었다.

03 건강 먹거리의 기본, 천일염과 염전의 부활

염전 조성에 유리한 서해안

세포의 기능을 유지시키고 혈액순환과 소화에 절대적으로 필요하여 물만큼이나 우리 몸에 꼭 필요한 물질, 음식의 부패를 막고 맛을 내며 습기를 제거하고 치료에도 쓰이는 만능 물질. 바로 소금이다. 사람은 소금 없이 살 수 없다. 이렇게 중요한 소금을 만들어내던 소금밭은 염전이다.

과거 소금은 생산량과 생산 지역이 한정되어 있어 값이 비쌌기 때문에 국가가 전매제도로 관리했다. 우리나라의 서해안은 조선 시대 제염업의 중심지로서 경기, 충청 지방의 경우 인천 일대, 남양만 일대, 안산, 강화, 서천, 보령, 남포, 태안, 당진에서 소금을 생산했다. 조선 후기까지 소금의 생산은 갯벌의 염전을 이용하여 바닷물을 농축시킨 뒤 그 물을 염막의 가마솥에서 끓이는 방법이 보편적이었다. 가마솥에서 바닷물을 끓여서 생산해낸 소금을 자염 또는 전오염이라고 한다. 염전이 제공하는 이권은 의외로 커서 왕실이나 세도가, 공신들은 염전을 사유화하기 위해 불법적인 행위를 서슴지 않았다. 조선 초에 엄격히 지켜졌던 소금가마의 사유화 금지 조치는 점차 후퇴하였다.

1900년대 초반부터는 중국 산둥 지방으로부터 값싼 천일염이 대량으로 수입됨에 따라 전통적인 자염에서 천일제염으로 생산 방법이 변화했다. 바닷물을 염전으로 끌어들여 가두어 두고 수분을 증발시킨 뒤 소금이 침전되도록 하는 오늘날의 천일제염은 1907년 인천의 주안에서 일본인이 시작했다. 이곳에서 좋은 성과를 거두자 염전 개발은 강수량이 적은 대동강 하구의 광량만과 서해안에서 급속히 진행되었다. 천일제염은 자연에 크게 의존하는 노동 집약적인 산업인데, 서해안은 조차가 크고 간석지가 넓게 발달되어 있는 데다 일조량이 많아 입지 조건이 일본보다 훨씬 좋았다.

천일제염법은 서해안의 자연환경에 매우 적합할 뿐 아니라, 연료 소비가 많아 값이 비싼 자염의 문제점을 극복할 수 있다는 장점을 지니고 있었다. 특히 경기만 일대는 해안선이 복잡하고 섬이 많기 때문에 만의 입구를 막거나 섬을 연결하면 염전을 조성하기 좋았다. 또한 경기만으로 흘러드는 하천은 모두 유로가 짧고 수량이 적은데, 이러한 조건은 오히려 염전의 발달에 유리하게 작용했다. 왜냐하면 큰 하천이 흘러들 경우에 많은 담수가 바다로 유입되므로 해수의 염분 농도를 낮춰서 천일제염에 불리하기 때문이다. 이 지역 인근에는 200~400m의 구릉성 산지가 해안에 인접해 있어 염전 건설에 필요한 토석 채취도 용이했다. 기온 역시 높은 편이고, 같은 위도의 중부 지방 타 지역과 비교하면 강수량이 적어 소금 생산에 유리했다.

따라서 총독부는 계획적으로 이러한 염전을 더 많이 확대했으며, 그 중심지는 서해안이었다. 인천 주안에서 시작된 염전은 1921년에 들어서면서 인천의 남동구 일대와 시흥의 군자로, 1934년에는 시흥의 소래로 점차 확대되었다. 특히 인천에서 시흥으로 이어지는 지역은 남한 제일의 천일염전 지대라는 평판을 받았고, 염전이 활성화되면서 촌락이 발달하였다. 염전에서 일하는 중국인 노동자도 많이 유입되어 중국인 마을도 생겨날 정도였다.

천일제염업의 운영은 1980년대 중반까지 비교적 순조로웠다. 수도권 서해안 지역의 도시화가 많이 진행되기는 했지만, 1986년 무렵 인천의 남동·소래 지구와 시흥의 군자 지구에서는 아직 활발히 소금을 생산하고 있어서 이 지역의 염전만 하더라도 전국의 약 10.5%를 차지했다.

외면받고 사라지는 염전

천일제염의 생산 과정에는 많은 노동력을 필요로 한다. 이런 특성으로 인해 1980년대 후반에 들어서 인력 부족으로 천일제염업은 사양화되기 시작했다. 게다가 임금이 상승하면서 천일염의 가격도 올랐다. 당시만 해도 먹거리의 품질보다는 가격이나 양을 중시하는 분위기였기에 천일염은 값만 비싼 소금이라고 여겨졌다. 핵가족화에 따른 외식산업의 증가는 가격 경쟁력을 최우선에 두도록 만들었다. 음식점이나 음식 가공 공장은 생산 단가를 낮추기 위해 천일염을 외면했다. 사정이 이렇다 보니 정부에서는 1990년대 들어 소금 시장의 개방을 앞두고 보상금을 지급하면서 폐전을 독려하였다. 공장에서 값싼 정제염이 생산되고 수입산 소금이 국내시장을 잠식하자, 상대적으로 비싼 국산 천일염의 수요는 크게 하락했다.

애물단지가 되어버린 폐염전은 폐기물을 무단 투기하는 장소로 전락하거나 여러 가지 용도로 활용되기 시작했다. 인천의 남동산업단지와 시흥의 시화산업단지는 일제강점기에 조성된 대규모 염전이었던 남동염전과 군자염전에 들어선 공업단지이다. 또한 방조제를 축조하면서 없어진 염전도 많다. 공업단지 조성이나 간척 사업으로 인해 없어진 염전도 있지만, 경기만의 화성 등지에 있던 일부 염전은 대하 양식장과 낚시터로 활용되면서 사라졌다. 대하는 잔잔한 물을 좋아하므로 해안선이 복잡한 서해안의 염전 터는 대하 양식장으로 이용하기에 적합하였다. 이렇게 다른 쓰임새로 바뀌면서 우리에게 소금을 공급해주던 염전은 하나둘씩 자취를 감추어갔다. 이제 염전은 극소수만 남아, 사진작가의 사진 속이 아니면 영화의 배경 장소로나 모습을 보일 뿐이었다.

시대 변화에 발맞춘 변화

그러나 세상은 다시금 염전과 천일염을 원하기 시작했다. 이른바 '웰빙의 시대'가 열리면서 좀 더 비싼 값을 주고서라도 더 나은 먹거리를 찾는 분위기가 확산되었다. 염분의 다량 섭취가 고혈압을 비롯한 각종 성인병의 원인이라는 사실이 밝혀지고 공장에서 화학적으로 생산한 소금의 폐해도 점차 알려지기 시작했다. 하지만 자연에서 얻는 천일염은 공장에서 인공적으로 만드는 정제염과는 영양가나 품질 면에서 비교조차 되지 않기에 건강을 우선시하는 사람들의 높은 관심을 받았다. 더구나 소금은 한국인의 평생 먹거리인 김치에 대량으로 들어가는 재료가 아닌가. 특히 서해안의 천일염은 유기물이 풍부한 세계적인 갯벌에서 생산되기에 품질이 우수하기로 정평이 나 있다.

1990년대 들어 지방자치제가 본격적으로 시행되면서 지방자치단체들은 지역의 특성을 관광자원으로 삼기 시작했다. 다른 지역에서는 볼 수 없는, 그 지역만의 독특한 물건이나 장소가 경쟁력이 되는 시대가 왔다. 서해안 지역의 염전은 다른 지역 사람들에게 고유한 지역성을 보여줄 수 있는 좋은 명소가 되기에 충분했다.

시흥 갯골생태공원의 갯골 | 시흥 갯골은 소래염전으로 불리던 구 염전 지역 안에 위치하고 있다. 진흙 벌판이 넓게 펼쳐져 있는 보통의 갯벌과 달리 시흥 갯벌은 내륙 깊숙이까지 들어온 갯골을 통해 매일 바닷물이 들고 났다. 과거 염전이 번창했을 때는 이 갯골을 통해 배가 드나들기도 하고 천일염을 생산하는 염전에 바닷물을 대주기도 했다.

탈산업사회 및 정보화사회를 맞이하면서 교육의 철학도 달라졌다. 산업사회에서는 효율성을 최고의 미덕으로 생각하고 지시 사항을 그대로 따르는 사람을 사회에 꼭 필요한 인재라고 생각했다. 학교에서는 그런 인재를 길러내기 위해 암기식 교육에 치중했는데, 점차 그 폐단에 대한 비판이 일어난 것이다. 그 대신에 창의력과 주관, 그리고 체험을 중시하는 새로운 교육 사조가 나타났다. 각급 학교에서 체험 활동을 강화함에 따라 주말이나 방학 때 아이들을 데리고 국토의 여러 지역을 체험하는 부모들이 늘어났다.

사라져가던 염전은 이런 시대적 변화에 발맞춰 여러 가지 모습으로 변모하거나 부활하고 있다. 경기도 시흥시 포동의 폐염전 지역은 갯골생태공원이라는 이름으로 새로 태어났다. 이 지역의 염전은 1934년부터 1936년 사이에 조성되었으며, 여기서 생산된 소금은 수인선을 통해 일본으로 반출되었다. 이곳 염전은 인근의 인천 남동염전, 시흥의 군자염전과 더불어 우리나라 소금 생산량의 약 30%를 차지할 정도로 번성했으나 천일염의 수입자유화에 따른 채산성 악화로 1996년에 폐염전 처리되었다. 그렇게 역사 속으로 사라질 것 같았던 이곳은 폐염전에 대한 활용 방안이 논의되고, 염생식물을 포함하여 다양한 생물이 서식하고 있다는 사실이 밝혀지면서 2012년에 국가습지보호구역으로 지정되고 생태공원으로 탈바꿈하였다. 염전도 일부 복원해 놓은 덕분에 소금 만들기 체험도 가능하다.

인천광역시 논현동의 소래염전도 소래습지생태공원으로 재탄생했다. 1933년 일본인에 의해 이 지역에 염전이 조성되었으며, 인근에 소래철교와 소래포구가 있어 더 유명하다. 정부의 염전 구조조정 정책에 따라 버려진 폐염전 터와 갯골을 중심으로 자연스럽게 염생 습지가 대규모로 형성되었다. 이후 제2경인고속도로와 서해안고속도로의 개통, 인천광역시 남동구의 시가지 확대 등으로 개발의 압력이 높았으나, 과거 인천, 특히 소래의 지역성을 간직하고 있는 폐염전을 보존하여 생태 학습과 염전 체험의 장으로 변모시키자는 주장이 제기되었다.

원래는 이곳의 폐염전 100만여 평을 모두 습지생태공원으로 조성하려고 했었다. 그러나 인근 논현동 일대에 대규모 택지가 조성되고 근처를 지나는 도로가 신설되자 개발에 대한 욕구가 다시금 거세졌다. 결국 공원 조성을 잠정적으로 중단한 채 인천광역시와 환경단체 간의 지리한 협상과 공방 끝에 애초 계획 부지의 약 60%가 삭감된 40만여 평의 폐염전 부지에 습지생태공원을 만들기로 합의를 보았고, 2009년 7월에 완공되었다. 습지생태공원 안에는 갯벌에 관한 전시관이 있고, 염전과 소금 창고 등이 보존되고 있다. 그 밖에 습지(염생, 담수, 기수 습지)와 갈대밭, 관찰데크, 갯벌체험장, 조류관찰대 시설도 갖춰 놓고 있다.

인천 소래습지생태공원의 염전 | 1970년대 소래염전은 국내 최대의 염전으로 자리매김되었을 만큼 천일염 생산이 활발했던 지역이다. 1996년까지 소금을 생산했지만 1997년부터는 완전히 생산을 중단하여 폐염전으로 남았다. 그러나 이후 인천시는 이곳을 소래습지생태공원으로 정비하여 갯벌과 염전을 체험할 수 있는 학습장으로 꾸며 놓았다. 습지의 정취를 느낄 수 있는 풍차, 소금을 저장하던 소금 창고도 볼거리다.

부안 곰소염전과 젓갈 | 부안의 곰소염전은 근처의 곰소 젓갈단지에 소금을 공급하고 있다. 곰소 젓갈단지는 곰소염전의 천일염으로 만든 젓갈을 판매한다. 사진은 부안군 진서면의 2013년 제2회 부안마실축제의 모습이다.

전북 부안군의 곰소염전은 곰소만 일대의 작은 섬들을 연결한 간척 사업을 통해 1930년대 중반에 탄생하였다. 곰소만 안쪽의 줄포항이 갯벌의 퇴적으로 수심이 점점 낮아져서 어항 구실을 못하자 곰소항이 새로운 어항으로 성장하면서 곰소염전은 잡아온 수산물을 처리하는 소금 공급지로 번영하였다. 곰소만 바닷물은 미네랄이 풍부하여 양질의 소금을 생산해낸다. 지금은 과거에 비해 염전의 규모가 크게 감소했지만 여전히 곰소젓갈에 들어가는 유명한 소금을 공급하며, 체험장으로도 활발히 이용되고 있다.

전라남도 신안군 증도의 태평염전은 '국가 대표급' 염전이다. 면적으로 한국 최대이면서 대한민국 근대 문화유산으로도 지정된 염전이다. 1953년, 한국전쟁으로 인한 월남 피난민들을 정착시키기 위해 당시 두 개로 나뉘어 있던 증도를 연결하면서 만든 것이 바로 태평염전이다. 이곳은 상대적으로 개발 압력이 적은 호남의 섬 지방에 위치한 덕에 그대로 보존될 수 있었다.

신안 증도의 태평염전 | 한국전쟁이 끝난 뒤 피난민을 정착시키고 국내 소금 생산을 늘리기 위하여 건립한 국내 최대의 단일 염전이다. 이곳에는 옛 소금 창고를 개조하여 만든 소금박물관도 있다. 염전 옆에는 태양광발전소가 있는데, 서해안의 폐염전은 태양광발전소가 들어서기에 좋은 조건을 갖추고 있다.

많은 인원을 수용할 수 있는 염전체험장이 한쪽에 자리하여 2시간에 걸친 염전 체험을 할 수 있으며, 근대 문화유산으로 지정된 옛 소금 창고를 리모델링한 소금박물관에서는 소금과 염전에 대한 종합적 체험과 학습을 할 수 있다. 2007년 12월에 증도는 자연환경이 깨끗하고 전통문화가 잘 보전된 지역을 뜻하는 슬로시티로 지정되었는데, 이에 따라 이곳의 염전은 다시금 전성기를 맞이할 것으로 보인다. 유쾌한 천일염의 반란이 시작된 것이다.

우리는 묵묵히 성실히 일하면서 그 조직이나 사회에 없어서는 안 되는 중요한 사람을 가리켜 '소금 같은 사람'이라고 일컫는다. 소금을 얻기 어려웠던 옛날에 염전은 지배층의 이권을 보장해주는 장소였다. 또한 얼마 되지도 않는 소금을 얻기 위해 수많은 일꾼들의 땀과 시간이 바쳐진 곳이기도 했다. 바닷물을 끌어와 소금이 만들어지기까지는 대략 20여 일이 걸리며, 마지막으로 소금이 생산되는 염전의 바닷물도 하루 종일 염부들이 대파(소금물을 미는 고무래)로 밀어야만 하얀 소금을 볼 수 있으니 말이다.

한때 우리는 경제와 돈의 관점으로만 염전을 파악했고, 그래서 쓸모없다며 버려두거나 완전히 다른 용도로 개발하였다. 그러나 돈보다 더 중요한 것은 건강이고 문화임을 뒤늦게 깨달았다. 염전을 되살리고, 건강한 천일염을 다시 생산하며, 가볼 만한 곳으로 만들고 있는 우리 모습이 그 증거가 아닐까.

04 워터프런트로 거듭나는 서해안의 **옛 항만 지역**

개항, 근대적 항구 발달의 계기

1876년의 강화도조약은 불평등조약이고 열강들의 한반도 침략을 예고한 사건이었지만, 달리 생각하면 이 땅에 근대 문물이 들어오는 계기가 된 사건이기도 했다. 강화도조약에 따라 당시 조선 정부는 부산(1876)과 원산(1879), 그리고 인천(1883)을 차례로 개방해야만 했다. 그리고 이후 목포(1897)와 군산(1899)을 추가로 개항했다. 일본과 서양의 근대 문물이 본격적으로 들어올 창구가 마련된 것이었다.

개항은 전통적인 포구의 모습과는 차원이 다른 큰 변화를 지역에 가져다주었다. 고깃배나 물건을 실은 황포돛배들이 드나들고 상인들이 모여들던 옛 포구에서는 이전까지 볼 수 없던 경관이 나타나기 시작했다. 인천의 경우 1884년 인천제물포각국조계장정仁川濟物浦各國租界章程이 체결됨에 따라 일본과 청국을 비롯한 서양 각국이 조계지租界地와 영사관을 설치하였다. 조계지에는 관공서는 물론 은행과 각종 상점, 종교 건축물과 병원, 그리고 외국인 주거지까지 형성되면서 서양의 도시 시스템이 이 땅에 이식되는 결과를 가져왔고 이국적인 풍경이 나타나기 시작했다. 각국 조계지에는 전기와

1918년 완공된 인천항 갑문 | 갑문식 부두가 들어서면서 인천은 연간 130만 톤의 하역 능력을 갖춘 항만도시가 되었다. 이후 갑문은 한두 차례 더 증설되다가 1960년대 후반에 이르러 내항 전체를 갑문화하였고, 여기서 파낸 흙으로 연안 부두를 조성하였다.

수도 등 도시기반시설이 설치되었으며, 통신·우편 제도가 다른 곳에 비해 빠르게 실시되었다.

즉 인천은 개항을 계기로 당시로서는 최신식 도시로 뛰어오른 셈이다. 서울의 외항 역할까지 떠맡은 인천에는 당연히 많은 사람과 화물이 모여들었고, 그에 따라 국제적인 무역항으로 자리 잡았다. 러일전쟁 뒤, 한반도에 개항된 8곳의 항구 가운데 인천이 44%의 무역 점유율을 차지했음은 이를 충분히 증명한다고 하겠다. 특히 인천은 조차가 커서 큰 배가 들어오지 못하는 지형적 약점을 극복하기 위해 1918년 갑문식 부두를 건설했는데, 이후 항만 기능이 더욱 강화되면서 각종 공장과 창고 및 해운 시설, 관공서들이 들어섰다. 이에 더해 현대에 들어와 경제개발 시기에는 공업지역으로 지정되면서 항구도시로서의 위상이 더욱 뚜렷해졌고, 인천항도 크게 확장됨에 따라 여러 개의 부두 시설을 더 갖추었다.

군산은 1899년에 개항하였다. 전북의 호남평야 일대와 금강 유역의 논산평야를 배후지로 둔 군산은 대일 쌀 수출항으로 아주 적당한 위치였다. 일본으로서는 강경을 중심으로 한 금강의 상권을 장악하기 위해서라도 군산의 개항이 꼭 필요했다. 개항 이후 군산에도 각국의 조계지가 들어섰으며, 관공서와 일본계 은행 및 회사, 상점, 병원, 학교, 일본인 주택들이 군산항 근처에 자리 잡았다. 일본인들의 유입으로 군산은 1920년대에 전국 11위의 도시로까지 성장했다.

목포는 부산, 원산, 인천에 이어 네 번째로 개항된 도시이다. 1897년에 개항장이 들어섰고, 이후 인천과 마찬가지로 외국인들이 거주하기 시작했다. 군산처럼 목포 또한 배후지에 드넓은 영산강 변의 곡창지대를 거느리고 있어서 대일 쌀 수출항으로 번성했다. 특히 서울~목포 간의 1번 국도가 1911년에, 목포역을 종착역으로 하는 호남선 철도가 1914년에 개통되면서 목포는 단지 쌀 수출항에 그치지 않고 일본 자본의 내륙 진출 기지가 되기에 이르렀다. 목포에도 어김없이 일본인 가옥과 각종 근대식 건물이 들어섰음은 물론이다. 쌀 이외에도 면화가 많이 반출되었고, 일본 제품이 많이 수입되면서 목포는 상업이 발달하고 인구가 증가하여 1935년 당시 전국 6위의 도시로 성장했다.

활기를 잃어간 근대 개항장

그러나 수도권 전철망의 확충으로 인천항보다는 서울과 가까운 인천 동쪽의 부평 등이 새로운 중심지로 떠올랐다. 인천공항의 건설과 고속도로의 발달은 송도 국제도시와 남동구 지역을 인천의 또 다른 중심지로 만들었다.

인천항 근처의 구도심과 옛 개항장 일대는 점차 쇠퇴할 수밖에 없었다.

한편 경제성장과 냉전 분위기에 따라 주요 교역 대상 국가가 미국과 일본으로 변화하면서 군산과 목포는 부산항에 독점적인 무역항의 자리를 내주어야 했다. 해방 후 일본인의 철수와 대중국 무역의 단절, 배후지의 취약한 공업화 등으로 군산의 지위는 하락하기 시작했다. 중국을 바라보는 서해안의 군산은 경제적 기회를 별로 얻지 못했다. 군산에는 합판·양조 등 경공업 일부만이 발달했을 뿐이었다. 일본식 가옥이 오늘날 군산에 많이 남아 있는 사실도 바로 개발로부터 군산이 소외되었음을 의미했다.

목포 역시 군산과 비슷한 경험을 겪어야 했다. 다른 개항장과 마찬가지로 해방 후 일본인이 철수하고 대일본 무역이 단절되면서 급속히 쇠퇴의 길을 걸어갔다. 군산과 똑같이 목포의 배후지는 공업화에서 소외된 농촌일 뿐이었다. 목포의 산업은 양조, 수산물 가공 등의 경공업과 해운업에 그쳤다. 같은 서해안에 위치한 인천이 서울의 외항이자 수도권의 공업 도시로 성장했던 것과는 대조적으로 농업 지역을 배후지로 거느리고 국가의 산업화 축에서 벗어난 군산과 목포의 운명은 비슷했다. 최근 들어 군산은 새만금지구, 목포는 대불공단 및 영산강하굿둑 일대에 공업화가 진행되고 있지만, 항만 근처의 구도심은 여전히 낙후된 지역으로 남아 있었다.

국가 발전의 거점이 수도권과 남동 임해권으로 나뉘고 두 권역을 연결하는 경부 축이 발달함에 따라 서해안의 항구도시는 점차 쇠락하였으며, 구도심의 부두 근처에 있던 항만 시설은 노후화된 도심을 상징하는 애물단지로 전락하였다. 일제강점기와 1960~1970년대 경제개발 시기 이전까지 번영을 누렸던 항만 근처의 구도심은 점차 활기를 잃어갔고, 용도조차 사라진 낡은 건물은 철거의 운명만 기다리고 있었다. 더구나 구도심의 건물들은 일제의 잔재라는 오명까지 뒤집어쓰고 있었다.

공간 정비를 통한 항구도시의 변신

그러나 이런 건물들과 풍경이 대접받는 세상이 찾아왔다. 세계화와 함께 동시에 진행된 지역화·지방화의 물결은 지역의 역사와 문화를 중시하고, 이를 경쟁력으로 부각하는 분위기를 낳았다. 노후화된 옛 항만 시설은 지역성을 담보하는 훌륭한 근대 문화유산으로 인식되기 시작했으며, 다른 용도로 활용할 수 있는 시설이 되기도 하였다.

최근에 특히 주목받고 있는 개념은 워터프런트water front이다. 워터프런트는 단지 수변 공간만을 의미하지 않으며, 노후화·슬럼화된 도시의 임해부 또는 항만부를 새롭게 재개발함으로써 지역의 환경 정비와 활성화를 시도하고, 나아가 도시를 재구조화하는 개념이다. 워터프런트의 개발은 지역의 지명도를 높일 뿐 아니라 분주한 일상에 지친 타 지역 도시민을 불러 모을 수 있다. 이는 서비스의 창출, 경제의 활성화, 인구의 정주성定住性 확대, 더 나아가서는 지방자치단체의 세수 및 투자의 증가로 이어진다.

워터프런트의 개발은 세계적인 추세이며, 특히 산업화 시대에 조성해 놓은 항만부의 낙후를 경험한 선진국일수록 더욱 적극적이다. 선진국 도시들의 과거 항만부가 낙후한 원인은 화물 수송의 변화와 산업의 재구조화때문이다. 즉 소화물은 자동차 등의 육상 교통으로 수송되고, 대형 화물은 컨테이너 선박으로 수송이 이루어지면서 신항만이 외곽에 새로 조성되었고, 이에 따라 구항만 지역은 점차 쇠퇴했다. 또한 제조업 중심의 산업구조가 서비스업 중심으로 바뀜에 따라 공장을 끼고 발달했던 항만들은 점차 낙후 지역으로 남을 수밖에 없게 되었다.

그러나 워터프런트가 과거 노후화된 시설의 슬기로운 재활용과 결합될 때 훌륭한 도시 문화 공간으로 새롭게 탄생할 수 있음을 최근 서해안의 옛

인천 개항박물관 | 일제가 경제 수탈의 목적으로 1899년에 준공한 일본제1은행 인천 지점 건물은 2010년에 개항박물관으로 리모델링되었다. 건물의 일체 건축자재를 일본에서 들여와 후기 르네상스 건축양식을 본떠 지었다. 인천 개항 이후의 대표적 근대 문물을 전시하고 있다.

항만 지역들이 보여주기 시작했다.

인천은 옛 중국인 거주지를 차이나타운으로 육성하여 대표적인 관광지로 활성화했다. 옛 일본인 거주지에는 일본식 건물을 일부 복원하였으며, 옛 일본계 은행 건물은 박물관이나 전시관으로 리모델링하였다. 그리고 개항장 일대의 근대 건축물들을 연결하는 '근대역사문화의 거리 탐방' 코스를 만들었다. 인천항 부두 근처의 옛 창고 건물을 문화 예술 공간으로 탈바꿈시킨 인천 아트플랫폼도 눈여겨볼 만하다. 해군 부대가 있던 월미도를 돌려받아 도시자연공원으로 꾸미고 인천항을 내려다보는 전망대(☞ 243쪽 참조)를 만든 것도 워터프런트 사업의 일환이다. 차이나타운 뒤의 자유공원을 애초의 개항기처럼 각국各國공원으로 복원할 계획도 세우고 있다 한다.

군산도 기지개를 켜기 시작했다. 다른 지역에 비해 많이 남아 있는 일본식 가옥을 문화재로 지정하거나 시에서 매입하여 다양한 용도로 활용할 예

군산 | ①은 군산 개항장에 있던 옛 군산 세관으로서 현재는 호남관세전시관으로 사용되고 있다. ②는 고려 말 최무선 장군이 함포를 만들어 왜선을 물리쳤던 진포대첩을 기념하기 위하여 2008년에 개관한 진포해양테마공원이다. 이곳에서 군산 내항의 모습을 볼 수 있으며, ③의 뜬다리 부두(부잔교)도 살펴볼 수 있다. 군산 내항 뜬다리 부두는 조수 간만의 차가 심하여 썰물 때면 갯벌이 드러나 배의 접안이 어려운 서해안의 자연환경을 극복하고자 1933년에 건조한 인공 구조물이다. ④는 경암동 철길마을이다. 경암동 철길은 일제강점기인 1944년에 신문 용지 재료를 실어 나르기 위해 개설되었으며 1970년대 이후 '페이퍼 코리아선'으로 불렸으나, 지금은 운영하지 않는다. 철길 근처에 건축물들이 나란히 서 있는 이채로운 풍경을 보고자 외지 사람들이 많이 찾는다.

목포항구축제 포스터 | 2006년부터 매년 여름에 열리는 축제이다. 항구도시 목포의 역사를 알리고 해양 문화를 보존하기 위해 개최한다.

정이다. 군산도 근대문화역사의 거리를 조성하였으며, 옛 군산항 일대의 근대 건축물을 전시관으로 이용하고 있다. 또한 부두 일대는 해양테마공원으로 꾸며 놓았으며, 뜬다리 부두나 그 근처의 옛 철길도 활용 방안을 모색 중이다.

목포 역시 비슷한 움직임을 보인다. 과거 일본인 소유였던 적산 가옥 중 일부는 철거하지 않고 잘 수리하여 카페로 변신시킨 경우도 있다. 인천과 군산에 비하면 움직임이 다소 느린 편이지만 최근 목포 골목길 답사, 근대역사거리 답사 등의 코스를 개발했다. 매년 7월 말부터 8월 초에는 목포항구축제를 개최하여 옛 항만 지역을 테마 관광지로 꾸밀 계획을 갖고 있다.

개발에서 소외되어 낙후한 서해안의 옛 항만 지역들은 아이러니하게도 그 덕분에 지역에 남아 있는 근대 역사를 보존하게 되었다. 무차별적인 개발은 오히려 지역의 근대유산과 소중한 지역성을 지워버렸을지도 모른다. 다양성과 개성을 존중받는 탈산업사회에서 이는 지역의 소중한 자산으로 작용하고 있다. 장점이 단점이 되기도 하고 단점이 다시 장점으로 승화되는 세상사의 이치는 지역에서도 예외가 아님을 서해안의 옛 항만 지역들은 보여주고 있다.

05 냉전의 흔적을 지워내고 있는 옛 군부대 지역

지형지세를 이용한 국방

최첨단의 고급 무기가 등장하고 핵무기의 공포가 지배하는 오늘날의 전쟁에서도 지형은 변함없이 중요한 작전 요소이다. 전쟁에서 여전히 중요한 역할을 하는 것은 바로 군인인데, 결국 적진에 쳐들어가서 상대를 굴복시키는 것도 군인이고, 적의 동향을 관측하는 장소를 지키는 것도 군인이기 때문이다. 궁극적으로 전쟁을 수행하는 주체가 사람인 이상, 지형적 요소는 필수적으로 고려해야 할 사항이다.

산이 많은 우리나라는 예부터 지형적 특성이 국가 방어에서 중요한 기능을 해왔다. 고구려는 대륙 세력의 침략을 격퇴하기 위해 종종 평지를 비우고 산성으로 올라가 항전하면서 적의 보급로를 끊는 이른바 '청야 전술淸野戰術'을 사용하였다. 지형적 특성을 충분히 활용한 이러한 전술로 고구려는 중국의 수십만 대군을 막아낼 수 있었다.

이후 고려, 조선시대에도 우리의 방어 전술은 고구려의 그것과 크게 다르지 않았다. 우리나라에 고대·중세의 옛 도로가 발달하지 못했던 이유 중 하나가 잦은 외침 때문이었다는 말이 있듯이, 외적의 침입에 맞서 우리는 늘 산성에 들어가 저항했고 지형지세를 활용한 유격전을 통해 국토를 지킬 수 있었다. 강대국들로 둘러싸인 관계적 위치에서 고려와 조선이 각각 500여 년의 왕조를 유지할 수 있었던 원동력 가운데 하나도 바로 이러한 점일 것이다.

일제강점기를 끝내고 독립국가를 이루었으나 곧 남북의 분단과 한국전쟁을 겪었다. 휴전협정 뒤에는 외적이 아닌 같은 민족인 북한의 남침을 막아야 하는 상황에 부닥쳤다. 제2차 세계대전이 끝나고 세계를 지배했던 국제적인 냉전 질서 체제는 한반도에서 가장 첨예하게 대립하고 있었다. 우리 역사에서 국토 방어의 거점이 되었던 옛 산성들은 전망이 좋아서 적을 관측하기에 용이한 곳이었다. 이러한 장점은 그대로 이어져서 대부분의 산성에는 군부대들이 들어섰다.

냉전이 양산한 금지 구역

냉전 질서와 남북 대치 상황은 국토의 곳곳에 군부대들이 자리를 잡게 하였다. 높은 담장이 쌓이고 철조망이 둘러쳐졌다. '접근 금지', '민간인 출입 금지', '사진 촬영 엄금' 등 공포감을 주는 문구가 적힌 표지판이 철책에 내걸렸다. 북한의 특수부대나 간첩이 내려와 문제가 된 곳은 여지없이 통제 구역으로 설정되었다. 바로 그 얼마 전까지만 해도 자유롭게 드나들던 곳이었음에도 불구하고 하루아침에 출입 제한 구역이 되었던 것이다.

옛 산성 지역은 물론 휴전선 부근인 경기와 강원 북부 지역에도 많은 군부대가 들어섰다. 북한의 도발이 우려되는 곳은 휴전선 부근만이 아니었다. 반도국이다 보니 해안을 통한 침투도 우려되었고, 이런 이유로 결국 곳

사진 제공 : 연합포토

용산 미군 기지 | 서울 용산구에 304만 6,000m^2의 면적을 차지하고 있는 주한 미군 기지이다. 2003년 5월 한미정상회담에서 한미연합사령부와 유엔군사령부를 포함한 미군 기지를 2016년까지 모두 평택과 오산으로 이전하기로 합의하였다. 용산 미군 기지가 평택으로 이전한 뒤 그 부지는 2023년까지 공원으로 재단장될 예정이다. 이렇게 되면 용산 일대는 국제 업무 단지와 함께 서울의 새 중심지로 떠오를 전망이다.

곳의 해안선에 철책이 둘러쳐졌다. 큰 강이 흘러드는 서해안의 하천 하구, 특히 한강 하구와 서해안의 많은 섬들에도 철책이 세워졌다.

한국군이 주둔하는 군부대 면적도 넓었지만 주한 미군이 점유한 부지도 엄청난 규모를 차지했다. 수도 서울의 한복판인 용산은 일제강점기 때 일본군이 주둔했던 곳이었으나 한국전쟁 뒤에는 대규모의 주한 미군 주둔지로 바뀌었다. 서울뿐 아니라 전국 곳곳에 미군 기지가 들어서면서 한국 사람이 들어가지 못하거나 살 수 없는 땅의 면적이 크게 늘어났다. 특히 주한 미군의 전략적 배치에 따라 한강 이북 지역의 미군 기지 면적이 큰 비중을 차지하였다.

제2차 세계대전 뒤 형성된 냉전 질서는 1970년대까지 굳건히 이어졌다. 1980년대 들어 구소련의 개혁·개방 정책이 실현되고 중국의 개방경제 정책이 확대되면서 냉전 질서의 붕괴 조짐이 나타나기 시작했다. 그럼에도 한반도는 여전히 냉전의 기운이 감돌았다. 북쪽이야 그렇다 치더라도 남쪽 역시도 '남북 긴장 상황'이라는 이유로 민주화가 제대로 이루어지지 못하는 상태였다. 반공 이데올로기는 변함없이 맹위를 떨쳤고, 북한의 남침 위협은 국민의 뇌리에 강하게 인식되고 있었다. 국가 안보를 최우선시하는 이런 상황에서 전국 곳곳을 점유하고 있는 군부대의 존재는 필수적이고 불가피한 것이며 이에 대해 이의나 문제 제기를 할 수 없는 분위기가 사회 전체를 지배했다. 군부대의 존재와 군부대가 버티고 있는 장소에 대한 문제 제기는 국가 안보를 위협하는 불순한 생각이고, 국가 안보를 위해서 장소적 불편함쯤은 분단국가의 국민이 감수해야 하는 사항이었다.

탈냉전, 국토를 좀 더 자유롭게 하다

1990년대 들어 노태우 정부는 남북기본합의서를 채택하고 소련 등 사회주의국가들과 수교하면서 상당히 전향적인 대북 및 외교 정책을 추진했다. 서서히 북한에 대한 인식이 달라지기 시작했는데, 체제 경쟁에서 남쪽이 완전히 승리했다는 자신감이 생겨나면서 북한을 '침략할 가능성이 높은 적'이 아닌 '도와주면서 함께 가야 할 우리 민족'으로 바라보는 시선이 강해졌다. 이러한 변화는 마침내 1990년대 말과 2000년대 들어 김대중 정부와 노무현 정부의 남북정상회담과 각종 경제협력 사업으로 이어졌다. 세계적으로 마지막 남은 냉전 지역인 한반도에서도 냉전의 분위기가 점차 퇴색되어가는 분위기였다.

세계적인 탈냉전의 분위기 속에서 북한과의 평화 분위기가 서서히 정착되고 전쟁의 위협도 과거에 비해 현저히 감소했다. 전쟁의 개념도 과거와 같은 지상군 중심이 아닌 첨단 전쟁의 시스템으로 바뀌었고, 양보다는 질을 중시하는 국방 예산의 효율적 활용이 중요해졌다. 다른 한편으로 도시화가 진행되면서 많은 인구를 수용해야 하는 부지뿐 아니라 여가·복지·교육·행정 등 여러 분야의 필수적인 시설이 들어설 땅이 부족했다. 기본권에 대한 국민의 높아진 관심과 욕구는 신성불가침이었던 안보에 대해서도 종전과 다른 목소리를 내게 하였다.

이에 따라 과거 냉전 시대에 조성했던 많은 군부대들의 유지 목적이 변화하고 존재의 필요성이 약해지면서 위치 이전, 부대 규모의 축소, 경우에 따라서는 부대의 폐쇄가 단행되기 시작했다. 그뿐만 아니라 미국의 전략적 이해관계와 동북아시아에 대한 전략 변화에 따라 2003년 부시 대통령이 해외 주둔 미군 재배치(GPR : Global Defense Posture Review)를 공식적으로 발표하면서 한반도에서도 한강 이북의 주한 미군을 한강 이남으로 이동시키게 되었다. 경기도 평택시 팽성읍 대추리에 대규모 미군 기지를 조성하는 대신, 한강 이북에 주둔했던 많은 미군 기지들이 정부와 지방자치단체에 반환되었다.

군부대의 이전으로 해당 지역에 반환된 부지는 여러 가지 용도로 요긴하게 쓰이거나 변신을 준비 중이다. 서울 용산의 미군 기지는 평택 대추리로 이전이 확정되면서 정부는 이곳에 대규모의 민족공원을 조성할 예정이다. 정부는 미국 뉴욕의 센트럴파크를 능가하는 세계적인 도심 공원을 꾸미겠다는 청사진을 밝힌 바 있다.

1968년 북한 특수부대가 침투(1·21사태)했던 곳으로, 오랜 세월 동안 민

북악산의 철책 | 북악산은 1968년의 1·21사태 이후 민간인 출입금지구역이었으나 2007년 노무현 정부가 전면 개방한 뒤 한양도성길로 많은 사람의 사랑을 받고 있다. 사진에서 보이듯 북악산에는 아직 철책이 그대로 남아 있다. 숙정문 아래에는 노무현 대통령 때 북악산의 전면 개방을 기념하는 조림비가 서 있다(오른쪽).

간인의 출입이 통제되었던 서울의 인왕산과 북악산도 개방되었다. 인왕산은 1993년 김영삼 정부의 출범과 함께 개방되었고, 북악산은 노무현 정부 때인 2007년에 전면 개방되었다. 두 산에는 청와대 경비 차원에서 아직 군부대가 있기는 하지만 시민의 자유로운 출입은 허용하고 있다. 세계문화유산으로 등재를 준비 중인 서울 성곽이 이들 두 산에 걸쳐 있기에 역사 탐방 코스로서 큰 인기를 끌고 있다.

인천의 월미도에 있는 월미산은 한국전쟁 때 인천상륙작전의 시초가 되었던 곳으로, 그 뒤 50여 년간 해군 제2사령부가 주둔해 있었다. 그러나 해군 제2사령부가 평택으로 이전함에 따라 인천 시민의 품으로 반환되었다.

인천 팔미도와 월미도 | 1903년에 세워진, 우리나라 최초의 등대가 있는 인천 앞바다의 팔미도는 군사보호구역이었으나 106년 만인 2009년에 개방되었다(왼쪽). 인천의 월미도는 해군 제2사령부가 이전하면서 도시자연공원으로 조성되었고, 인천항 일대를 조망하는 전망대도 세워져서 인천의 새로운 명소로 떠오르고 있다(오른쪽).

강화도의 월곶돈대 | 강화도의 월곶돈대와 연미정은 돈대 안의 초소를 이전하고 2008년부터 민간인들에게 개방하였다. 연미정에 올라서면 김포는 물론이고 강 너머 북한의 개풍군 일대도 잘 보인다. 강화도 북쪽 해안에는 북녘 땅이 아주 잘 보이는 곳에 평화전망대도 세워졌다. 이들 장소는 모두 과거에는 민간인들이 들어가 볼 수 없는 지역이었다.

화성 매향리 | 매향리에 있던 미군의 쿠니 사격장은 시민단체와 주민들의 끈질긴 폐쇄운동으로 폐지된 뒤 현재는 평화마을 가꾸기가 한창 진행 중이다. 매향리에서는 평화예술제가 매년 열린다. 역사기념관이 들어설 자리에는 포탄을 이용한 설치미술을 볼 수 있다.

오랫동안 군부대가 입지해 있었던 까닭에 울창한 수목이 잘 보전된 이곳은 월미도 도시자연공원으로 꾸며져 호젓한 산책 코스와 인천항 일대를 굽어보는 명소로 탈바꿈했다. 인천의 아암도 일대도 철조망을 제거하고 해안공원을 만들었다. 우리나라 최초의 등대가 있는 인천 앞바다의 팔미도도 그동안 군사보호구역으로 가까이 갈 수 없었지만 2009년부터 개방하여 출입이 가능해졌다. 인천의 시민단체들은 인천 해안선의 상당 부분에 걸쳐 설치되어 있는 철조망을 제거하고 친수親水 공간을 조성하려는 '바다 되찾기 운동'을 꾸준히 전개하고 있다. 행정구역상으로 인천에 속해 있으면서 북한과 가까운 강화도도 점차 철책선을 제거하고 민간인의 출입을 허용하고 있는 중이다.

경기도 화성시 우정읍 매향리는 한때 언론을 뜨겁게 장식했던 곳이다.

양구 펀치볼(punch bowl) | 이곳은 전형적인 침식분지로, 한국전쟁 당시 치열한 격전이 벌어졌던 곳이다. 펀치볼은 마치 화채 그릇과 비슷하게 생긴 지형이라고 미군들이 붙인 이름이다. 2000년대 들어 냉전의 분위기가 점차 사라지면서 이곳은 깨끗한 자연환경과 큰 일교차, 겨울이 이르게 찾아오는 환경을 활용하여 시래기를 활발히 생산한다. 겨울철에 가면 시래기를 저온 건조시키는 덕장이나 비닐하우스를 많이 볼 수 있는데, 12월에 'DMZ펀치볼시래기축제'도 개최한다.

미 공군 폭격장인 쿠니 사격장에서 발생하는 비행과 폭격 소음이 수십 년간 지역 주민들에게 피해를 입혔는데, 주민들이 끈질기게 폭격장폐쇄운동을 벌인 결과 마침내 폐쇄되었다. 1951년부터 2005년까지 장장 반세기 동안 계속된 폭격음이 비로소 사라진 이 일대는 현재 평화마을이 조성되고 평화박물관이 건립 중에 있다.

앞으로 미군 기지의 상당수가 정부와 지역 주민에게 반환될 예정이다. 경기도의 경우 파주시가 가장 많은 2,563만 평을 반환받았고, 그 다음으로 동두천시가 1,229만 평, 의정부시가 178만 평을 반환받는다. 그 밖에 포천시가 32만 평, 평택시가 11만 평, 하남시가 7만 평의 부지를 확보할 예정이다. 이에 따라 각 지방자치단체는 각종 개발 계획을 수립하고 있다. 현재

철원 노동당사 | 한국전쟁의 처참함을 그대로 보여주는 근대 문화재이다. 양구 펀치볼과 철원 노동당사 모두 과거에는 민간인통제구역 안에 있었으나 민간인 통제선이 북쪽으로 상향 조정되어 출입통제구역이 축소됨에 따라 지금은 자유로운 관람이 가능하다.

논의되고 있는 개발 방향은 공원, 체육 및 건강 시설, 택지, 영어마을과 같은 교육 문화 시설, 상업 업무 시설 등이다. 따라서 매향리의 사례는 이후 반환 미군 기지의 활용에 중요한 선례가 될 것이다.

전쟁의 위협이 감소하면서 휴전선 남쪽의 민간인 통제선이 북쪽으로 당겨졌다. 그에 따라 그동안 민간인 통제선 안에 있기 때문에 볼 수 없었던 독특한 지형, 문화재나 유적, 한국전쟁 관련 장소들을 서로 연계한 안보 관광 코스가 생겨났다. 강원도 양구군은 두타연이나 펀치볼 등 빼어난 자연경관을 관광자원으로 확보했으며, 강원도 철원군은 땅굴과 옛 노동당사 등 안보 유적지를 관광 코스 목록에 넣고 있다. 부산광역시 서면 일대의 드넓은 면적을 차지하고 있던 미군 부대도 2006년에 폐쇄되었으며 이후 리모델링 공사를 거쳐 부산시민공원이라는 이름으로 2011년에 부산 시민들에게 반환되었다.

캐나다의 경우, 브리티시 콜롬비아 주가 영국의 식민지에서 캐나다로 편입된 지 15년 뒤인 1886년에 밴쿠버 시 의회에서 시 외곽의 영국 해군 기지 120만 평을 시립공원으로 지정하였다. 그 시기만 하더라도 환경보호의 개념이 생소했고 인구도 2,600여 명에 불과했으나 시 의회는 과감하게 해군 기지 부지를 공원으로 조성하였다. 이는 밴쿠버가 세계에서 손꼽히는 자연환경과 거주 환경, 아름다움을 갖춘 경쟁력 있는 생태 도시로 발전하는 데 토대로 작용하였다. 싱가포르도 과거 영국군이 주둔했던 군사기지를 공원으로 만들면서 다양한 워터프런트 공간을 창출해 나가고 있다. 군사기지가 자리했던 곳에 생태공원을 만든 사례는 이미 세계 곳곳에서 찾아볼 수 있다.

앞으로 한반도와 동북아시아의 평화가 정착된다면, 정부와 지자체에 반환되는 군부대 부지는 더욱 늘어날 것이다. 안보의 목적으로 들어선 군부대가 차지하고 있던 부지는 사실 도시의 정상적인 발전을 가로막고 주민들에게 온갖 불편을 주었다. 안보 환경이 변화된 만큼 많은 군부대 부지와 민간인통제구역이 냉전의 흔적을 벗고 좀 더 환경 친화적이며 주민들에게 다가갈 수 있는 장소로 재탄생하기를 기대해본다.

06 상처를 씻고 재활용되는 식민지와 독재 시기의 건물

식민지와 독재, 그 아픈 기억

2013년 기준 한국은 1인당 국민소득이 25,920달러로서 선진국의 반열에 올랐고, 우리의 제품이 전 세계에서 팔리는 것은 물론이요, 드라마나 영화, 대중가요까지 한류 붐을 타고 세계 구석구석에까지 퍼지고 있다. 자라나는 청소년이나 어린이들은 이런 현상이 당연하다고 느낄지 모르지만 적어도 30대 중반 이상의 성인에게는 감개무량하다. 기성세대가 어릴 적에는 이런 날이 오리라고 생각하지 못했기 때문이다. 20세기 후반까지도 한국은 식민지 및 독재의 상처와 그림자가 강하게 남아 있었다.

700여 년간 영국의 지배를 받았던 아일랜드, 200년 가까이 영국의 지배를 받았던 인도, 60여 년간 프랑스의 지배를 받았던 베트남에 비하면 짧다고 할 수도 있겠지만 우리나라도 35년 동안 일본의 식민지였다. 원료의 값싼 공급지이자 상품의 독점 판매지라는 식민지의 기능 때문에 이 땅에는 일제가 원활하게 식민 통치를 수행하려는 목적으로 세운 여러 기관들이 있었다. 조선을 지배하기 위한 최고 통치 기구인 총독부나 치안 기구인 헌병대뿐 아니라 경제적 이익 확보와 효과적 수탈을 위한 회사나 은행도 많이 생겨났다. 본토의 일본 농민에게 한반도로 농업 이민을 장려하고 한반도 토지를 매수하면서 간척 사업을 추진했던 동양척식주식회사, 조선에서 식민지 경영과 투자를 위한 자금을 공급하는 조선식산은행이 바로 그러한 기능을 수행한 기관이었다. 또한 이러한 식민지 지배에 저항하며 조선의 독립을 위해 싸운 사람들을 잡아 가두고 고문하는 기관도 세워졌음은 두말할 나위조차 없다.

해방을 맞고 일본인들은 물러갔지만 식민지 유산과 잔재는 이 땅 곳곳에 남았다. 일본식 시스템이 사회 곳곳에 강건히 뿌리를 내린 상태였으며, 관공서 문서는 말할 것도 없고 일상생활에서 일본어는 한글과 뒤엉켜 사용되었다. 한국의 자본주의와 근대화, 산업화는 일본 모델을 이식하여 진행되었다. 가난하고 혼란스러운 개발도상국의 처지에서 식민지 시대의 건물과 기관은 별 거리낌 없이 이런저런 용도로 사용되었다. 그 건물의 역사적 의미에 대해서는 따질 겨를도 여유도 없었다.

아시아나 아프리카, 라틴아메리카의 신생 독립국가 대부분이 그렇듯, 우리나라도 군사독재를 경험했다. 오랜 식민지 지배를 벗어나 독립한 나라들에서 비교적 행정 및 실무 경험을 갖추고 효율적인 시스템을 갖춘 엘리트 집단은 군부였다. 더구나 우리나라처럼 냉전의 전초기지에서 군부는 반공이념을 사회 전체적으로 구현하고 강력한 통치를 하기에 용이한 세력이었다. 민주주의의 경험이 부족한 혼란스러운 상황에서 군부는 쿠데타를 일으켜 정권을 잡았다.

군인 출신의 정치인이나 행정가가 주도한 경제개발계획과 산업화 정책은 어느 정도 성과를 거두었다. 그러나 경제나 사회가 성숙하면서 필연적으로 나타나는 민주주의에 대한 사회 각계각층의 요구와 열망에 대해 군부는 국가의 효율적인 발전과 남북 대치 상황이라는 특수성을 명분으로 내세워

억압으로 일관하였다. 그에 따라 민주주의를 요구하고 정부에 비판적인 사람들을 잡아 가두거나 고문하고, 심지어 국민의 동태를 감시하는 여러 기관들이 생겨났다.

이러한 기관들은 하는 일의 성격상 국민이 많이 거주하는 대도시에서 멀리 떨어져 입지할 수 없으면서도 동시에 국민이 이러한 기관들의 존재나 입지를 쉽게 알아채서는 안 되는 딜레마에 빠졌다. 결국 대도시 곳곳에 입지하고 있으나 간판이나 안내판이 전혀 없는, 그러면서도 아무나 쉽게 접근할 수 없는 분위기를 뿜어냈다. 보통 사람들은 그곳이 어떤 곳인지, 무엇을 하는 곳인지 전혀 몰랐다. 그러나 그곳을 '다녀온' 사람에게는 다시는 가고 싶지 않은 공포의 장소로 기억에 남았다. 바로 경찰이나 정보기관, 군부 등과 관련된 기관이었다.

부끄러운 역사도 우리의 역사이다 : 식민 통치의 흔적

일제강점기 35년간은 어둡고 아픈 치욕의 역사이지만, 세월이 흐르고 우리의 국력이 성장하면서 이제는 조금 여유를 가지고 그 시기를 우리 역사의 한 부분으로 바라볼 수 있게 된 것 같다. 결코 넘을 수 없을 것 같던 일본이라는 나라에서 한국 영화와 음악이 유행하고, 어릴 적 너무나 갖고 싶었던 일제 전자 제품보다 국산 제품의 성능이 더 좋아지는 것을 보면서 자신감을 갖게 된 것이다.

일제의 식민 통치하에 경제 침탈의 선봉장 역할을 했던 동양척식주식회사 건물이 아직 부산과 목포에 남아 있다. 1929년에 지어진 부산의 동양척식주식회사 건물은 해방 이후 미국이 문화원으로 사용했는데, 1980년대 들

부산, 대구, 목포의 식민지 시기 건물 | 부산(①)과 목포(③)의 옛 동양척식주식회사 건물과 목포의 일본 영사관(④)은 현재 근대역사관으로 활용되고 있다. 이들 역사관에서는 개항과 함께 근대도시로 발전한 지역의 역사 자료들을 전시하고 있다. 옛 조선식산은행 대구 지점 건물(②)은 2011년부터 대구근대역사관으로 이용되고 있다.

어 반미 의식이 고조되면서 대학생들에 의한 방화 사건이 벌어졌던 장소이기도 하다. 부산의 시민단체를 중심으로 반환운동을 벌인 결과 미 문화원이 철수하고 건물은 1999년 대한민국 정부에 반환되었다. 그해 부산시가 인수하여 부산의 근현대 역사 변화상과 유물을 보관·전시하는 부산근대역사관으로 바뀌었다.

목포의 동양척식주식회사는 옛 일본 조계지인 중앙동에 자리 잡고 있는

서대문형무소역사관 | 일제강점기에는 많은 독립운동가들을, 군부독재 시대에는 민주화운동가들을 잡아 가두고 처형했던 옛 경성감옥이자 서울구치소는 서대문형무소역사관과 독립공원으로 바뀌었다.

데, 역시 최근 들어 목포근대역사관 2관(별관)으로 쓰고 있다. 여기서 700여 미터 떨어진, 유달산 자락으로 올라가는 곳에는 옛 일본 영사관 건물도 있다. 그동안 시립도서관, 목포문화원으로 사용되었다가 2014년에 목포근대역사관 1관(본관)으로 개관하였다.

대구 도심의 포정동에 자리한 대구근대역사관은 1932년에 조선식산은행 대구 지점으로 건립되었으며, 해방 이후에는 한국산업은행으로 이용되었다가 2011년 새롭게 박물관으로 단장하여 문을 열었다. 이곳에서는 대구의 근대 생활상을 살펴볼 수 있는 전시가 이루어지고 있다.

일제강점기에 수많은 독립운동가들을 체포하여 가두고 처형했던 서울 서대문의 경성감옥은 해방 이후에도 서울구치소로 이름만 바뀐 채 독재 정권과 군부 정권에 저항했던 민주화운동가들을 수감하던 곳이었다.(경성감옥은 다음과 같이 여러 차례 이름이 바뀌었다. 서대문형무소1923 → 서울형무소1945 → 서울교도소1961 → 서울구치소1967) 1987년 서울구치소가 경기도 의왕시로 이전하면서 이곳은 1998년부터 서대문형무소역사관과 독립공원으로 바뀌었다. 방문자들은 일제강점기 일본 헌병과 경찰의 만행을 간접 체험하고, 독재 정권 시절에 수감되어 고초를 당했던 인사들의 역경과 투쟁을 느껴볼 수 있다. 1928년에 서울시 서소문에 지어진 경성재판소는 일제 식민 당국의 사법부 역할을 하면서 많은 한국인들을 그들의 기준으로 재판하던 곳으로서 해방 후에도 대법원의 기능을 담당했으나, 1995년 대법원이 서초동으로 이전한 뒤 2002년부터 서울시립미술관으로 사용되고 있다. 이 건물은 등록문화재로 지정된 덕분에 외관과 파사드(건물 전면부)의 원형은 그대로 유지하고 내부는 미술관에 걸맞게 유리 내벽을 추가로 조성하여 리모델링할 수 있었다. 일제강점기에 지어진 경성부청 건물은 해방 후 줄곧 서울시청사로 사용해오다가 서울시청의 신청사가 건립된 뒤에 서울도서관으로 바뀌었다.

부끄러운 역사도 우리의 역사이다 : 독재의 상징적 건물

식민 통치를 경험했던 다른 나라에 비해 우리나라는 상대적으로 식민지의 역사가 짧았던 만큼 비록 지난한 과정을 거치긴 했지만 군사독재의 기간도 비교적 빨리 벗어난 편이었다. 한국은 불과 50년 만에 경제성장과 민주주의의 과제를 동시에 달성한 나라로 흔히 거론된다. 1961년과 1980년, 쿠데타로 인한 군부의 집권을 두 차례나 경험했으나 1987년 전 국민적 6월 항쟁으로 대통령 직선제를 쟁취했고, 1993년에는 문민정부가 탄생했으며, 1997년에는 평화적인 정권 교체를 이루어냈다. 어떤 독재자도 국민의 민주

사진 제공 : 시사IN포토

①

②

남산에 남아 있는, 독재를 상징했던 건물들 | ①의 서울유스호스텔은 중앙정보부 남산 본관으로서 1972년에 건립되었다. 1973년에 연행된 서울대학교 법대 최종길 교수가 이곳에서 고문을 받던 중 사망했다.
②의 서울종합방재센터는 '안기부 제6별관'으로 불리던 곳으로, 민주화운동 인사들은 이곳을 '안기부 지하 벙커'라고 불렀다. 지하에 취조실이 있었다.
③의 서울특별시청 남산 별관은 '안기부 제5별관'으로 불리며, 간첩 혐의 등을 수사하던 대공수사국이었다.
④의 서울특별시소방재난본부는 안기부의 서울시 지부 등 사무실로 사용되었으며, ⑤의 TBS교통방송은 감찰실 등 사무실로 사용되었다.
⑥의 서울특별시 도시안전본부는 '안기부 6국'으로서 국내 사찰을 담당했다.

옛 중앙정보부 강당 | 의릉 안에는 옛 중앙정보부 강당 건물이 남아 있다. 1972년에 이후락 중앙정보부장이 이곳에서 7·4남북공동선언을 발표했다.

화 요구 열기를 억누르지는 못했다.

민주화가 점차 진행됨에 따라 과거 국민을 억압하고 독재에 봉사하던 기관들도 그 역할이 바뀌거나 용도가 폐기되었다. 중앙정보부(1961~1981), 국가안전기획부(안기부, 1981~1999)로 이름이 바뀌면서 독재 정권의 유지에 기여했던 정보기관은 김대중 정부 시기에 국가정보원(국정원)이라는 명칭으로 다시 바뀌고 대외 정보 업무만 담당하도록 개편되었다. 방첩부대, 국군보안사령부(보안사) 등으로 불리며 민간인 사찰과 민주화운동 탄압의 오점을 남긴 국군기무사령부(기무사)는 민주화 이후 방첩 활동 및 군사 보안과 첩보 업무만 취급하게 하였다. 민주화운동가를 불법감금하고 고문을 자행했던 치안본부의 대공 업무 기관들도 국민에게 봉사하는 경찰 본연의 자세로 되돌아가고 있는 중이다. 하지만 이런 기관들의 제자리 찾기 과정은 그동안의 민주화 열기에 비하면 기대에 못 미치는 속도라 안타깝다.

종친부 | 원래 경복궁 옆에 있던 종친부는 신군부에 의해 뜯겨 나가서 정독도서관 쪽으로 옮겨졌으나 기무사가 과천으로 이전함에 따라 국립현대미술관 서울관의 뒤편에 원래대로 이전 및 복원되었다. 오른쪽에 보이는 건물이 종친부 경근당敬近堂으로, 왕실의 사무를 처리하던 전각이다.

남산에 있던 옛 국가안전기획부 건물과 지하 벙커는 서울유스호스텔과 서울시청 남산 별관, 그리고 119서울종합방재센터로 바뀌어 서울을 찾는 여행객과 시민의 안전을 위해 봉사하는 장소로 변신하였다. 안기부가 서초구 내곡동으로 이전함에 따라 남산은 본래의 모습을 되찾아가고 있다.

서울 성북구 석관동에 있는 의릉은 조선 20대 국왕인 경종과 그의 계비 선의왕후의 능이다. 1960년대 초 이곳에 중앙정보부 분실이 들어서면서 의릉은 무참히 파괴되었다. 능의 일부 능선은 깎여서 중앙정보부 건물과 축구장이 들어섰고, 홍살문 자리에는 국가원수가 낚시를 즐길 수 있도록 연못이 조성되었다. 오랫동안 일반인이 들어갈 수 없는 봉쇄 구역이었으나 중앙정보부의 후신인 안기부가 내곡동으로 이전하면서 1996년에 공개되었고, 그 뒤 지속적인 복원을 추진하여 본래의 모습을 되찾았다. 이제는 어엿한 세계문화유산이자 역사 문화 공간이 되었다.

국립현대미술관 서울관 | 서울시 종로구에 자리한 국립현대미술관 서울관은 옛 국군기무사령부의 부지에 세워졌다. 사진에 보이는 벽돌 건물은 미술관의 사무동으로, 일제강점기에 병원으로 세워졌으며 1971년부터 2008년까지 국군기무사령부가 사용했다.

경복궁 옆의 소격동, 곧 경복궁 건춘문 맞은편에는 원래 조선왕실의 종친부가 있었다. 종친부는 조선왕조 역대 제왕의 어보御寶와 어진御眞을 보관하고, 왕과 왕비의 의복을 관리하며, 종실제군宗室諸君의 관혼상제 등 사무를 맡아보던 관청이었다. 그러나 조선왕조가 멸망한 뒤 1932년 경성의학전문학교 외래 진찰소가 들어서면서 훼손되기 시작했고, 해방 후에는 서울대학교 의과대학 제2부속병원으로 바뀌었다. 한국전쟁을 거치면서 이 병원은 다시 국군통합병원으로 이용되다가 1971년에는 국군보안사령부가 들어섰다. 결국 종친부와 국군서울병원, 국군보안사령부(국군기무사령부의 전신)가 공존하는 웃지 못할 상황이 만들어진 것이다. 종친부 자리에 현대 국가기관이 들어선 것은 순전히 청와대와 가깝다는 점 때문이었다. 12·12군사반란과 5·17쿠데타로 정권을 잡은 신군부는 한술 더 떠서 종친부를 인근의 정독도서관(옛 경기고등학교 부지)으로 이전시켜버렸다(☞305쪽 참조). 독재 정권이

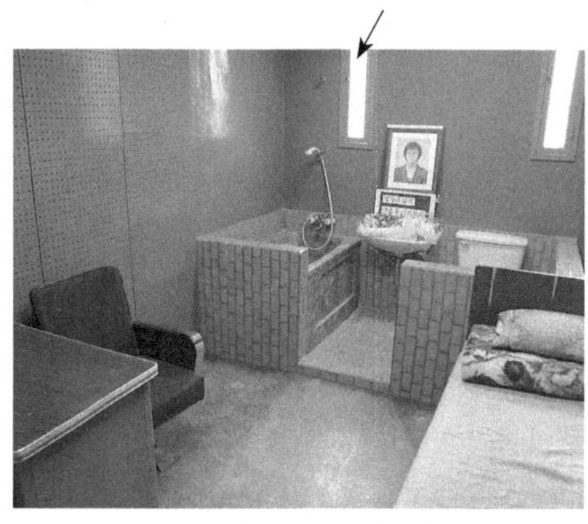

경찰청 인권센터 | 서울 남영동의 옛 치안본부 대공분실은 건축가 김수근이 설계한 건물로, 지나가던 사람들도 건물의 정확한 이름과 용도를 몰랐던 무서운 곳이었다. 민주화운동가들을 체포하여 취조, 고문하던 곳이라 그들의 투신을 방지하기 위해 창문이 작고 빛이 최소한으로 들어오도록 하였으며(5층 고문실의 창문은 폭이 15cm도 채 되지 않는 아주 작은 창이다. 두 사진에서 화살표로 표시한 곳), 안에는 나선형 계단을 통해 체포된 사람들이 끌려 올라가면서 공포감이 극대화되도록 지어졌다. 이 건물은 경찰청 인권센터로 개편되어 인권에 관한 경찰 업무와 홍보의 장소로 변하였다. 경찰은 과거사에 대한 반성의 의미로 박종철 고문 치사 사건이 일어난 509호 취조실을 보전, 공개하고 있다(아래).

국가의 역사와 문화재를 얼마나 왜곡하고 훼손했는지를 보여주는 대표적인 사례이다.

서슬 퍼렇던 군사독재가 끝나고 민주화가 이루어지면서 경복궁 일대는 문화의 거리로 변모하고 있다. 이명박 정부는 국군기무사령부를 과천으로 이전시키면서 그때까지 사용해온 건물과 부지를 국립현대미술관의 서울 분관으로 국민에게 돌려주겠다고 선언했고, 2013년 마침내 실현되었다. 정독도서관 구내로 강제 이전되었던 종친부 건물도 원래의 자리로 돌아왔다. 이 일대에 사설 미술관들이 들어서 있기에 경복궁 옆길은 미술관 거리로 변모하는 중이다.

서울시 용산구 남영동의 1호선 전철 남영역 근처에는 정체를 알기 어려운 특이한 형태의 건물이 하나 있다. 바로 옛 치안본부 대공분실이다. 독재에 항거한 민주화운동가들에게는 공포의 대상이었던 건물이다. 바로 여기서 그 유명한 박종철 고문 치사 사건도 발생했다. 박종철 고문 치사 사건은 이후 1987년의 6월 항쟁을 일으키는 기폭제 역할을 하였다. 경찰은 과거 독재 시대에 인권유린을 자행했던 관행을 반성하는 취지로 이 건물을 경찰청 인권센터로 개편해서 개방하였으며, 당시 박종철 고문 치사 사건이 일어난 취조실도 그대로 보전, 공개하고 있다.

아프고 부끄러운, 지우고 싶은 과거이지만 식민지와 독재의 시대도 우리 역사의 일부분이다. 식민지와 독재에 복무했던 건물들을 마음 같아서는 아예 철거해버리고 싶겠지만, 역사를 바로 알고 역사로부터 교훈을 얻기 위해서라도 보전해야 하지 않을까? 우리에게 더욱더 필요하고 유익한 기능을 담은 새로운 분위기로. 그래야 어두운 역사를 진정으로 극복할 수 있을 것이다.

07 걷기의 반란, 사라지는 고가도로와 육교, 그리고 횡단보도의 부활

근대화와 더불어 들어온 자동차

인간이 우수한 생물로 지금까지 지구에 살아남을 수 있었던 이유는 여러 가지를 꼽을 수 있다. 그중에서도 가장 큰 이유는 역시 직립보행直立步行, 즉 두 발로 서서 걸을 수 있게 된 것이 으뜸일 듯하다. 두 발로 서면서 인간의 뇌를 척추가 지탱하게 되었고, 이러한 자세는 인간의 두뇌 발달을 가져왔다. 또 두 발로 서면서 자유로워진 두 손은 물건을 잡는 것은 물론 여러 가지 도구와 물건을 만들고 사용하는 데 쓰이면서 두뇌의 용량 확대 및 발달을 이끌어내는 원동력이 되었다. 이렇게 발달한 두뇌를 가지고 두 발로 걸으면서 인체의 신진대사는 더욱 원활해지고 생각의 폭은 더욱 확대되기에 이르렀다. 일찍이 로마의 황제 아우구스투스도 "걸음이 문제를 해결한다"는 명언을 남겼다. 걷기는 신진대사와 두뇌 발달을 돕는 가장 완벽한 운동으로서 인간은 걷기를 통해 사물을 객관적으로 바라보고 여유 있게 생각하는 사고력과 지혜를 갖게 되었음을 꿰뚫어 본 말이다. 그래서 유명한 철학자들이 산책을 좋아했는지도 모른다.

자동차, 기차와 같은 근대적 교통수단이 등장하기 전까지 걷기는 인간의 가장 기본적이고 지배적인 이동 수단이었다. 물론 그 이전의 신분제 사회 때도 말이나 우마차 등 탈것이 있었지만, 어차피 그런 수단을 이용할 수 있는 계층은 극히 제한적이었다. 특히 우리나라의 경우에는 산악 지형이 많고 외적의 침입에도 신경 쓰다 보니 도로의 발달이 미약했다. 도로가 좁고 울퉁불퉁하기 때문에 우리는 유럽이나 신대륙처럼 마차를 적극적으로 활용하지 못했다. 몇 십리 길을 걸어서 장터에 가고 과거 시험을 보러 갔다는 이야기는 우리 조상의 보편적인 교통수단이 걷기였음을 방증하는 것이기도 하다.

이 땅에 근대적 교통수단이 들어서기 시작한 것은 근대 문물을 적극적으로 도입하려 노력했던 대한제국 시기였다. 1899년(광무 3년) 5월에 서울의 동대문에서 종로와 홍화문(경희궁 정문)을 거쳐 서대문까지 연결되는 전차가 최초로 개통되었고, 그해 12월 말에는 종로 – 남대문 – 용산 구간이 개통되었다. 철도는 1899년 9월 18일 노량진에서 인천 제물포를 연결하는 경인철도가 최초로 개통되었고, 한강철교가 놓인 1900년(광무 4년) 7월에는 노량진에서 한강을 건너 서울역까지 연장되기에 이르렀다. 이어서 1905년에는 서울 영등포와 부산 초량을 잇는 경부선이 개통되었다.

자동차 역시 대한제국 시기에 첫선을 보였다. 1903년 고종 황제의 즉위 40주년 기념식 때 미국에서 생산된 자동차를 처음 구입하였다. 1911년에 황실용 2대와 총독부용 1대, 총 3대가 있던 자동차는 극소수 부유층을 중심으로 퍼져 나가기 시작했다. 우리나라 최초의 버스는 1920년 경상북도 대구에서 운행되었으며, 1928년에는 서울의 최초 시내버스인 20인승 부영버스가 등장했다. 1933년에는 국내 최초의 자동차 판매사인 경성 자동차 판매회사가 설립되었다. 그 후 자동차 보유 대수가 점차 늘어나 해방 무렵 우리나라에는 7,386대의 자동차가 등록되었다.

자동차가 점령한 도시

한국전쟁 뒤 드럼통을 잘라서 차체를 만들고 여기에 미군 지프의 엔진을 얹은 재생 자동차 생산이 이루어지다가 산업화가 시작되는 1960년대부터 일본과 기술제휴를 통해 본격적으로 자동차를 생산하기 시작했다. 1962년 설립된 새나라자동차는 일본의 자동차 부품을 수입하여 조립 생산했으나 1965년에 신진자동차에 인수되었고, 신진자동차는 일본 도요타자동차와 기술제휴를 맺어 자동차를 생산하였다. 1960년대 후반에는 현대자동차가 미국 포드와 기술제휴를 하고 자동차를 생산하였다. 현대와 신진 외에도 기아산업과 아시아자동차가 1970년대부터 트럭을 만들기 시작했다.

1975년, 현대자동차의 '포니' 출시는 이제 한국도 자동차 생산국의 대열에 합류함과 동시에 '마이카' 시대가 꿈만은 아니라는 사실을 증명한 역사적인 사건이었다. 1980년대에 들어서면서 대우그룹은 새한자동차를 인수하여 대우자동차를 설립하고 본격적인 자동차 생산에 뛰어들었다. 1980년대 후반에는 쌍용자동차가, 1990년대 중반에는 삼성자동차가 생산되면서 한국은 세계 5위의 자동차 생산국으로 발돋움하기에 이르렀다.

포니 자동차 | 1974년 10월 이탈리아 토리노 모터쇼에서 국내산 자동차가 첫선을 보였다.

한국의 자동차는 수출로만 성장하지 않았다. 고도성장의 신화가 이어지면서 1977년에는 1인당 국민소득이 1,000달러를 돌파하였다. 대략 1인당 국민소득이 1,000달러를 넘어서면 '마이카 시대'가 열린다는 통념이 있었는데, 이를 증명이라도 하듯 1978년 한국의 자동차 대수는 전년의 두 배인 14만 대를 넘어섰고, 1979년의 오일쇼크가 잠잠해진 1980년대 초반부터는 자가운전과 마이카 붐이 만연하면서 자동차 생산과 보유 대수가 급격이 늘어났다.

1980년대에 고소득층과 일부 중산층에 보급되던 승용차는 1990년대에 들어서면서 더욱 폭넓게 확산되었다. 1990년에는 190만 대를 기록하여 10년 전의 10배 이상으로 증가하였다. 이처럼 자동차가 빠르게 증가하자 대도시에서는 주차 공간의 부족, 교통 혼잡과 체증, 대기오염, 교통사고 증가 등 여러 가지 부작용이 나타났다. 선진국에 비해 도시화와 자동차의 역사가 짧은 우리나라에서는 건전한 교통 문화가 빠른 시간 내에 정착하기 어려웠다. 산업화와 고도 경제성장의 분위기에서 신속함과 효율성이 우선시되는 가치관은 사람보다 자동차를 우대하는 도시 교통 문화를 양산했다.

자동차가 급증하면서 우리나라 대도시들은 대체로 자동차를 우선하는 정책을 거의 비슷하게 채택했다. 먼저 도시 곳곳에 흐르는 작은 개천을 복개하여 도로나 주차장으로 만들었다. 또 도로의 차선을 점유하면서도 승객의 수송 분담률은 점차 낮아지던 전차 노선을 폐지하고, 이를 노선버스가 대신하도록 하였다. 자동차 도로의 폭을 더욱 확장하였으며 새 도로를 닦기도 하였다.

자동차 교통을 위한 정책 가운데 도시 경관의 측면에서 두드러진 점은 고가도로(고가 차도)의 건설이었다. 고가도로는 지면에 있는 도로와 평면 교차를 피해 더 많은 차가 교차로의 신호에 구애받지 않고 운행할 수 있도록 지면보다 높게 지대를 가설한 뒤 그 위에 설치한 도로이다. 1968년 서울의 아현고가도로를 시작으로 자동차 통행량이 급증한 대도시의 주요 교차로에 고가도로들이 생겨났다. 고가도로 덕분에 많은 자동차들은 교차로의 혼잡 여부와 관계없이 반대편으로 수월히 넘어갈 수 있게 되었다. 1967~1976년에 건설된 청계고가도로는 청계천을 복개하여 도로를 만든 것도 모자라 그 위에 교각을 세우고 고가도로를 설치한 것으로, 개발과 고도성장 시대의 자동차 중심 도로 정책을 상징했다.

또한 도시 곳곳에는 육교와 지하도를 가설했다. 횡단보도가 있을 경우 보행 신호로 인해 자동차의 흐름이 번번이 끊기기 때문에, 이를 방지하려는 목적으로 자동차는 신호 없이 그대로 달릴 수 있게 하는 대신 시민들은 육교나 지하도를 건너서 반대편으로 가도록 한 것이다. 따라서 자동차가 많이 다니는 도심이나 주요 길목일수록 육교와 지하도가 많이 분포했고, 이런 상황이 당연하다는 듯 사람들은 계단을 오르내리며 건너다녔다. 오히려 육교나 지하도 덕분에 자동차에 치이는 사고가 없음을 다행으로 여기면서.

도시의 주인은 사람이다

하지만 영원히 유지될 것 같았던 자동차 중심의 도시 정책은 서서히 바뀌었다. 선진국의 문턱에 도달하자 사람들은 한층 여유를 가지고 도시를 바라보기 시작했다. 대도시의 교통 체계는 물론 교통 문화까지 지나치게 자동차 중심으로 이루어졌음을 깨닫고 사람 중심의 도시를 지향하기 시작한 것이다. 자동차 중심의 도시 정책에서 비롯된 여러 가지 폐단에 주목하면서 자동차의 통행 감소를 유도하였고, 동시에 시민들이 걷고 싶고 걷기 좋은

①

②

③

자동차 중심으로 이루어진 서울의 도시 계획 | ①은 청계천 복개 공사(1967. 10. 3), ②는 청계고가도로를 건설하는 모습(1969. 3. 7), ③은 아현고가도로가 개통되어 차들이 달리는 모습(1968. 9. 19), ④는 광화문 교차로에 지하도를 공사하는 현장(1966. 7. 4), ⑤는 남대문극장 인근의 육교 공사 현장(1966. 5. 26)이다.

④

⑤

이현고가도로 | 아현고가도로는 1968년 9월에 건설된 서울 최초의 고가도로이며, 완공 이후 도심부의 교통 지체를 완화하는 효과를 거두었다. 그러나 한편으로 주변을 어둡게 만들고 도시의 정상적인 발달을 저해하는 문제가 생겨났다(위). 노후화된 아현고가도로는 마침내 2014년 2월 9일부터 철거에 들어가서 3월에 철거를 완료했다. 철거 공사 시작 하루 전날인 2월 8일에 아현고가도로는 시민들에게 개방되었고, 걷기 행사가 열렸다(아래). 애물단지로 취급되어 철거되는 고가도로이지만 시민들에게는 아쉬움이 남는가보다.

철거된 청계고가도로의 흔적 | 청계고가도로는 한국의 고도성장과 도시 개발의 상징이었다. 서울 도심의 동서를 가로지르며 자동차를 실어 날랐던 청계고가도로는 청계천 복원 사업의 추진에 따라 철거되어, 이제는 남겨진 옛 일부 교각만이 한때 여기에 고가도로가 지나갔음을 증명한다. 사진은 청계천 비우당교(성동구 상왕십리동 위치) 부근에 남아 있는 청계고가도로의 교각이다.

도시를 만들려는 노력이 계속되었다. 때마침 일어난 걷기 열풍과 웰빙에 대한 열망은 자동차를 이용하는 대신 걷기를 통해 건강을 유지하려는 움직임으로 표현되었고, 도시들은 이러한 문화적 욕구에 부응해야 했다. 소득수준의 상승은 우리의 도시가 더욱 쾌적하고 인간적이며 삶의 질이 높은 곳이 되기를 바라도록 부추겼다.

고가도로는 언뜻 보면 편리한 시설이고 도심의 교통을 해소하는 데도 효율적인 것 같다. 그러나 고가도로의 주변을 어둡게 만들어 슬럼화를 유도할 뿐만 아니라 소음과 분진을 양산하는 폐단이 크다. 또한 건설 초기에는 원활한 자동차 흐름에 기여했지만, 시간이 지나 교통량이 늘어날수록 효과는 떨어지면서 오히려 더 많은 자동차 통행량을 유발하는 경우도 생겨났다.

TAXI

서울 세종로와 시청 앞 | 자동차가 가득하던 왕복 16차선의 세종로(268쪽 상단 사진 : 1977. 3. 14)에 광화문광장을 조성함으로써 시민들은 이순신 장군 동상 앞에까지 접근할 수 있게 되었다. 이전에는 세종대로 사거리와 서울시청 앞 광장에 횡단보도가 없었기 때문에 보행자들은 지하도로만 건너다녀야 했다(269쪽 상단 사진 : 1969. 7. 28 시청 앞 교차로의 모습). 그러나 횡단보도가 설치된 뒤 보행자들은 훨씬 편하게 건너다닐 수 있게 되었다.

철거된 고가도로와 육교의 부재 | 서울역사박물관 앞에는 서울시에서 철거한 고가도로와 육교의 부재를 전시하고 있다. 왼쪽에서부터 차례대로 아현고가, 홍제고가, 홍제육교, 서대문육교의 철거 부재이다.

매년 부담해야 하는 보수와 보강 등의 유지비도 문제였고, 지하철이나 버스 전용차로로 교통량이 분산되면서 고가도로 그 자체의 존재 가치도 의심을 받기 시작했다. 그에 더해 도시의 미관과 전망을 해치는 존재이기도 했다.

결국 서울의 많은 고가도로들이 2000년대에 들어서면서 철거되기 시작했다. 고도성장과 개발 신화의 상징인 청계고가도로는 청계천 복원 사업에 맞춰 철거되었다. 청계고가도로를 철거하고 복개되었던 청계천로를 뜯어낸 뒤 청계천에는 그 옛날처럼 물이 흐르고 있다. 청계천변은 시민들이 마음 놓고 걸어다닐 수 있는 장소로 새롭게 꾸며졌다. 또한 청계고가도로가 끝나는 지점이었던 광교 사거리에서부터 태평로에 이르는 구간 가운데 세종로 동아일보사 앞에는 청계광장이 조성되어 시민들의 보행 공간이 더욱 넓어졌다.

2015년 12월 현재, 서울에는 18개의 고가도로가 철거되었다. 서울시는

육교 | 학교, 특히 초등학교가 인접한 도로에는 어린이들의 안전을 위해 육교가 아직 남아 있는 곳도 있다. 서울 서초구 반포동의 반포초등학교와 세화고등학교 사이에는 서울의 일반적인 추세와는 달리 육교가 존재한다. 그러나 최근 반포초등학교도 육교 철거에 대해 학부모들의 의견을 물은 것으로 확인되어, 조만간 사진 속의 육교도 사라질지 모르겠다.

서울역고가도로에 대해 철거 대신 미국 뉴욕의 하이라인파크처럼 공원으로 꾸밀 예정이라고 밝혔다.(서울역고가도로는 2015년 12월 13일 0시를 기해 차량 통행이 금지되었다.) 고가도로를 철거한 곳에는 횡단보도를 설치하여 보행자가 편하게 건너다닐 수 있도록 만들었다. 예전에 고가도로로 가려졌던 시야는 시원하게 뚫렸다. 한편 도시의 특성상 부두가 넓고 컨테이너 트럭과 승용차를 분리하기 위해 고가 차도를 많이 설치한 부산의 경우는 자성대 교차로의 고가 차도처럼 교각에 색을 입혀 어두운 이미지를 다소나마 완화하려는 노력이 진행 중이다.

육교와 지하도 역시 고가도로와 마찬가지 운명을 겪고 있다. 육교와 지하도는 장애인이나 노약자에게는 공포의 대상이었다. 겨울철 눈이 내릴 때

철거 완료된 서울시의 고가 차도

번호	고가 차도 이름	내용	준공	철거
1	떡전	동대문구 전농 제2동 102번지 전농로의 일부를 이루는 도로시설물	1977. 2	2002
2	노량진수원지	동작구 본동 258-1번지 노량진로에 설치된 도로시설물	1969. 2	2003
3	원남	종로구 원남동 49-15번지 창경궁로에 설치된 도로시설물	1969. 4	2003. 6
4	미아	성북구 월곡동 211번지~월곡동로터리 간 도봉로에 설치된 도로시설물	1978. 11	2004. 3
5	서울역고가램프	서울역고가도로 중 삼각지 방향 진출 램프 (서울역고가도로 : 중구 남대문로 5가~만리동 사이를 잇는 도로시설물)	1975. 10	2004. 5
6	청계	성동구 마장동~남산1호터널 간을 잇는 도로시설물	1976. 8	2006. 7
7	신설	동대문구 신설동 81번지 난계로에 설치된 도로시설물	1967. 7	2007. 9
8	혜화	종로구 명륜동 2가~혜화동 90번지 창경궁로에 설치된 도로시설물	1971. 4	2008. 8
9	광희	중구 광희동2가 105번지 퇴계로의 일부를 이루는 도로시설물	1967. 10	2008. 11
10	회현	중구 회현동3가 11-88번지 퇴계로 상에 설치된 도로시설물	1977. 6	2009. 8
11	한강대교 북단	한강대교 북단을 직각으로 횡단하는 교량. 이촌 1동에서 용산 전자상가를 연결하는 북측 램프와 신용산역에서 이촌 1동을 연결하는 남측 램프로 구성	1968	2009. 9
12	노량진	동작구 본동 149-24번지 노량진로에 설치된 도로시설물. 상도터널과 함께 준공	1981. 12	2010. 7
13	문래	영등포구 문래동 34-58번지 경인로 상에 설치된 도로시설물	1979. 4	2010. 8
14	화양	광진구 화양동 151번지 동2로에 설치된 도로시설물	1979. 12	2011. 2

15	홍제	서대문구 홍은동 98번지~홍제동 301번지 간 통일로의 일부를 이루는 도로시설물	1974. 4	2012. 4
16	아현	중구 중림동 754번지~마포구 아현동 267번지 사이	1968. 9	2014. 3
17	약수	중구 신당동 374-112번지 동호로 상에 설치된 도로시설물	1984. 12	2014. 7
18	서대문	충정로와 의주로의 교차 지점에 설치된 도로시설물	1971. 4	2015. 9

* 자료 출처 : 〈매일경제〉 2013. 6. 17. '도시 흉물 '고가 차도의 철거'로 확 달라지는 도심 부동산' 기사에서 필자가 2015년 11월 현재 상황을 반영하여 16(아현고가도로)~18번(서대문고가도로) 내용을 추가했다.

면 육교 계단에서 사고도 빈번하게 발생했다. 어두운 지하도는 범죄의 현장으로 둔갑하기 쉬웠다. 고가도로와 마찬가지로 육교와 지하도도 꾸준한 보수 비용이 필요하였다. 이들 시설은 보행자의 편의를 방해하는 구조물로 인식되면서 결국 서서히 사라져가고 있다. 육교의 철거 또한 도시 미관을 훨씬 좋게 만들고 있다. 그리고 그 자리에 횡단보도가 놓이면서 사람들은 과거에 비해 훨씬 편하게 길을 건너고 있다.

2011년, 한국의 세대당 자동차 보유 대수는 0.91대를 기록했다. 거의 모든 세대가 한 대씩의 자동차를 보유한 셈이다. 2015년 6월 말 현재, 자동차의 누적 등록 대수는 2,054만 8,879대이며, 자동차 1대당 인구수는 2.50명이다. 자동차가 증가했지만 오히려 자동차보다 사람을 중시하는 횡단보도 중심의 도로 정책이 추진되고 있다는 사실은 역설적이다. 과거 고가도로가 있던 지역에 횡단보도가 놓이고 사람들이 그 횡단보도를 건너는 모습을 보노라면 우리가 자동차와 뒤엉켜 참으로 바쁘게 정신없이 살아왔다는 생각이 든다. 그리고 다시 한 번 깨닫는다. 역시 도시의 주인은 자동차가 아니라 사람이라고.

그곳이 사라지고, 그곳이 살아나고

4부. 도시

: 급속한 도시화의 이력서와 지나온 길

01 근대화의 상징에서 낭만의 아이콘까지, 철도의 역정

근대화의 첨병, 철도

산업혁명과 근대화의 상징으로 철도만 한 것을 찾기는 어려울 듯싶다. 산업화가 진행되면 공장에서 생산한 제품을 신속하게 대량으로 수송해야 하고 노동력도 과거보다 빠르게 이동해야 하는데, 이런 시대적 조건을 충족시켰던 교통수단은 바로 철도였다. 1825년 영국에서 처음 건설된 철도는 이후 산업화된 국가들을 거쳐 식민지에까지 전파되었다.

우리나라 최초의 철도는 1899년에 개통된 경인선이다. 서울의 노량진에서 인천의 제물포까지 연결한 총 연장 33.2km의 이 철도는 세계 최초인 영국 철도보다 74년 늦은 것이었다. 종전에 도보로 12시간 걸리던 거리가 철도를 이용하면서 1시간 30분으로 단축되었으니 가히 교통혁명이라고 해도 틀린 말은 아니었다. 경인선에 기관차가 지나갈 때면 많은 백성이 철로 변에 나와 구경을 했다고 할 정도였다.

이후 경부선(1905), 경의선(1906), 호남선(1914), 경원선(1914) 등이 놓이면서 한반도의 X자형 철도망이 완성되었다. 해방 전까지 장항선(1931), 경춘선(1939), 중앙선(1942) 등 주요 철도가 깔렸고, 1950년대부터는 태백선(1956),

경인선 | 경인선은 우리나라에서 처음 개통된 철도로, 열차는 미국 브룩스사 제품이었다(왼쪽). 일본제국주의의 대륙 진출 및 식민지 수탈의 목적으로 개통되었지만 한국의 교통수단에 획기적인 변화를 가져왔다. 현재 인천역 앞에는 '한국철도 탄생역'이라는 조형물이 세워져 있다(오른쪽).

영동선(1963), 정선선(1974) 등 석탄을 실어 나르기 위한 산업 철도도 부설되었다. 충북선(1958), 경전선(1968) 등 남북 방향의 철도를 횡으로 연결하는 철도도 속속 개통되면서 한국의 철도망은 1960년대 말까지 거의 완성되었다. 적어도 이때까지는 육상 교통에서 철도가 최고의 자리를 차지했다.

쇠퇴, 폐선되는 철도

그러나 자동차의 등장과 도로 교통의 발달은 철도의 쇠퇴를 예고하고 있었다. 문전 연결성이 뛰어나고 기동력이 좋은 자동차에게 철도는 최고 교통수단의 자리를 내줄 수밖에 없었다. 원래 국토의 면적 자체가 그리 넓지 않은 데다 그마저도 남북의 분단으로 좁아지자, 단거리 운행에 유리한 자동차가 중거리 운행에 유리한 철도를 앞서는 것은 당연했다. 철도는 안전성과 정시성은 뛰어나지만 선로가 없으면 운행할 수 없으므로 문전 연결성에서

수도권 전철 개통 | 1974년 8월 15일, 서울 지하철 1호선 청량리(지하)~서울역 앞, 경부선 서울역~수원역, 경인선 구로역~인천역, 경원선 청량리역(지하)~성북역(현 광운대역) 구간 38개 전철역 개통 및 전동차 운행을 개시하고, 경인선 일반 열차는 운행을 중단하였다. 빠르게 출퇴근할 수 있는 전철이 개통됨에 따라 기존의 일반 철도는 더욱 경쟁력을 잃어갔다.

치명적인 약점을 가지고 있었다. 자동차 산업 중심의 산업화 전략, 도로 시설에 비해 노후화된 철로의 상황도 이런 분위기를 부추겼다.

1971년 철도의 여객 영업이 최고에 도달한 뒤 급속히 쇠퇴하면서 1972년에 수려선(수원~여주), 1980년에 진삼선(진주~삼천포), 1989년에 안성선(천안~안성), 1995년에는 수인선(수원~인천)이 차례로 폐선되었다. 이와 동시에 다른 한편으로는 기존 철도의 복선화 및 전철화 사업이 꾸준히 진행되었다. 대표적으로 수도권의 경춘선과 중앙선의 일부 구간은 전철화되면서 서울의 생활권으로 편입되었고 선로 직선화 및 개량 사업에 따라 일부 철로는 폐선되었다. 결론적으로 승객이 많고 경쟁력이 있는 노선은 더욱 빠르고 효율적인 운송이 가능하도록 개량한 반면, 승객이 줄고 경쟁력이 떨어지는 노선은 철로 자체를 아예 없어버린 것이다.

도시 지역에서도 폐선되는 철로가 생겨났다. 과거에는 도시 변두리에

반야월역 | 1918년 개통된 대구선 철도는 대구에서 영천까지 운행했는데, 이후 포항과도 연결되었다. 포항으로부터 화물량도 많고, 경산이나 영천에서 대구로 통근하는 사람이 늘어나면서 기존 철로를 전철화 및 직선화하였다. 이 과정에서 대구선의 간이역이었던 옛 반야월역 건물은 철거될 뻔 했으나 문화재적 가치를 인정받아 인근 지역으로 옮겨졌고, 현재 대구선공원에서 작은도서관으로 활용되고 있다. 바닥에서 천장까지 높은 역 건물의 특성을 살려 다락방을 만들고 어린이들의 독서 공간으로 만든 점이 이채롭다(오른쪽).

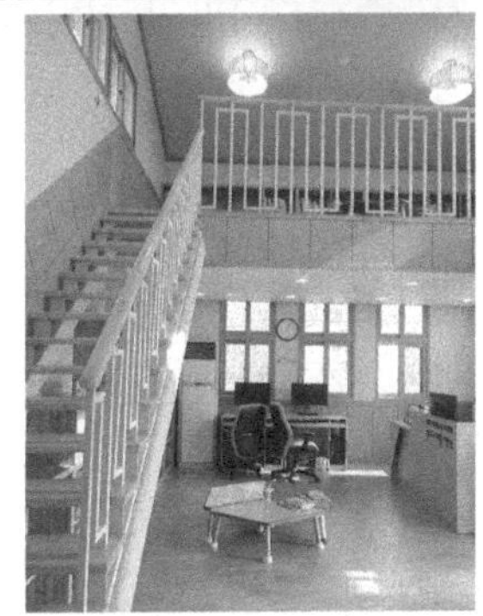

있던 철로가 도시 영역이 확대됨에 따라 이제는 도심을 가로지르는 상황이 되었다. 따라서 도심부에 뻗어 있어 도시 발달과 성장을 저해하는 일부 노선은 지하화하거나 도심 외곽으로 옮기는 공사가 진행되었다. 서울의 경의선 철길이 공항철도와 더불어 지하화되었으며, 광주와 대구 도심의 경전선과 대구선도 외곽으로 이전하였다.

폐선이 되면 레일과 침목은 뜯겨져 나갔다. 그러나 원래 철길을 놓기 위해 조성한 부지인지라 철로의 흔적은 어렴풋이 남았다. 폐선된 뒤의 주변

부지는 좁고 길다란 형태이기에 대개 좁은 도로나 농로로 이용되는 경우가 많았다. 좁고 긴 철도 부지를 다른 용도로 개발하기란 쉽지 않은 과제였다.

슬기로운 재활용

생각을 바꾸면 방법이 보인다. 쓰지 않아서 방치되고, 심지어 무작정 레일과 침목을 뜯어내는 일은 이제 옛날이야기다. 옛 철길과 폐선 부지는 새롭게 재활용되기 시작했다.

협궤열차로 유명했던 수인선은 많은 여행객에게 아쉬움을 던져준 채 역사 속으로 사라진 철길이었다. 일반적인 철도보다 폭이 좁아서 꼬마열차로 불린 수인선은 낭만의 대명사였다. 그러나 더 이상 이용하는 승객이 없는 철도를 낭만이라는 명분으로 존속시키기는 어려웠다. 수인선 구간의 주변에서 천일염을 생산하던 염전이 문을 닫고 협궤열차보다 더 빠른 속도로 자동차가 다니는 시대에는 더욱 그랬다.

1995년 12월 31일 영업을 중지하고 폐선된 뒤 한참 동안 방치되었던 수인선은 최근 그 흔적과 역사를 조금이나마 찾아볼 수 있게 되었다. 예컨대 수원시 세류동에는 2006년에 수인선세류공원이 조성되었다. 인천에서 출발하여 수원에 도착하는 수인선의 끝머리이자 수원에서 여주로 이어지는 수려선의 시작점이기도 한 옛 철도 구간 600여 미터의 폐선 부지를 공원화하여 수인선공원으로 이름을 붙인 것이다. 시민들이 자동차에 치일 두려움 없이 마음껏 보행할 수 있도록 만든 점, 공원을 만들면서 옛 철도의 역사를 되살렸다는 점이 인상적이다.

안산시도 아직 철로가 남아 있는 고잔역 일대에 수인선테마공원을 만들

①은 소래철교 위를 지나는 옛 수인선 협궤열차이다. ②, ③은 옛 수인선에서 수려선으로 이어지는 철길의 폐선 부지에 조성된 수인선세류공원이다. 공원 안에는 기억 속의 협궤열차가 현재의 공원으로 녹아드는 모습을 형상화한 〈흩어지다〉라는 작품(③)이 전시되어 있다. ④, ⑤는 안산 고잔역 근처의 수인선테마공원이다. 공원 위로는 서울 당고개~시흥 오이도를 잇는 수도권 지하철 4호선이 지나간다.

광주의 푸른길공원 | 광주광역시의 푸른길공원은 경전선 철로의 이설에 따라 만들어진 공원이다. 행정기관이 아닌 지역 주민, 민간 단체, 전문가 등이 모여 '사단법인 푸른길'를 결성하고, 이들이 중심이 되어 공원을 조성하였다. 폐선 부지였음을 알리는 철도 신호등과 철로 등을 공원 안에 남겨 놓았으며(위), 남부 지방의 상록활엽수림을 심어 울창한 숲으로 가꾸었다(아래).

경의선 숲길공원 | 경의선 숲길은 총 연장 6.3km, 폭 10~60m의 선형 공간으로 조성된다. 철도시설공단 측과 서울시가 무상으로 공원 부지를 사용할 수 있도록 협약을 체결함으로써 지역을 단절했던 철길이 새로운 소통과 교류의 장으로 다시 태어나고 있다. 사진은 마포구 연남동 쪽의 숲길공원이다.

었다. 수인선 전동차의 모형을 전시하고 철로 주변에는 꽃밭을 조성하여 추억과 낭만의 이미지를 연출하였다. 협궤철로를 뜯어내지 않은 덕분에 과거 수인선의 역사를 증명하기에는 더없이 좋은 장소이고, 시민의 여가 공간으로도 손색이 없다.

광주광역시는 도심을 지나던 경전선 철길을 외곽으로 이전하면서 생겨난 폐선 부지를 슬기롭게 재활용한 사례로 꼽힌다. 8km 길이의 폐선 부지를 광주시 측에서는 경전철로 활용하려 했으나 시민들의 반대에 부딪혔다. 호남 제1의 도시이자 한국의 6대 도시 중 하나임에도 녹지 공간이 턱없이 부족하다는 시민들의 주장에 결국 시 당국도 정책을 바꿔야 했다. 마침내 옛 폐선 부지는 2004년부터 숲으로 둘러싸인 그린웨이로 탈바꿈하기 시

정선의 레일바이크 | 옛날에 석탄을 실어 날랐던 정선선의 일부 구간은 레일바이크로 재활용되고 있다.

작했다. 그린웨이는 신호등 시설을 최소화하여 보행자들이 마음껏 걷거나 자전거를 탈 수 있도록 만든 보행자 전용로로서 선진국에서는 이미 보편화되어 있다. 광주시는 이 구간을 푸른길공원이라고 명명했는데, 도심 녹지를 간절히 원했던 시민들에게는 매우 훌륭한 산책로가 생겨난 셈이다.

서울은 경의선 철로를 그린웨이로 만들고 있다. 서울과 문산 사이를 오가는 사람들을 위해 경의선을 복선 전철화하면서 인천공항에서 서울역으로 이어지는 공항철도와 함께 지하로 운행하고 있다. 지하 1층에는 경의선, 지하 2층에는 공항철도가 통과하며, 지상의 옛 경의선 부지는 그린웨이로 조성함으로써 시민들의 산책로로 가꾸는 중이다. 그린웨이는 용산 근처의 효창동에서 가좌역 일대까지 만들어질 예정이다.

레일바이크는 주로 옛 산업 철도가 지나가던 지역에서 많이 활용하는 철로 재활용 방안이다. 정선선(증산~구절), 문경선(점촌~문경) 등의 철로에 더 이상 석탄을 실은 열차가 다니지 않게 되자 일부 구간에 레일바이크를 설

화랑대역 | 1939년에 근대 양식으로 지은 목조 건물로, 처음에는 태릉역이었으나 1958년에 화랑대역이라는 이름으로 바뀌었다. 경춘선 구간에 자리한 서울 공릉동의 화랑대역은 이용객 수가 하루에 10명 이하로 급격히 줄면서 3~4차례밖에 열차가 정차하지 않다가 그마저도 수도권 전철 경춘선이 완전히 복선화되면서 결국 2010년에 폐역되었다.

치하여 관광객을 유치하고 있다. 폐광으로 침체된 지역 경제를 관광으로 부활시킴과 동시에 기존 철로를 철거하지 않고 재활용하는 성공적인 사례로 꼽을 수 있다. 중앙선 철도의 전철화 및 직선화로 폐선된 양평 원덕역에서 용문역까지 3.2km 구간에도 레일바이크가 조성되었다.

폐선되는 철도 구간이 점차 늘어나면서 구간 내에 위치한 간이역들의 운명도 갈림길에 서 있다. 간이역은 철로가 완전히 폐선된 경우 텅 빈 채로 방치되거나, 폐선을 앞두고 이용객이 급격히 줄 경우에는 간신히 명맥만 유지되기 십상이다. 근대 문화유산을 보존 및 활용하려는 정책 덕분에 일부 간이역이 등록문화재로 지정되면서 철거를 면한 상태라는 점이 다행이기는 하다. 그러나 등록문화재로 지정되지 못한 채 완전히 폐선된 간이역의 경우에는 흉물스럽게 방치되어 있어 범죄 발생과 폐기물 투척 등 관리상의 어려움이 크다. 관리만을 위한 지속적인 예산의 투입도 부담스러운 실정이다.

폐선된 구간의 간이역에 대해서는 지금도 재활용 방안을 한창 논의 중이다. 간이역들 가운데 상당수가 한국 철도의 초창기와 근대사를 증언하는 소중한 건축물이다. 간이역의 건축양식을 통해 일제강점기 근대화와 신문명이 기차역 건축에 어떻게 투영되었는지를 엿볼 수 있기 때문이다. 그린웨이로 조성되는 구간에 있는 간이역은 걷기나 자전거 타기를 즐기는 사람들을 위해 카페나 문화 공간으로 활용할 수 있을 것이다. 지역의 역사를 간직한 소규모 전시관이나 박물관도 생각해볼 수 있을 것이다. 다행히 최근 일부 간이역들이 미술 갤러리(원주 반곡역), 향토역사관(정선 함백역), 작은 도서관(대구 반야월역) 등으로 활용되고 있다.

원주 반곡역 | 반곡역은 중앙선 철도가 전철 및 복선화됨에 따라 기차가 서지 않는 간이역이 되었다. 등록문화재로 지정된 역 건물의 가치를 살려 현재 미술 갤러리로 활용하고 있다.

도로 교통이 발달하고 마이카 시대가 시작되기 전까지 철도는 육상 교통의 일인자였다. 많은 사람들이 저마다 다양한 사연을 간직한 채 기차를 타고 이곳저곳으로 다녔으며 희망에 부푼 꿈을 꾸기도 하였다. 서울에서 부산을 2시간 만에 간다는 고속철도 KTX가 등장하여 철도의 르네상스를 꿈꾸는 지금에도 많은 이들은 여전히 옛 철길과 간이역을 보면 반사적으로 낭만과 추억을 떠올린다. 그 철길을 따라 걷고 싶은 생각이 드는 것은 옛 철길이 묵묵히 그 자리에서 아주 많은 이들의 삶의 애환을 달래주고, 또 편리하게 목적지로 날라다 주었음을 너무도 잘 알고 있기 때문이 아닐까?

02 물을 건너는 단순 기능을 넘어선 아름다운 **다리들**

물줄기 많은 국토에 너무도 필요한 다리

'산은 물을 건너지 못하고 물은 산을 넘지 못하며, 산이 곧 물을 나눈다.(山自分水嶺)' 즉, 산골짜기 곳곳에서 흘러나오는 작은 시냇물들이 모여 큰 강을 이룬다는 말이다. 국토의 70%를 차지하는 우리나라 산지에서도 수없이 많은 물줄기가 흘러나온다. 이 많은 물줄기가 모이고 모여서 커다란 강으로 발전하니, 우리 국토 상의 물줄기들은 거미줄 같은 촘촘함을 유지하고 있을 것이다. 이러한 물줄기를 지나고 건너려면 반드시 필요한 것이 다리다. 작은 시냇물에서는 징검다리 정도의 작은 돌다리로도 충분하지만, 큰 강에는 규모가 큰 교량이 필요하다. 우리나라에 다리가 많은 이유이다. 도로나 철도 공사 관계자의 말에 따르면 우리나라는 지형적 이유로 교량과 터널 공사에 비용이 많이 든다고 한다. 게다가 섬도 많기 때문에 육지와 섬을 연결하는 다리도 필요하다.

지금과 같은 교통 표지판이 없던 시절에 다리는 하나의 이정표이자 랜드마크였다. 다리에서 사람들은 약속을 하고 만났으며, 이동을 할 때는 다리를 보고 어느 지역까지 왔음을 알아챘다. 먼 길을 가는 길손은 다리에서 쉬어 가기도 했고, 사람을 찾기 위해 다리를 지키고 있는 경우도 있었다. 그러다 보니 다리에 얽힌 이야기도 가지각색이었다. 다리는 전설과 사연이 깃든 문화의 장소이기도 했다. 전쟁 때 다리는 반드시 확보해야 할 거점이거나 적군의 침략을 막기 위해 경우에 따라서는 끊기도 해야 하는 전략적 교두보의 기능도 갖고 있었다. 그런가 하면 전쟁이나 국가의 중요한 행사를 치르기 위해 임시로 설치하는 다리도 있었다.

다리는 재료에 따라 흙다리(토교), 나무다리(목교), 돌다리(석교)로 나누고, 모양에 따라 보다리(항교), 널다리(판교), 구름다리(홍예교), 징검다리(도교), 누다리(누교), 매단다리(잔교), 배다리(주교)로 구분한다. 현대식 대형 교량은 사장교, 아치교, 현수교로 구분한다. 사장교는 교각 위에 탑을 세우고 그곳으로부터 다리 상판에 줄을 연결하여 다리에 가해지는 무게가 줄과 탑을 통해 땅속으로 전달되도록 하는 다리이다. 아치교는 우리의 전통적인 홍예교와 형태가 비슷한데 아치가 수직 방향의 하중을 받으면서 지반에 가해지는 압력으로 중량물을 지탱하는 다리로, 교각을 덜 세울 수 있다는 장점이 있다. 현수교는 강이나 좁은 해협의 양쪽에 굵은 줄이나 쇠사슬을 건너질러 놓고 거기에 의지하여 매달아 놓은 다리이다.

우리나라는 화강암이 특히 많기 때문에 전통적으로 돌다리가 많이 만들어졌다. 다리의 모양은 구조적으로 간편하고 축조가 비교적 쉬운 보다리나 널다리가 많았다. 궁궐이나 사찰 입구에는 국왕의 공간과 백성의 공간, 부처의 공간과 속세의 공간을 구분하는 개천이 흐르고 그 위를 건너는 다리를 놓는 것이 건축의 원칙이었는데, 이러한 다리로는 구름다리가 많이 만들어졌다. 안정적인 구조에 미적인 아름다움까지 갖추었기 때문이다. 한편 근대적 교통수단인 철도가 도입되면서 기차가 강을 건널 수 있도록 철교도 전국 곳곳의 강을 가로지르며 만들어졌고, 자동차가 도입되면서부터 신작

기린교 | 서울 인왕산 아래 수성동 계곡의 기린교(화살표 표시)는 18세기 중반 겸재 정선의 『장동팔경첩壯洞八景帖』에도 그려져 있고 1950년대의 사진에도 남아 있는 작은 돌다리였으나, 옥인동 시범아파트의 건설 때 사라졌다고 알려졌다가 2007년에 발견되었다. 너비와 두께가 약 35cm, 길이 3.7m 정도의 장대석 두 개를 붙여 만들어졌으며, 다리 폭은 70cm 정도다. 서울시는 시범아파트를 철거한 뒤 그 부지를 과거와 같은 계곡으로 복원하였다(☞ 314쪽 참조). 기린교는 비록 작은 돌다리이지만 서울시 기념물로도 지정되었다.

로와 함께 세운 다리도 많이 생겨났다.

서울만 하더라도 북악산, 인왕산, 남산 등지에서 흘러나오는 작은 시냇물과 개천들이 도시의 곳곳을 흐르는 물길의 도시였다. 당연히 이를 건너는 다리가 예로부터 많이 세워졌으며, 이러한 다리에는 온갖 사연과 역사가 아로새겨져 있었다. 국토 곳곳에 놓인 다리에도 문화와 역사의 흔적은 참으로 많았다. 고려 말의 마지막 충신으로 일컬어지는 정몽주는 개성의 선죽교에서 이방원이 보낸 자객에게 암살당했다. 정몽주를 죽이고 자신의 이복동생까지 제거한 뒤 조선의 세 번째 국왕 자리에 오른 이방원(태종)은 자신의 왕위 등극을 방해했던 계모 신덕왕후 강씨의 능인 정릉을 도성 밖으로 이전시키면서 정릉의 석재를 청계천의 광통교에 깔아 백성이 밟고 지나가도록 했다. 숙부인 수양대군(세조)에게 왕위를 빼앗기고 영월로 귀양을 가던 소년

승일교 | 철원의 한탄강에 놓인 이 다리는 '한국의 콰이강의 다리'라고도 불린다. 1948년 북한이 건설을 시작했다가 한국전쟁으로 중단한 뒤, 우리 측과 미군 공병대가 나머지 구간을 연결한 다리로 알려져 있다. 분단과 전쟁의 상흔을 간직한 역사적인 다리이다.

왕 단종이 왕비인 정순왕후와 생이별을 했던 다리는 청계천의 영도교였다. 비극적으로 생을 마감한 부친의 능(현륭원)을 자주 참배했던 정조는 능행 장소인 화성을 가기 위해 한강을 건너는 임시 다리로 배다리를 놓은 바 있다.

강원도 철원의 승일교와 춘천의 소양 1교, 경북 칠곡의 낙동강 철교는 한국전쟁 때 치열한 격전을 벌인 장소로 유명하다. 국내 최초의 연륙교라는 부산 영도다리에는 한국전쟁 당시 피난민들의 애환이 서려 있다.

그뿐인가. 서울의 성수대교는 1994년에 붕괴되면서 국내외에 큰 충격을 주었고 속도주의와 개발 시대에 대한 진지한 고찰과 반성을 이끌어냈다. 경상남도의 창선도와 남해도를 연결하는 창선대교는 원래 있던 창선교가 붕괴되어(1992) 그 자리에 다시 세운 다리이며, 경기도 고양시 덕양구와 서울시 강서구 개화동을 잇는 신행주대교는 건설 도중 일부 구간이 무너진

(1992) 적이 있는 다리로서 몇 년 뒤에 붕괴된 성수대교와 더불어 각각 많은 화제를 낳으면서 부실 공사에 대한 경각심을 일으켰다. 우리나라의 수많은 다리에는 이처럼 무궁무진한 역사와 이야기가 담겨 있다.

능률과 속도 앞에서 사라져간 전통 다리

우리의 다리들이 수난을 당하기 시작한 것은 일제강점기부터다. 서울에 흐르는 개천들의 오염이 극심한 상황을 주목한 일제 식민 당국은 이 개천들을 하수도로 규정하고 하수도 개수 사업을 대대적으로 벌였다. 1918년부터 1943년까지 계속된 이 사업으로 서울의 많은 물길이 복개되었고, 이에 따라 숱한 다리가 사라졌다. 서울의 옛 다리들은 〈한양도성도〉에 146개, 〈수선총도〉에 총 196가 있었다고 하며, 현재 그 이름과 위치가 정확히 확인된 것만도 97개에 달하건만 일제의 의해 그렇게 거의 대부분 사라졌다.

해방 이후 산업화 과정에서도 우리의 다리는 계속 수난을 당했다. 도로를 확장하거나 새로 닦는 과정에서 옛 다리는 아무렇지도 않게 철거되거나 개축되었다. 그리고 새로 놓는 다리는 예술적인 아름다움이나 조형미는 무시된 채 콘크리트나 시멘트를 사용해 획일적으로 지어지기가 다반사였다. 개성과 아름다움을 추구하는 것은 사치로 여겨졌으며, 오로지 적은 비용으로 많은 다리를 놓아서 사람과 자동차가 건너다니기만 하면 되었기 때문이다. 게다가 서울의 청계천을 비롯한 상당수의 하천들이 도로와 주차장 확보를 위해 복개되면서 다리가 원천적으로 필요 없어지기도 했다.

그나마 만들어 놓은 콘크리트 다리도 일부는 성수대교처럼 붕괴하거나 당산철교처럼 심각한 안전상의 결함이 발견되기도 하여 국민의 불안과 불신을 야기했다. 대체 우리의 다리는 왜 안전하지 못한지, 수백 년의 세월에도 끄떡없는 외국의 오래된 다리나 아름다운 다리는 왜 우리나라에서 좀처럼 찾아보기 어려운지 답답할 법하다. 그런데 혹시, 없는 것이 아니라 찾으려고 하지 않았기 때문에 못 본 것이 아닐까?

예술품으로 재발견되다

오늘날에는 유명 관광지를 찾아다니는 여행보다 국토 구석구석을 찾아다니는 여행이 늘어나고 있다. 또한 여행에서 주목하는 주제나 대상도 과거의 국보급 유적지를 둘러보는 데서 서서히 벗어나고 있다. 사람들은 국토 곳곳에 조용히 남아 있는 전통 다리들의 가치와 아름다움에 주목했고 관심을 가지기 시작했다. 이들이 찍은 사진과 작성한 글이 인터넷을 통해 많은 사람들에게 널리 알려지면서 우리 옛 다리의 우수함이 각인되기 시작했다.

정부나 지방자치단체도 새로 다리를 놓을 때 좀 더 많은 예산을 들여 아름답게 만들려고 노력했다. 잘 만든 다리는 그 자체로도 훌륭한 관광자원이 되고 지역의 이미지를 극대화시키는 랜드마크가 될 수 있음을 외국의 사례를 통해 깨달았기 때문이다. 그리하여 역사적 가치가 높은 다리를 문화재나 기념물로 지정하여 보호하기 시작했으며, 오래된 다리는 함부로 철거하지 않고 보존하거나 복원하는 정책적 노력도 게을리하지 않았다.

청계천 복원을 위해 청계천로의 아스팔트를 걷어내자 조선시대에 세워진 광통교가 생생하게 드러났다. 하지만 엄청나게 많은 자동차가 지나가는 곳으로 변모한 광교 네거리에 광통교를 그대로 둘 수는 없었다. 결국 서울시는 광통교를 서쪽으로 150여 미터 떨어진 지점으로 이전한 뒤 복원하였

광통교와 수표교 | 청계천 복개 공사로 인해 아스팔트 밑에 묻혔던 광통교는 2003년부터 시작된 청계천 복원 사업으로 마침내 햇빛을 보게 되었다(위). 광통교는 태조 비 신덕왕후 강씨의 능에 있던 석재를 가져다가 놓은 다리이기에 600여 년 전 정릉 석재의 정교한 문양이 선명하게 남아 있다(오른쪽). 수표교는 원래 청계천 2가에 위치했으나 복개 공사 때 철거된 뒤 장충단 공원으로 옮겨져서 오늘에 이른다(아래).

살곶이다리 | 중랑천을 건너는 살곶이다리는 한양에서 동쪽 지역을 가는 주된 길목에 세워졌다.

다. 수표교의 경우에는 원래 위치였던 청계천 2가에 복원하겠다는 계획을 끝내 실천하지 못하고 장충단공원에 그대로 남겨 두었는데, 퍽 아쉬운 지점이다. 살곶이다리(전곶교箭串橋)는 서울 성동구에 자리한 조선시대의 다리로, 중랑천을 가로지르고 있다. 이 다리는 중랑천이 청계천과 만나 한강에 흘러드는 지점에 있기 때문에 조선시대부터 동남쪽으로 가는 주요 길목에 해당했다. 일제가 콘크리트를 덧씌우고 1920년의 홍수로 훼손을 입기도 하였지만, 비교적 잘 보존해온 덕분에 서울의 명물이 되었다.

일제강점기에 크게 훼손된 경복궁과 창경궁, 경희궁을 점차 원래의 모습으로 복원하면서 궁궐 정문에서 내부로 들어가는 길목의 다리도 제 모습을 되찾아갔다. 신라의 왕궁이었던 경주의 반월성 역시 점차 복원되면서 반월성 남쪽의 남천을 건너는 월정교도 거의 복원이 끝나 그 아름다운 모습이 공개되었다. 서울의 서촌西村이라 불리는 곳, 안평대군의 옛 집터 근처에

전국의 옛 다리들 | ① 경기도 안양의 만안교는 정조의 화성 행차 때 놓여진 것으로 알려지는데, 지금도 다리로 잘 활용하고 있다. ② 충북 진천의 농다리는 고려 초에 놓여진 것으로 알려진, 1천 년의 역사를 간직한 다리이다. 자연석만으로 쌓은 돌다리임에도 큰 훼손 없이 현재까지 보전되고 있으며, 우리 옛 다리의 아름다움을 대표한다. 다리의 길이는 94m이다. ③ 충남 논산 강경의 미내다리는 과거 강경천에 놓여 있어 호남과 충청을 연결해주는 역할을 하였으나, 강경천의 유로가 변하면서 지금은 다리의 기능을 상실했다. ④ 전남 보성군 벌교읍의 홍교는 조선 영조 때인 1724년에 세워진 다리로, 국내의 아치형 석교 가운데 가장 크고 아름다워 보물로 지정되어 있다.

창선·삼천포대교와 영도대교 | 삼천포 앞바다의 여러 섬과 창선도를 연결하는 창선·삼천포대교는 섬과 섬 사이의 구간마다 다른 형태의 교량이 놓여 있어 살아 있는 다리 전시관으로 불린다(위). 국내 다리들 가운데 가장 많은 사연을 간직한 것으로 여겨지는 영도대교는 한때 철거 논의가 대두되기도 하였으나, 한국현대사의 상징적 다리로 평가받아 지금도 하루에 한 차례씩 도개되는 기능을 갖고서 보존되고 있다(아래). 2013년에 정비, 복원된 영도대교는 국내 유일의 도개교로서 부산의 대표적 관광 상품이 될 전망이다.

광진교 | 서울 동쪽의 광진교는 노후화된 기존 교량을 철거하고 새롭게 건설할 때 차선을 왕복 2차선으로 줄여 걷고 싶은 다리로 만들었다는 점에서 주목받는다. 다리 상판의 아래 8번째 교각에는 전망 시설도 갖추었는데, 계단을 통해 내려가면 유리 바닥 밑으로 흐르는 한강을 감상할 수 있고 공연과 각종 전시도 관람할 수 있다.

는 작은 돌다리인 기린교가 원형을 잘 보존하고 있다. 1960년대 옥인동시범아파트를 건설할 때 사라졌다고 알려졌으나 2007년 아파트 옆의 인왕산 계곡에서 발견되었다.

경기 안양의 만안교, 충북 진천의 농다리, 전남 순천 선암사의 승선교와 보성 벌교의 홍교, 경남 창녕의 만년교는 지금도 다리의 기능을 충분히 하고 있는 아름다운 옛 다리이다. 충남 논산 강경의 미내다리와 원목다리, 충남 보령의 한내다리는 현재 다리의 기능은 잃어버렸지만, 역사적 가치를 인정받아 보호되고 있다.

산업화 이후에 건설된 대형 교량들 가운데 서해안고속국도에 있는 서해대교, 부산 앞바다를 연결하는 광안대교, 부산 가덕도와 거제도를 잇는 거가대교, 경남 사천에서 창선도로 이어지는 창선·삼천포대교 등은 규모도 거대할 뿐 아니라 아름다움도 빼어나서 많은 관광객을 불러 모으고 있다. 서

누에다리 | 서울 서초구 반포동에 아스팔트 도로로 양분된 서리풀공원을 연결하는 다리이다. 과거 서초구에 뽕나무가 많았다는 점과 누에를 치던 곳이라는 지역성을 살려 꿈틀대는 누에의 모습으로 설계했다고 한다. 이제는 다리 하나도 지역성과 미적감각을 살려 건설하는 시대가 되었다.

울의 한강에 놓인 20여 개의 다리도 아름다운 조명을 활용하여 멋진 야경을 꾸며내고 있으며, 최근에는 몇몇 한강다리 남단에 전망 좋은 카페를 마련하여 서울의 야경을 감상할 수 있기에 인기가 높다.

서울의 광진구 광장동과 강동구 풍납동을 연결하는 광진교는 1936년에 건설된 왕복 2차선의 다리였으나 노후화로 인해 1994년에 철거되었고, 2003년에 확장된 왕복 4차선 다리로 재탄생하였다. 그러나 걷고 싶은 다리를 만들려는 서울시의 계획에 따라 원래와 같은 왕복 2차선으로 차선을 줄인 뒤, 줄어든 차선에는 나무와 꽃을 심고 교량 상판의 하부에는 전망 시설(리버뷰 8번가)도 갖추었다. 다리가 단순히 자동차만 건널 수 있게 한 시설이 아님을 보여준 사례이다. 이제 다리도 단순한 교통 시설이 아닌 문화재요, 예술품이다. 관심을 가지고 다니다 보면 우리에게도 아름다운 다리는 충분히 많이 있음을 발견하게 될 것이다.

03 더 좋은 환경을 찾아 도심을 비워주는 학교

도시의 지역 구조 분화

많은 인구와 다양한 기능이 모여 있는 도시는 규모가 커지고 상호작용이 활발해지면서 도시 내부 구조에 변화가 일어난다. 도시화의 초창기에는 도시 규모가 작기 때문에 주택, 공장, 상점 등이 중심부에 뒤섞여 입지하지만, 인구가 증가함에 따라 규모가 커지고 면적이 확대되면서 도시 내부의 구조 분화가 뚜렷하게 나타나기 시작하는 것이다.

도시 내부의 지역 구조가 분화하는 원인은 여러 가지가 있지만 가장 대표적인 것은 접근성과 지가이다. 거의 대부분의 기능은 교통이 편리하고 도시의 어느 곳에서나 접근이 가능한 곳에 입지하려고 한다. 그런 곳이 이른바 많은 사람들이 모여드는 '목 좋은' 위치이기 때문이다. 이런 '목 좋은' 장소는 당연히 지가가 비싸다. 또 지가가 비싼 만큼 임대료도 비싸다. 따라서 지가가 비싼 곳에는 그 정도의 임대료를 지불할 능력이 있는 기능이 입지하기 마련이다.

접근성이 높고 지가가 비싼 곳은 여러 사람이 모여들기 좋으므로 입지 선호 지역이 된다. 이런 장소는 어디일까? 의당 도시 중심부, 즉 도심이다.

우리는 보통 '시내'라고 부르며, 미국에서는 'downtown'이라고 한다. 또 학술 용어로는 중심업무지구(CBD : Central Business District)라고 한다. 서울로 치면 4대문 안으로서, 광화문, 종로, 을지로, 남대문로, 명동 등지가 이에 해당한다. 이곳에는 고급 백화점과 전문 상점, 특급 호텔, 언론사, 정부 주요 기관, 대기업 및 금융기관의 본사가 입지한다. 모두 값비싼 임대료나 지가를 지불할 능력이 있거나 접근성을 가장 중시하는 기능에 속한다.

그렇다고 모든 도시의 기능이 이런 장소를 선호하지는 않는다. 오히려 지가가 저렴하거나 접근성이 좀 떨어지더라도 조용하고 쾌적한 환경을 더 중시하는 기능도 있다. 공장은 넓은 부지가 필요한 데다 수출을 위해 항구까지 빠른 시간 내에 제품을 운송해야 하므로 도시 외곽의 고속도로 근처에 입지하는 것이 유리하다. 특히 환경에 민감한 도시 주민들 때문이라도 공장은 도심에 계속 입지해 있을 수 없다. 도시인들이 일을 마치고 돌아가 쉬는 주택 또한 조용하고 쾌적한 환경을 선호하기 때문에 번잡한 도심보다는 도시 외곽이나 변두리에 입지하려는 경향이 나타난다.

학교는 공장과 주택의 이러한 경향이 적당히 결합된 경우다. 학교는 그 특성상 넓은 운동장과 건축 면적이 필요하고, 영리 기관이 아니기 때문에 지가가 비싼 곳에는 입지하기 어렵다. 학교가 유지되기 위해서는 학생의 공급이 지속적이어야 하며, 이를 위해서는 주택 지역에 인접해야 한다. 또한 학생들이 공부하는 곳이기에 조용하고 쾌적한 주변 환경은 필수 요건이다.

도심에 위치한 학교들의 엑소더스

우리나라, 특히 서울에서 근대식 학교는 개항 이후에 세워지기 시작했다. 개화와 근대화의 분위기를 타고 선각자들이 학교를 세우거나 외국 선교사들이 들어와 선교 활동의 일환으로 학교를 설립, 운영하였다. 그 시기만 해도 서울의 영역은 4대문 안과 그 주변 및 한강 이북 지역에 국한되었으므로 근대식 학교들은 당연히 4대문 안에 자리 잡았다. 특히 도심에 해당되는 종로구와 중구 일대에 대부분의 학교가 입지했는데, 당시만 해도 서울의 인구가 이 지역에 집중되어 있었으며 서울이 본격적인 근대도시로 발달하기 이전이라 토지 확보도 지금보다 상대적으로 수월했기 때문이다.

남자 공립학교로 이름이 높았던 경기·경복·서울·용산고등학교와 남자 사립학교의 명문이었던 배재·보성·양정·휘문·중앙·중동고등학교는 물론이요, 여자고등학교의 명문으로 손꼽히던 경기·이화·숙명·진명·창덕·정신여자고등학교 등은 거의 대부분 종로구와 중구에 입지하고 있었다. 이에 따라 도심의 학교 주변에는 서점과 분식점 등 중·고등학생이 주로 이용하는 상점이 함께 입지해 있었다. 한편 학교가 도심에 집중됨에 따라 통학 시간에는 심각한 교통 혼잡이 일어나기도 하였다.

세월이 흘러 경제 발전이 본격적으로 이루어지고 많은 인구가 서울과 수도권에 집중되었다. 서울은 늘어나는 인구를 수용하기 위해 면적을 넓혀야 했다. 이 때문에 4대문 밖의 한강 이북 지역뿐만 아니라 이남 지역까지 서울의 행정구역에 편입했다. 박정희 정부는 1970년대부터 서울 강북의 과밀화를 막기 위해 여러 가지 정책을 추진했는데, 그중 하나가 바로 강남 개발이었다. 강남에 아파트 단지를 조성하고 정부 기관을 순차적으로 이전하려는 계획이었다. 정부 기관의 이전은 계획한 대로 실행되지 못했지만 아파트 단지는 활발하게 개발되었고, 그 결과 강남 지역의 인구도 빠르게 증가하였다. 이른바 서울에 강남 시대가 도래한 것이다. 아파트 단지 개발은 강남에서 열풍이 분 뒤 시간이 지나면서 서울의 외곽 전역으로 확산되었다.

이런 시대적 분위기에 더해 교육제도에도 변화가 나타났는데, 1974년부터 고등학교 평준화 정책이 시행되기 시작했다. 입학시험의 성적 결과에 따라 학교에 지원 입학하는 것이 아닌, 지역별로 추첨을 통해 학교 배정이 이루어지면서 전통적인 명문 고등학교의 위상이 흔들리게 되었다. 설상가상으로 선진국 대도시에서 거의 공통적으로 일어나는 도심 공동화 현상(도심의 거주 인구가 감소하면서 도시 외곽 지역으로 인구가 이동하는 현상)이 서울에서도 서서히 발생하면서 도심의 고등학교들은 학생 확보에 비상이 걸리기 시작했다.

결국 도심의 학교들은 학생 확보라는 학교 존립의 가장 큰 과제를 해결하기 위해서라도 강남으로 이전해야 했다. 도심에서는 학교를 확장하거나 시설을 증축하고 싶어도 주변 지가가 너무 비싸기 때문에 장기적 발전을 도모하기 어려웠다. 오히려 지가가 비쌀 때 기존 학교 부지를 매각한다면 그 매각 대금으로 도심 외곽에다 훨씬 넓은 터를 확보할 수 있었다. 어차피 평준화 정책이 실시되면서 고등학교의 서열이 없어진 이상 중산층이 새롭게 자리 잡은 강남에 터전을 마련하여 '제2의 개교'를 할 필요성이 있었다. 특히 1980년대에 들어서면서 강남은 아파트 단지의 개발로 인구가 크게 늘어 학생 확보가 쉬웠고, 새롭게 들어선 도시기반시설도 만족스러웠다. 정부도 이전하는 학교에 대해 건축비 지원, 학교기반시설 우선 마련, 지방세 감면 등 특혜를 제공하여 학교의 이전을 유도했다.

1976년에 종로구 화동에서 강남구 삼성동으로 이전한 경기고등학교를 시작으로 휘문고등학교(1978), 정신여자고등학교(1978), 숙명여자고등학교(1980), 서울고등학교(1980), 배재고등학교(1984), 중동고등학교(1984), 동덕여자고등학교(1986), 경기여자고등학교(1988), 양정고등학교(1988), 창덕여자고등학교(1989), 보성고등학교(1989), 진명여자고등학교(1989)가 차례로 강남(한강 이남)으로 이전하였다. 이 학교들은 강남으로 이전한 뒤 넓은 부지를 확보하고 최신식 건물과 시설을 갖추게 되었으며, 그 지역에서 중산층 이상의 학생들을 유치하여 제2의 도약을 이루었다.

학교가 떠난 자리

한편 학교들이 빠져나간 도심의 옛 학교 부지는 매우 다양하게 활용되고 있다. 경기고등학교가 있던 종로구 화동의 옛 건물과 터는 1977년에 정독도서관으로 개관하였는데, 1981년에는 신군부가 국군보안사령부(현 국군기무사령부)의 부지에 있던 종친부 건물을 강제로 이곳으로 이전시켰다(국군기무사령부가 2008년에 과천으로 이전함에 따라 현재 종친부는 본래 위치인 종로구 소격동의 국립현대미술관 서울관 내에 복원되었다). 종로구 원서동의 휘문고등학교 자리에는 주변 계동의 부지까지 추가로 매입한 현대그룹의 사옥이 들어섰고, 종로구 연지동의 정신여자고등학교 부지는 기독교 관련 건물들과 공원, 서울보증보험 본사 사옥 등으로 바뀌었다.

숙명여자고등학교와 중동고등학교가 있던 종로구 수송동 부지, 배재고등학교가 있던 중구 정동의 부지는 각각 도심 공원으로 활용 중이다. 양정고등학교가 있던 중구 만리동 터는 이 학교 출신인 손기정 선생을 기념하는 손기정공원으로 탈바꿈했다.

옛 경희궁 터인 종로구 신문로에 있던 서울고등학교가 서초동으로 이전하면서 그 자리에는 서울역사박물관이 들어섰고, 옛 덕수궁 터의 일부인 중구 정동에 있던 경기여자고등학교가 개포동으로 이전하면서 그 터에는 한때 미국대사관 청사와 직원의 숙소가 들어설 예정이었으나 시민단체의 반환운동과 정부의 의지가 어느 정도 결합하면서 용산 미군 기지의 일부와 교환되었다. 결국 미국대사관은 용산에 신축하고(2015년 12월 현재 아직 용산으로 이전하지 않고 세종로에 그대로 있으며, 용산에는 아메리칸센터만 있다) 옛 경기여자고등학교 부지는 원래 모습인 덕수궁 선원전으로 복원할 계획이다. 서울고등학교 부지와 경기여자고등학교 부지의 활용은 이처럼 차이를 보이는데, 서울고등학교 부지의 경우 비록 서울역사박물관이 들어서기는 했지만 경희궁 복원 사업 부지에 포함되지 못한 점은 한편으로 퍽 아쉽다.

종로구 재동의 옛 창덕여자고등학교 부지와 종로구 창성동의 옛 진명여자고등학교 부지는 각각 헌법재판소와 청와대 경호실의 부속 건물로 사용되고 있으며, 종로구 혜화동의 보성고등학교 부지는 서울과학고등학교로 재활용되고 있다. 4대문 밖이기는 하지만 종로구 창신동의 동덕여자고등학교 부지는 아파트 단지로 개발되었다.

이렇듯 4대문 안에 자리했던 학교들이 한강 이남으로 이전함에 따라 옛 학교 건물과 부지는 관공서, 도서관 및 다른 학교, 공원 등으로 활용되거나 고층 건물이 새로 들어서기도 하고, 유적지로 복원되기도 하였다. 학교 주변에 있던 서점과 분식점도 점차 사라지면서 그 터에는 주상복합건물이 들어서는 도시재개발이 이루어지기도 하였다. 옛날 도심에 자리 잡았던 학교는 이제 그 시절 학창 생활을 했던 사람들에게 추억으로만 남게 되었다.

우리나라 제3의 대도시 인천은 최근 옛 도심 지역에 있는 학교의 이전에 대해 지역사회가 반발하는 진통을 겪고 있다. 옛 도심이 쇠퇴하고 있는 상황에서 학교까지 빠져나간다면 지역의 침체가 가속화한다는 주장 때문이다. 하지만 더 좋은 교육 환경에서 더 우수한 인재를 확보하고 싶은 학교의 입장도 충분히 이해가 간다. 대한민국 제1의 도시 서울의 경험이 그들에게 좋은 해법을 제시해주지 않을까? 이전을 통해 학교는 새롭게 도약했고, 옛 터는 또 다른 기능으로 번영한 사례를 참고해보는 것도 좋을 듯하다.

옛 경기고등학교 부지(서울시 종로구 화동) | 현재 정독도서관으로 활용되고 있다(위). 1981년에는 신군부가 국군기무사령부 자리(현재 국립현대미술관 서울관)에 있던 종친부 건물을 이곳에 강제 이전해 놓았다(가운데). 당시 전각의 현판은 본래의 현판이 아니고 '宗親府(종친부)'라고 씌어 있었다(맨 아래 왼쪽). 지금은 국립현대미술관 서울관 안의 제자리에 복원되었으며(☞ 256쪽 참조), 현판도 고종의 친필을 복원해 놓았다(맨 아래 오른쪽).

옛 휘문고등학교 부지(서울시 종로구 원서동, 계동 일대) | 휘문고등학교가 강남구 대치동으로 이전하면서 옛 부지는 현대그룹이 매입하여 사옥을 건립했다. 이곳에는 본디 조선 초에 천문과 지리, 역산曆算 등에 관한 일을 맡아보았던 서운관書雲觀이 있었다. 천문 관측 기구인 간의를 설치했던 관천대가 사옥 앞에 있는데, 세종 무렵(1434년)에 만들어졌을 것으로 추정하고 있다.

옛 숙명여자고등학교와 중동고등학교 부지(서울시 종로구 수송동) | 조계사 뒤편으로 가면 수송공원이 나타난다(306쪽 아래 사진). 이곳에는 옛 숙명여자고등학교와 중동고등학교 부지였음을 알려주는 표지석이 있다(위의 좌우 사진들, 306쪽 사진에서 오른쪽에 화살표로 표시한 비가 중동학교 옛터 비이고, 바로 옆에 숙명여학교 옛터 비도 있다). 수송공원은 두 학교가 각각 강남구 도곡동과 일원동으로 이전함에 따라 도심 속의 소중한 휴식 공간이 되었다.

옛 양정고등학교 부지(서울시 중구 만리동) | 양정고등학교가 양천구 목동으로 이전함에 따라 중구 만리동 부지는 이 학교 출신인 손기정 선생의 뜻을 기려 손기정공원으로 바뀌었다. 옛 양정고등학교 본관은 손기정기념관으로 사용하고 있으며, 공원 안에는 손기정 선생의 두상이 있다.

옛 배재고등학교 부지(서울시 중구 정동) | 서울시 강동구 고덕동으로 이전한 배재고등학교의 옛 부지는 배재공원으로 조성되었다(아래). 배재공원 뒤편에는 배재학원의 재단 건물(아래 왼쪽의 사진 뒤편 중앙에 보이는 건물)과 러시아대사관이 들어섰다. 옛 배재학당의 동관 건물은 등록문화재로 지정되었으며 배재학당역사박물관으로 리모델링되었다(위).

옛 서울고등학교 부지(서울시 종로구 신문로) | 옛 경희궁 터의 일부였던 서울고등학교 부지에는 서울역사박물관(사진에서 전면에 보이는 건물)이 들어서 있다. 이곳이 경희궁 터였음을 알 수 있게 해주는 것은 박물관 입구에 복원해 놓은 금천교를 통해서다. 금천교는 경희궁의 정문인 흥화문 안에 흐르던 금천에 놓여 있던 다리였다. 일제강점기에 경성중학교(서울고등학교의 전신)가 설립되면서 땅에 묻혔으나 2001년에 서울역사박물관을 건립할 때 복원되었다.

04 한국형 주택지, 아파트와 신도시의 변천

신분 상승과 경제적 성공의 상징

외국인들이 한국에 오면, 특히 서울이나 수도권 도시를 둘러보면 깜짝 놀라는 것이 있다. 무엇일까? 한국 전통문화를 상징하는 것도 아니고 한국적 색채가 강한 것도 아니다. 오히려 서양에서 기원한 것이다. 바로 아파트다. 한국에 아파트가 많은 것을 보고 외국인들은 신기하게 생각한다. 한 프랑스 학자는 한국에 만연한 아파트에 대해 연구하여 박사학위까지 받았다. 이 글을 쓰는 필자도 아파트에 거주하고 있다.

집은 우리가 밖에서 힘들게 일한 뒤에 들어와 쉬는 곳이다. 아무리 훌륭하고 근사한 곳에 가더라도 내 집만큼 좋고 편한 곳은 없다는 느낌을 누구나 겪어보았을 것이다. 집은 우리가 사는 곳이자 안식처이기 때문이다. 그러나 언제부터인지 몰라도 인간에게 집은 단순히 살고 쉬는 곳의 역할을 넘어섰다. 곧, 사는 사람의 경제력과 신분을 상징하는 도구가 되기 시작한 것이다. 우리의 기본적인 생활에 필요한 의식주 가운데 의복과 음식도 그렇지만 집 역시 사람의 계층을 적나라하게 보여준다. 많은 사람이 좋은 집을 마련하기 위해 열심히 돈을 모으고 일하는 이유다.

한강 변의 아파트 | 서울 한강 변에 도열한 아파트들은 한국 경제성장의 상징이자 서울을 대표하는 경관이다. 많은 외국인들은 한강 유람선을 타면서 목격한 한강 변의 아파트 숲을 한국과 서울의 인상적인 모습으로 꼽는다.

우리 조상의 주거 형태를 살펴보면 형편이 괜찮은 사람은 기와집에서, 어려운 사람은 초가집에서 살았다. 당연히 전통 사회에서 기와집은 많은 사람이 살고 싶은 꿈이었을 것이다. 조선 후기에 접어들어 신분 질서가 서서히 와해되고 평민들 가운데 부를 축적한 사람이 나오면서 신분이 낮더라도 좋은 기와집을 소유하는 사례가 조금씩 나타나기는 했지만, 이러한 꿈이 한층 광범위하게 실현된 것은 일제강점기였다. 공식적으로 갑오개혁 이후 신분제가 폐지된 뒤 재산을 축적한 일부 중산층이 일제강점기에야 기와를 인 한옥집을 소유하는 경우가 늘어났다.

그 시대 기와집은 대체로 서울 4대문 밖의 새로운 택지에 조성된 개량 한옥(도시형 한옥)이 많았다. 과거 양반이나 사대부가 소유한 수십 칸짜리 한옥은 아니지만 좁은 대지에 한옥의 기능과 형태를 갖춘 집이었다. 당시 중산층에게 개량 한옥은 신분 상승과 경제적 성공을 자랑할 수 있는 상징이었다.

고도 경제성장기의 신분 상승과 재테크

산업화와 경제개발의 시대에 접어들면서 농촌의 많은 인구가 서울과 수도권으로 몰려들었다. 이렇게 한꺼번에 불어난 인구로 인해 당연히 주택난에 시달렸으며, 정부는 서울시의 행정구역을 확대하여 면적을 넓히고 택지를 추가적으로 조성했다. 그것도 모자라서 서울 시내의 구릉지나 경사지에도 택지를 조성해야 했다. 이 과정에서 등장하기 시작한 주거 양식이 바로 서양식 주택인 아파트였다.

아파트는 외국의 주거 양식이지만, 당시 주택난에 처해 있는 한국의 상황에 딱 들어맞는 주택 형태였다. 급속한 경제개발에 따라 도시화가 빠르게 진행되고 수도권으로 인구가 집중하는 상황에서 한정된 토지에 많은 주택을 지을 수 있는 방법은 고밀도의 아파트였다. 더구나 서양의 것은 모두 우

마포아파트 | 1962년에서 1964년에 걸쳐 서울시 마포구 도화동에 준공·입주한 아파트이며 1991년에 철거되었다. 서울에서 최초로 '단지' 개념을 도입하여 Y자형으로 지은 아파트 단지이다.

회현시민아파트 | 남산 자락의 회현시민아파트는 철거와 재개발의 논란 속에도 아직 남아 있다. 경사면에 지어졌기 때문에 엘리베이터가 없는 대신 5층에서 들어갈 수 있도록 설계되었고, 10여 평의 작은 면적임에도 방이 3개나 있고 수세식 화장실과 중앙난방을 갖춘, 당시로서는 최신식 아파트였다. 그래서 초창기에는 중앙정보부(옛 국가정보원) 직원이나 방송국 고위층, 연예인들이 많이 거주했다. 이 아파트가 지어진 1970년대 초에는 중앙정보부와 KBS 방송국이 남산에 있던 시절이기 때문이다.

수하고 합리적이고 선진적이며 우리의 전통적인 것은 낡고 봉건적이고 불합리하다는 관념이 강했던 때라 아파트의 도입은 선진 주택 양식을 수용한다는 주장으로 버젓이 정당화되었다. 경제개발을 통해 근대화와 생활혁명을 일으키겠다는 박정희 정부의 정책 의지로 볼 때 아파트는 여러모로 한국에 도입될 만했다.

1961년 착공에 들어간 마포아파트를 시작으로 서울에 아파트가 등장했으며, 1960년대 후반부터는 시민아파트라는 형태로 대량 공급이 이루어졌다. 시민아파트는 저소득층을 대상으로 지은 주거 형태로, 서울시는 건축과 상하수도, 전기 등 기본적인 공사만 담당하고 나머지는 입주자들이 마련하는 방식이었다. 마포, 홍제동, 혜화동, 서대문, 회현동 등지에 시민아파트들이 들어섰는데, 1969년부터 1972년 사이에 400여 동의 시민아파트가 공급될 정도로 활발히 건설되었다. 비록 연탄 난방을 사용하고 각 층별로 공동

옥인시범아파트의 흔적 | 인왕산 아래 옥인동의 시범아파트는 1971년에 지어졌으며, 낡고 노후화되어 2008년에 철거되었다. 이곳은 원래 수성동 계곡이라 불리던 곳으로, 서울시는 옛 수성동 계곡(오른쪽)을 복원하면서 한때 옥인동 시범아파트가 있었던 장소였음을 알리기 위해 그 흔적을 남겨 놓았다(위). 지역의 역사성을 간직하는 좋은 시정이라고 본다.

화장실을 함께 이용해야 하는, 요즘 기준으로 보면 상당히 뒤떨어진 구조였지만 저소득층에게는 달동네의 판잣집이나 서울 외곽의 주택보다 훨씬 매력적이기에 인기가 높았다.

그러나 시민아파트는 1970년 4월 마포구 창전동 와우아파트 붕괴 사건을 계기로 재검토에 들어갔다. 33명의 사망자와 39명의 부상자를 발생시킨 와우아파트의 붕괴는 당시 김현옥 서울시장이 문책성 경질을 당할 정도로 큰 사건이었다. 이후 조사 과정에서 엄청난 규모의 부실 공사 비리가 밝혀지자 시민아파트의 건설은 크게 위축되고, 대신 중산층을 겨냥한 더욱 고급

스러운 형태의 시범아파트가 건설되기 시작했다. 그 대상은 1960년대 들어 서울로 편입된 한강의 남쪽, 즉 강남 지역이었다. 여의도, 반포, 영동永東(영등포의 동쪽이라는 의미) 지구, 잠실 등지에 중산층을 대상으로 하는 대규모 아파트 단지가 속속 건설되었으며, 강남 지역은 서울의 신도시와 같은 성격을 지니게 되었다. 1970년대 후반에서 1980년대에 이르면 잠실은 물론이고 잠실 남쪽의 수서 지구에도 아파트가 들어섰다.

단독주택이 인기가 높은 유럽이나 미국에서는 아파트를 저소득층이 임대 형식으로 들어가 사는 주택이라고 인식하는 경향이 강하다. 반면 한국에서는 시민아파트의 쇠퇴 후 중산층을 겨냥하여 공급되면서 아파트가 사회적 성공이나 신분 상승, 경제적 부를 상징하는 수단으로 작용하였다. 몇 평짜리 아파트에 사느냐, 어떤 동네의 무슨 브랜드 아파트에 사느냐가 그 사람의 경제적 능력을 설명하는 하나의 지표가 될 정도였다. 아파트가 인기를 끌면서 값이 폭등하자 이제는 재테크의 수단으로써 기능하기도 했다. 아파트는 한국인들이 비교적 짧은 기간 내에 서민에서 중산층으로 신분을 상승시키거나 자신의 재산 가치를 크게 증가시키는 확실한 방법이었다.

한국의 아파트는 서양식 아파트와 확실히 달랐다. 외형은 고층의 서양식이지만 내부는 전통 가옥 양식을 적절히 적용하였다. 특히 전통 가옥의 대청마루와 같은 거실, 안방·건넌방·문간방의 구조, 전통 가옥의 장독대나 헛간을 변형한 듯한 앞뒤 베란다의 배치를 통해 입주하는 주민에게 문화적 거부감이 생기지 않도록 설계했다. 이같이 한국식 주거의 특징을 갖춘 점 외에도 문만 잠그면 도난의 우려가 거의 없는 안전함과 사생활 보장, 관리비만 납부하면 해결되는 주택 관리의 편리함, 주차장 확보와 같은 장점이 어우러져 아파트는 경제개발과 고도성장 시기의 생활로 바쁜 중산층에게 대단히 매력적으로 다가설 수 있었다. 이런 장점을 내걸고 아파트는 강남을

수도권 신도시의 아파트 | 서울의 인구가 급증하면서 서울과 가까운 지역에는 아파트 단지로 채워진 신도시들이 세워졌다. 신도시는 계획적으로 설계한 데다 기반 시설이 잘 갖춰져 있어 쾌적한 주거 환경을 자랑한다. 위 사진은 일산 신도시와 아파트 단지 안에 인공적으로 만들어 놓은 호수공원이다.

넘어서 서울의 다른 곳에도 대규모로 지어졌으며, 수도권과 지방 도시에도 들어서기 시작했다.

서울과 수도권에 각종 기능과 일자리가 여전히 집중되어 있는 탓에 서울 주변에도 인구가 늘어났다. 서울에서 가까운 도시들은 서울과 밀접한 관계를 맺으며 서울에 의존하는 위성도시로 변모하였다. 위성도시의 주민들은 서울의 직장이나 학교에서 생활하고 일과가 끝나면 되돌아오는 생활양식을 형성하였다. 그리하여 위성도시에도 많은 아파트 단지가 조성되었다. 수원, 인천, 안양, 안산, 구리, 의정부, 과천 등지가 이러한 위성도시에 해당한다.

1980년대 후반부터는 수도권 신도시가 조성되기 시작했다. 주택 부족과 그로 인한 집값 및 임대료 상승이 정권의 안위를 위협할 정도로 심각해지자 당시 노태우 정부는 일산·분당·평촌·산본·중동의 수도권 5개 지역에 신도시를 건설하였다. 5개 신도시는 서울로 통근하는 이들이 주로 입주하는 베드타운bed town의 성격을 강하게 지녔지만, 공원과 녹지의 비율이 높고 도시기반시설을 충분히 갖춰 놓아 상당히 쾌적한 주거 환경을 조성함으로써 주거 안정은 물론 서울의 인구 분산 정책에도 어느 정도 성과를 올렸다. 대략 수도권 신도시가 조성된 시기부터 서울의 인구는 조금씩이나마 감소 추세로 돌아섰다.

21세기에 들어서는 또 다른 형태의 공동주택이 들어서면서 아파트의 한계를 극복하고 있다. 바로 초고층 주상복합건물인데, 이 건물들이 서울을 비롯한 대도시의 경관을 바꿔 놓고 있다. 주상복합건물은 주택 부족 문제를 해결하기 위한 고육책에서 비롯된 면이 있다. 원래 주택 용지가 아닌 상업 용지에 초고층의 건물을 지어서 상업 기능은 1~2층의 저층에, 나머지 층에는 거주자가 사는 아파트를 결합함으로써 주택도 공급하고 본래의 토지 이

부산의 주상복합 단지 | 부산 해운대구의 주상복합 단지인 마린시티는 앞바다의 요트장 풍경과 어우러져 부산의 최고급 주택지로 평가받고 있다. 초고층 주상복합건물인지라 사진 왼쪽의 일반 아파트가 상대적으로 작게 보인다.

용 목적에도 부합하게 하는 방식이다.

주상복합건물은 일반 아파트보다 더욱 고층으로 지어졌으며 시설도 고급화시키고 전문 관리 인력을 배치하여 최상류층을 위한 주거지로서 기능하고 있다. 외부인들은 관리 사무실의 허가 없이는 건물 안에 들어갈 수 없도록 폐쇄적인 보안 시스템까지 갖추었다. 또한 건물 안에 피트니스 센터나 음식점 등의 시설이 마련되어 있기 때문에 밖으로 나가지 않고도 기본적인 생활이 가능하였다. 물론 이러한 서비스는 모두 관리비에 포함되어 주민에게 청구된다.

타운하우스는 아파트의 단점을 해결하기 위해 만들어진 주택 형태이다. 아파트에 사는 사람들이 가장 아쉬워하는 점은 정원이 없다는 것과 너무 많은 세대와 공동생활을 해야 한다는 것이다. 이런 점을 해소하기 위해 2~3

타운하우스 | 경기도 파주시의 헤르만하우스는 타운하우스로 유명하다. 타운하우스는 주로 1층은 거실과 주방, 2층은 침실로 이루어져 있으며 반지하층은 작업실이나 음악 감상실, 서재 등 각 세대의 개성에 맞게 공간을 활용할 수 있다. 작은 마당도 있어 간단한 식물 가꾸기도 가능하다.

층짜리 주택들을 연달아 붙인 형태로 짓는 주택 양식을 타운하우스라고 한다. 타운하우스는 세대수가 적기에 혼잡도나 이웃 관계로 인한 불편이 덜한 편이며, 2~3층의 구조로 이루어져 있기 때문에 실제보다 넓게 느껴진다. 지하층이나 제일 위층은 음악 감상실이나 서재와 같이 자신만의 개성 있는 공간으로 사용할 수도 있다. 소규모 정원도 갖추고 있어 화초를 가꿀 수도 있다.

이렇게 새로운 유형의 공동주택으로 채워지는 신도시들은 과거와는 다르게 만들어지고 있다. 과거의 신도시가 대도시의 주변에 위치하여 대도시 기능을 나눠 맡은 위성도시의 성격이 강했다면, 최근의 신도시는 대도시에 대한 의존도가 적고 어느 정도 자체적 기능을 충족하는 방향으로 조성되고 있다. 예컨대 자족형 신도시이자 행정복합도시인 세종특별자치시에는 이색

아파트 개발로 탄생한 박물관 | 2004년 경기도 용인시 동백 지구의 아파트와 타운하우스 건설 도중 선사시대의 유물이 대거 발굴되자 용인시는 그동안 아파트 단지 개발 과정에서 출토된 유물을 모아 용인문화유적전시관을 개관하였다. 최근에는 아파트 택지를 개발하는 과정에 유물이 출토되면 그 문화재들을 전시하는 박물관이나 전시장을 따로 조성하는 분위기다. 성남의 판교박물관, 수원의 광교박물관도 이러한 과정을 통해 탄생한 박물관이다.

적 형태의 아파트로 채워지고 있다. 기존 위성도시나 신도시의 건설 경험이 녹아 들어간 한 단계 높은 수준의 신도시가 탄생하리라 기대한다. 이런 자족적 신도시가 활성화되어야 대도시의 혼잡이 완화될 수 있다.

아파트와 신도시는 우리의 전통 주택과 도시의 기준에서 보면 상당히 이질적이고 낯설다. 그러나 우리는 이를 상황에 맞게 창조적으로 변형해왔다. 한국의 아파트는 서양과 많이 다르며, 또 시대에 맞게 달라지고 있다. 생명력은 문화의 가장 중요한 요소임을 아파트를 보면서 실감한다. 그리고 우리의 주택들도 꾸준히 진화하고 있다.

05 이색적인 테마로 단장하는 도시의 골목과 마을

도시의 터줏대감, 골목

사회적 동물인 인간은 일찍부터 모여서 마을을 이루고 살았다. 우리나라도 예외가 아니어서 역사가 오래된 농촌의 마을이 많다. 특히 조선 중기 이후 같은 성씨의 사람들이 모여 살면서 집성촌集姓村을 형성한 경우가 많았다. 그러다 산업화가 급속도로 진행되면서 농촌 인구가 도시로 이동함에 따라 도시에도 곳곳에 여러 마을을 구성하기에 이르렀다.

흔히 자연 발생적으로 형성된 농촌의 오래된 마을을 집촌이라고 한다. 집촌은 가옥이 밀집되어 있으면서 무계획적으로 들어선 경우가 많기 때문에 골목길이나 가로망이 불규칙적이고 구불구불한 점이 특징이다. 도시에 형성된 마을도 이런 점에서는 크게 다르지 않다. 사전 계획 없이 갑작스럽게 늘어난 인구를 수용하다 보니 도시에 생겨난 마을도 가옥의 밀집도가 높으며 구불구불한 골목길이 많다. 또한 이렇게 급히 형성된 도시의 마을은 대체로 기존 시가지나 주택지의 외곽에 자리 잡기 마련인지라 구릉지나 산지처럼 지대가 높은 경사지에 입지했다. 역사가 짧고 계획적으로 형성된 신도시나 간척촌, 신대륙의 개척촌 등이 평탄한 대지에 반듯반듯한 가로망과 규칙적인 가옥의 분포를 보이는 것과는 상당히 대조되는 특징이다.

비교적 짧은 시간에 많은 인구가 밀집되어 형성된 마을과 골목은 주민에게 필요한 각종 기반 시설을 함께 마련해 놓기가 쉽지 않았다. 미래를 내다보고 계획을 세워 설계하는 마을이 되기는 애초부터 힘들었다. 게다가 해방 후 일본이나 중국으로부터 귀환한 동포들과 한국전쟁으로 인한 피난민들이 도시의 일부 지역에 집단 정착하면서 상당한 고밀도의 마을과 골목길이 생겨났다. 이런 마을에서는 정착하여 사는 일 자체가 사람들의 최대 목표였기에 쾌적한 마을 환경이나 시설을 갖춘다는 것은 기대할 수조차 없었다. 이들의 정착은 한국의 도시화 진행에 가속도를 붙게 한 또 하나의 요소였다.

천덕꾸러기로 전락한 골목과 노후화된 도시 마을

근대화와 산업화를 설명하는 말에는 여러 가지가 있겠지만, 역시 으뜸은 '합리성'과 '효율성'일 듯하다. 각종 현대화된 기반 시설이 입지하고 더욱 빠른 교통의 소통과 시간 거리의 단축을 위해서는 굴곡진 형태와 곡선이 아닌 기하학적인 형태와 매끄러운 직선으로 이루어진 가로망이 절대적으로 필요했다. 인구가 늘어나고 각종 기능이 집중되면서 도시의 내부 구조 분화가 나타나자, 대규모 택지나 업무 시설 및 공공시설 등 도시의 다양한 기능을 담당해줄 건물이나 시설이 입지하기 위한 부지가 필요해졌다.

근대화·산업화가 빠른 속도로 진행되면서 결국 도시의 구불구불한 골목과 옛 마을들은 시대에 뒤떨어진 낡고 노후화한 존재로 여겨지기에 충분했다. 불규칙적이고 다닥다닥 붙어 있는 키 작은 가옥들, 좁고 구불구불해서 자동차가 들어가거나 주차하기도 어려운 골목길들, 걸어 올라가기 힘든 계단이나 비탈길은 주거 환경 면에서도 좋지 않았으며, 끝내 도시의 미관을 해치는 주범으로 낙인찍혀 늘 재개발과 철거의 위협을 받기에 이르렀다. 특히 아파트와 주상복합건물이 고급 주택으로 인식되고 전국 대도시에 빠르게 보급되면서 이러한 경향은 한층 더 두드러졌다.

도심의 도로나 주차장이 부족하여 작은 하천을 복개하여 사용하는 실정에서 낡고 노후화된 마을의 주택과 좁은 골목길은 도시의 성장이나 개발 측면으로 볼 때 크나큰 장애물로 여겨질 수밖에 없었다. 어쩌면 당시의 시대 분위기에서는 지극히 당연한 생각이었는지도 모른다. 아파트가 전 국민적인 주택 유형으로 자리 잡고 재산 증식과 경제적 신분 상승의 유효한 수단으로 여겨지는 부동산의 시대에서 이 같은 마을과 골목은 존재 가치를 인정받기 힘든 상황이었다. 개발의 높은 파고를 이러한 마을과 골목이 피해가기란 어려웠다. 실제로 개발을 명목으로 도심의 오래된 마을과 골목길이 숱하게 사라져갔으며, 그 자리에는 번듯한 빌딩과 각종 시설, 대규모 아파트 단지가 세워지면서 도시의 경관도 눈에 띄게 달라졌다.

우리네 살아온 역사가 굽이굽이 이어진 곳

달동네라고도 불리는 도시의 노후화된 주택 지역과 골목길, 과거에는 쉽게 볼 수 있었지만 점차 사라져가는 이러한 마을의 가치가 최근 새롭게 주목받고 있다. 우리의 지난 삶의 궤적을 돌아볼 여유가 생긴 요즘, 이러한 마을에 대한 관심이 높아지고 있는 것이다.

도시 속에 낙후한 모습으로 자리했던 마을들도 최근의 분위기에 발맞춰 비록 오래되고 낡았지만 자신의 마을만이 지닌 독자적인 테마나 지역성을 개발하는 추세이다. 처음에는 전문가나 시민단체가 주도했으나 최근에는 마을의 자치위원회 또는 주민협의회를 거쳐 주민들이 주체적으로 참여하고 있는 곳이 많다. 여기에 중앙정부나 지방자치단체의 지원이 곁들여지고 담당 공무원들의 노력이 더해지면 훌륭한 마을 관광지가 탄생하게 된다.

부산의 감천문화마을은 달동네가 문화마을로 탈바꿈한, 가장 우수한 사례이다. 한국전쟁 후 피난민들과 태극도 신도들이 집단 정착한 부산 감천동의 산동네는 감천 부두를 내려다보는 고지대에 위치해 있다. 이곳은 도시의 아주 전형적인 노후화된 주택지였으나, 예술인들과 부산 사하구청의 지원 및 마을 주민들의 노력으로 지금은 '한국의 마추픽추', '한국의 산토리니'라는 애칭을 얻은 아름다운 마을이 되었다. 예전에는 규칙적인 단층 가옥들이 어지러이 분포한 마을에 지나지 않았지만 지붕과 벽에 예술적인 채색을 가미하고 좁은 골목 곳곳에 아기자기한 벽화를 그려 넣자 마을 전체가 예술촌으로 변하였다. 이에 더해 조망까지 매우 뛰어나서 전국적으로 유명해졌다. 이렇게 마을이 관광지로 변모하자 주민들도 기념품을 직접 제작하여 판매하고 있기도 하다. 감천문화마을은 철거와 재개발만이 도시 개발의 정답이 아님을, 주민들의 참여와 노력이 마을을 완전히 바꿀 수 있음을 보여준 경우이다.

부산의 아미동 비석마을은 부정적 요소를 긍정적으로 급반전시킨 마을이다. 원래 아미동 일대는 1876년 부산항이 개항한 뒤 부산에 거주하던 일본인들의 화장장과 공동묘지가 있던 곳인데 한국전쟁 때 피난민들이 여기에 대거 정착하였다. 마을이 지닌 이러한 이력 때문에 사람들에게 알려진 이미지도 어두웠다. 피난민들이 일본인 묘지 위에 집을 지을 때 묘비를 담장과 주춧돌 등 건축자재로 사용했기 때문에 마을 곳곳에는 그 흔적이 아

부산 감천문화마을 | 전문가들의 예술적 감각과 지역 주민들의 참여, 지방자치단체의 지원이 서로 맞물려서 만들어진 부산의 명소이다. 노후화한 주택지도 철거의 대상이 아닌 관광지가 될 수 있음을 보여준 곳이다.

부산 아미동 비석마을 | 이 마을은 원래 일본인들의 공동묘지였던 곳이다. 한국전쟁 뒤 이곳에 피난민들이 정착하면서 묘지 위에 집을 짓고 살았는데, 아직도 마을 곳곳의 축대나 계단에는 옛 일본인 묘지의 비석들이 남아 있다. 아미동은 이러한 부정적 역사와 경관을 비석마을이라는 역발상을 통해 관광지로 변모하고 있다. 위의 사진은 비석이 섞여 들어간 축대 위에 그와 어우러진 벽화를 그린 모습이다.

직도 남아 있다. 인근의 감천마을이 새로운 마을 관광지로 재탄생한 데 자극을 받아 비석문화마을이라는 이름으로 '마을 가꾸기 사업'을 진행하였다. 마을의 특이한 역사와 내력은 관광객의 관심을 끌어모으기에 충분하다.

부산 중앙동에 있는 40계단 거리는 1950~1960년대 특색을 살린 관광지로 최근에 변한 곳이다(☞ 406쪽 참조). 한국전쟁기 피난민들이 이 주변에 모여 무허가 판잣집을 짓고 살 때 부두에 들어오는 미국의 구호물자를 받아서 내다 팔고, 헤어진 가족을 인근 영도다리에서 기다리던 곳이다. 그 시절

서울 북촌 한옥마을 | 조선시대에 조성된 상류층 주거지로서 1920년대까지 큰 변화가 없다가 1930년대에 지금과 같이 어깨를 맞댄 가옥 구조가 형성되었다. 서울시의 한옥마을 조성 정책에 따라 이제는 서울의 대표적인 국제 관광지이자 많은 영화나 드라마 촬영 장소로 부상했다.

추억을 일종의 테마로 만들어서 관광지로 승화된 곳이며, 영화 〈인정사정 볼 것 없다〉의 촬영지이자 영화 〈국제시장〉을 계기로 더욱 인기를 모으는 곳이기도 하다.

서울의 북촌은 안국동·가회동·삼청동을 포괄하는 지역으로, 청계천과 종로의 윗동네(North Village)라는 이름에서 유래하는데 전통 한옥이 밀집되어 있는 주거 지역이다. 이 마을 역시 산업화 시대에는 거주하기 불편한 한옥 지구로 여겨져서 점차 한옥이 감소하는 추세였으나, 서울시가 한옥의 리모델링에 지원을 해주는 등 한옥 보존 정책을 추진한 결과 아름다운 한옥 마을로 자리 잡았다. 지금은 수많은 해외 관광객이 답사를 오는 국제적 관광지로 명성이 높다.

대구 진골목 | 대구의 도심에 남아 있는 골목길들은 최근 진골목이라는 이름의 근대 역사 걷기 코스로 개발되었다. 주민들이 자율적으로 운영하는 진골목의 작은 도서관도 만들어졌다(아래 왼쪽). 중구 동산동의 3·1운동 계단(아래 오른쪽)을 걸어 올라가면 청라언덕이 나온다. 청라언덕에는 1906~1910년대의 선교사 사택을 개조하여 만든 계명대학교 동산의료원의 의료선교박물관이 자리하고 있다. 청라언덕이라는 지명을 노래 가사로 썼던 작곡가 박태준의 노래비도 있어 대구 역사의 숨결을 느껴볼 수 있다.

대구 김광석다시그리기길 | 가수 고 김광석의 출생지인 대구 대봉동 신천 제방과 방천시장 일대는 그동안 슬럼에 가까울 정도의 어두운 분위기였고 주변의 주상복합건물 개발로 인해 자칫하면 철거의 가능성도 있었다. 그러나 2011년부터 '김광석 길'이 조성되면서 관광객이 모여들었고, 카페와 음식점, 소공연장, 기념품 공방 등이 생겨남에 따라 대구의 대표적인 문화 관광 골목으로 탈바꿈했다.

대구의 진골목은 '긴 골목'이라는 뜻의 대구 사투리로서 대구 도심의 옛 골목을 관광지로 재발견한 사례이다. 근대 문화유산이 많이 남아 있는 대구 도심의 옛 골목길에 여러 가지 테마를 가미하여 걷기 관광 코스로 개발한 결과, 관광과는 거리가 먼 도시로 느껴졌던 대구에 근대 역사 기행을 오는 사람들이 늘어나고 있다. 진골목 인근의 각종 근대 건축물도 찾아볼 만한 문화유산이다.

대구시 중구 대봉동의 '김광석 길'(행정명 : 김광석다시그리기길)도 마을을 재생시킨 사례 가운데 하나이다. 대구 도심을 흐르는 신천의 제방 옆에 자리한 이 마을은 원래 해방 후 귀환 동포들과 한국전쟁기 피난민들이 정착하

서울 삼선동 장수마을 | 장수마을은 전형적인 달동네로 한때 재개발의 위험에 몰렸으나 주변의 한양도성길과 연계되면서 주민 참여형 재생 사업을 실시하였다. 마을 골목의 곳곳에는 귀엽고 앙증맞은 벽화도 그려져 있다.

여 방천시장을 형성하면서 주요 상권을 이루며 부상한 동네였다. 그러나 대구 상권의 변화와 도심의 개발로 점차 쇠락하여 슬럼화되어갔으며, 주변 지역이 주상복합으로 개발되면서 철거 위협까지 받기에 이르렀다. 하지만 가수 고 김광석이 이곳 출신이라는 점에 착안하여 2011년부터 조성한 김광석 거리 덕분에 이제는 주말에 하루 평균 5,000여 명의 관광객이 몰리는 새로운 명소로 재탄생했다. 관광객을 겨냥한 음식점과 카페, 기념품 상점이 들어서면서 지난날 대낮에도 지나가기 꺼려졌다는 어두운 분위기는 완전히 사라졌다.

서울 성북구 삼선동의 장수마을은 눈여겨볼 만하다. 서울의 전형적인 달동네이며 재개발 구역으로 지정되었지만 주민들이 재개발 구역 지정의 해제를 요구하여 마침내 관철시켰다. 재개발에 따른 실익이 별로 없고 오히려 동네를 떠나야 하는 주민들이 많았기 때문이다. 마을 뒤쪽으로 한양도성길이 조성되자 지금은 마을카페와 마을박물관을 조성하여 독자적으로 운영하면서 마을의 환경 정비 사업을 자체적으로 진행했다. 장수마을은 무조건적인 재개발에 대해 그것이 최선이 아닌 또 다른 대안을 제시한 사례이다.

서울 강동구 암사동의 서원마을은 서울의 동쪽 끝자락에 있는 마을이다. 이곳도 아파트 재개발의 논의가 있었지만 주민들이 살기 좋은 공동체 마을을 만들기로 결의함에 따라 담장 없애기와 마당 가꾸기, 주차장과 골목 정비를 통해 우수전원마을로 재탄생했다.

오래된 도시의 마을과 골목은 우리가 살아온 역사를 고스란히 담고 있다. 원래 도시민들의 상당수는 이러한 곳에 터를 잡고 살았다. 아파트와 주상복합건물이 여기저기에 세워지는 오늘날, 이런 마을의 소중함이 느껴지는 역설의 시대에 우리는 살고 있다. 그만큼 우리나라의 경관 변화는 빠르기에 이런 곳의 보전 가치가 더 높아지는지도 모르겠다.

06 필요한 물건을 사고파는 곳, 다양하게 변천한 시장

시장의 유래, 종류, 기능

탐나고 진기한 물건이 많이 진열되어 있으며 구경하는 사람들과 물건을 사고파는 사람들로 분주한 곳, 이따금 시끄러운 소리도 나고 혼잡하지만 활력이 넘치는 곳, 바로 시장이다. 물건을 사고파는 시장의 본성은 시대가 변해도 달라지지 않았지만 형태와 원리는 시대의 전반적 특성에 따라 변해왔다. 긴 세월을 거치면서 한 형태의 시장이 번성하는 한편 다른 형태의 시장은 쇠퇴했고, 그렇게 번성한 시장은 시간이 흐르면서 또 다른 새로운 모습의 시장에 그 자리를 내주었다.

시장은 개설 주체와 거래 단계, 상품 종류와 개설 기간에 따라 여러 가지로 나눌 수 있다. 개설 주체에 따라 공설 시장과 사설 시장으로, 거래 단계에 따라 도매시장과 소매시장으로, 상품 종류에 따라 의류·농수산·청과물·약재 시장 등으로, 개설 기간에 따라 상설시장과 정기시장으로 구분할 수 있다.

시장의 초보적 형태는 물물교환의 모습이었을 것이다. 상품의 종류가 많지 않고 자급자족적 경제체제였으며, 화폐가 널리 유통되지 못했기 때문

1904년경 서울의 시전 | 오늘날의 광화문우체국에서 종로 3~4가 일대에는 조선시대의 육의전이 들어서 있었다. 개항 전 한양의 상권은 육의전 등 종로의 상인들이 쥐고 있었다.

이다. 그러다가 화폐가 널리 유통되고 조세의 금납화가 전국적으로 실현되면서 시장에서도 물건을 사고파는 현상이 나타났을 것이다.

일상생활에 필요한 물건을 구입하는 장소인 만큼 시장은 우리의 생활과 밀접한 관계가 있지만 역사 기록으로 본다면 조선시대에 들어와서야 구체적인 모습을 드러냈다. 조선의 도읍인 한양 종로에 조정에서 허락한 시전市廛이라는 관설 시장을 설치하여 관청의 물품과 백성의 생필품을 판매하게 했다. 조선 후기로 접어들면서 인구의 증가와 화폐의 유통, 상품의 증가 등으로 민간 시장인 난전亂廛이 도성문 근처와 한강 나루터를 중심으로 발달했다. 초기의 난전은 국가에서 허가한 시전 상인의 독점적 상업 특권인 금난전권禁亂廛權으로 인해 피해를 보며 불리했지만, 정조 15년(1791)의 신해통공辛亥通共으로 금난전권이 폐지되면서 상업의 자유를 확대해 나갔다.

오늘날 우리가 사용하는 가게라는 용어는 종로 저잣거리의 난전과 시전에서 유래한 말이다. 종로 거리에는 지금의 도매상 격인 전廛, 조금 큰 상

대구 서문시장 | 대구 시장은 조선 후기에 포목과 비단을 취급하였으며 전국 3대 시장(대구장, 평양장, 강경장)에 속했다. 위 사진은 1910년대 서문시장의 모습이다. 서문시장은 원래 대구읍성 안에 있었지만 도시화가 진행되면서 서문 근처로 이전함에 따라 서문시장이라는 이름을 얻었다. 읍성이 있던 지방 도시들의 시장 가운데는 읍성의 성문을 이름으로 딴 시장이 여럿 있다.

점인 방房, 그리고 소매상 격인 가가假家가 죽 이어져 있었는데, 특히 가가는 난전에서 장사를 위해 임시로 설치한 이동식 임시 건물이었다. 이 가가가 오늘날 가게라는 말로 발음이 변화한 것이다.

한편, 지방의 경우 5일장이 점차 확대되면서 전국 방방곡곡에 시장이 생기고 물물 거래가 이루어지기 시작했다. 5일장은 단순히 물건의 거래만 이루어졌던 곳이 아니라, 사교와 오락, 정보 교환과 정치적 집회, 심지어 죄인의 처형까지 이루어지던 범사회적 기능의 장소였다. 단적인 예로 3·1운동의 전국적 궐기는 5일장을 통한 정보 전달로 가능했다.

개항과 근대화에 따른 시장의 발달

개항은 우리나라 시장발달사에도 큰 획을 그은 사건이다. 청나라와 일본의 상인들이 조선에 들어와 상업을 하기 시작하면서 전통 시장은 자본주의의 험난한 경쟁에 말려들 수 밖에 없었다. 조정의 보호를 받으면서 기득권을 누리던 시전은 점차 상권을 상실했고, 남대문과 동대문 근처의 난전은 남대문시장과 동대문시장으로 확대 발전하였다. 수운이 활발히 이용되던 때 나루터 근처에서 번창했던 시장은 근대적 교통이 철도를 중심으로 재편되자 철도역 주변이나 도심 근처 또는 읍성문 근처로 자리를 옮겨서 영업을 계속하였다. 개항과 그에 따른 외국 상인의 등장은 분명 국내 상인에게는 험난한 경쟁을 의미했지만, 다른 한편으로는 우리의 상업과 시장이 좀 더 근대적 자본주의 형태로 발전할 수 있는 계기가 되었다.

시장이 근대화하면서 여러 종류의 상품을 진열해 놓고 판매하는 백화점과 같은 신식 상점도 생겨났다. 일제강점기에 처음 등장한 서울의 미쓰코

남대문시장과 동대문시장 | 서울의 대표적 전통 시장인 남대문시장(위)은 조선 후기 한양의 주요 난전이었던 칠패시장이, 동대문시장(아래)은 이현시장이 각각 근대적으로 발전한 형태라고 할 수 있다. 지금은 외국 관광객의 한국 관광 필수 코스이며 우리나라 체감 경기를 관측하는 곳이기도 하다. 특히 남대문시장은 '여기에 없는 제품은 우리나라 어디에서도 구할 수 없다'는 우스갯소리까지 나올 정도로 별의별 물건이 많다. 동대문시장은 의류와 옷감 등이 특화된 시장이다.

백화점 | 서울의 신세계백화점 본점은 일제강점기에 세워진 우리나라 최초의 백화점인 미쓰코시 백화점이었다. 해방 후 적산敵産으로 분류되었고 한국전쟁 때는 미군의 PX로도 활용되었는데 1963년에 삼성그룹에 불하되면서 신세계백화점으로 이름을 바꿔 오늘에 이르고 있다. 오랜 역사에도 불구하고 건물의 원형이 그대로 보전되었다. 옛 건물을 유지하면서도 똑같은 기능을 그대로 수행하는 모범적인 건물 보전의 사례로 꼽힌다.

시三越 백화점(현 신세계 백화점 본점)을 시작으로 다른 대도시에도 백화점이 들어서기 시작했다. 또한 여러 가지 물건을 파는 잡화점 외에 한 가지 품목을 전문적으로 파는 상점도 서서히 늘어났다. 그러나 일제강점기를 지나 해방 이후에도 여전히 대세는 전국 각지에 있는 크고 작은 시장들이었다.

산업화·도시화로 도시의 인구가 폭발적으로 증가하고 선진국의 상업 문화가 빠르게 수용되면서 우리나라 시장에 다시금 큰 변화의 물결이 밀려왔다. 슈퍼마켓이라는 새로운 형태의 상점이 아파트 단지를 중심으로 생겨났는데, 이 때문에 동네의 전통적인 '구멍가게'와 재래시장이 큰 타격을 입었다. 온갖 상품이 깨끗하게 정돈되어 있으며 가격까지 할인해서 파는 슈퍼마

슈퍼마켓 | 서울시 종로구 신문로에 있는 홈플러스 익스프레스 광화문점은 원래 해당 업체에서 '대한민국 최초의 슈퍼마켓'이라고 주장하는 고려쇼핑이 있던 자리였다(오른쪽). 하지만 이미 1964년 서울 한남동에 한국슈퍼마켓이라는 상점이 생겼고, 1968년에는 서울시 중구 중림동에 300평 규모의 뉴서울슈퍼마켓도 문을 열었다. 그러나 한국슈퍼마켓은 외국인 대상이었다. 또한 뉴서울슈퍼마켓은 매장을 돌며 원하는 상품을 담아 일괄적으로 계산하는 일반적인 슈퍼마켓의 구매 형식이 아니라 매장의 형태만 슈퍼마켓이었을 뿐 각 상품마다 따로따로 구입하고 포장하는 방식이었으며, 그마저도 개장 4개월 뒤에는 다른 상점들에게 매장을 임대해주었기 때문에 실질적으로 한국 최초의 슈퍼마켓이라고 하기 어렵다는 주장도 있다.

켓의 출현은 우리나라의 시장 문화가 앞으로 크게 바뀔 것임을 예고했다.

서울에 이어 인구 100만 명 이상의 도시가 여럿 등장하고 서울의 인구가 1,000만 명에 육박하자 백화점의 수도 크게 증가했다. 적어도 50만 명의 배후 인구가 있어야 유지된다는 백화점은 서울 도심에도 여러 곳 입지했지만, 지하철 환승역이나 주요 간선도로가 교차하는 서울의 부도심 일대에도 제법 많이 자리 잡았다.

프랜차이즈, 편의점, 대형 마트… 새로운 상점의 출현

1980년대부터 서서히 시작된 시장 개방은 1990년대 들어 세계화라는 구실로 더욱 확대되었다. 외국의 유명 브랜드 제품만 취급하는 상점이 도시 곳곳에 간판을 내걸면서 우리에게도 친숙한 상표가 되기 시작했다. 이에 대항하여 국내의 브랜드 제품도 '프랜차이즈'라는 형태로 그 매장을 늘려갔다. 그뿐 아니라 외국자본으로 운영되는(이후에는 국내 자본도 등장) 24시간 편의점이 주택가 골목까지 들어왔는데, 가격은 다소 비싸지만 깔끔한 매장과 친절한 서비스, 기존 동네 가게에서 팔지 않는 제품의 판매, 택배나 공과금 납부를 처리할 수 있는 부가 서비스 제공, 24시간 영업, 바로 먹을 수 있는 즉석식품이나 간단한 음료를 즐길 수 있는 공간 제공 등의 장점을 바탕으로 동네 골목의 가게들을 잠식하기에 이르렀다.

전문적인 상품만을 취급하는 전문 상가와 전문 시장도 잇따라 생겨났다. 전자 제품만 취급하는 전자상가를 비롯하여 문구 시장, 그릇 시장, 수산 시장과 같이 특화된 상가와 시장이 상권을 넓혀갔다. 소비자 입장에서는 한 번 가서 많은 점포의 다양한 제품을 마음껏 구경하고 고를 수 있다는 장점이 있고, 전문 시장과 상가는 한곳에 모여 있는 덕에 집적의 이익을 톡톡히 누릴 수 있었다. 한편 백화점은 국민의 소득수준 상승에 걸맞게 고급화되어 고소득층의 취향에 맞춘 차등화된 서비스를 제공하고 있다.

1990년대 후반부터 등장한 대형 마트는 기존의 상권을 붕괴시키면서 상거래 문화의 변화와 도시경관의 변화까지 수반한 큰 충격이었다. 맞벌이 부부의 증가에 따른 평일 구매의 어려움, 승용차 보급의 증가, 상품 종류의 다양화, 소비자의 눈높이 상승 등이 외국의 쇼핑 문화와 결합하여 나타난 것이 바로 대형 마트이다. 빠르게 증가하여 안착한 대형 마트는 주말에 온

서울의 전문 시장들 | 위에서부터 차례대로 노량진 수산 시장, 서울약령시(경동시장의 한약재 시장), 용산 전자상가이다. 이들 시장은 전문적인 영역을 바탕으로 풍부한 종류의 제품을 구비하고 있어 집적 이익을 톡톡히 얻고 있다.

편의점 | 한국에 들어온 지 20년이 넘어가는 24시간 편의점은 다양한 서비스를 제공하면서 골목과 지하철역 주변의 상권을 빠르게 장악해가고 있다. 군산의 근대역사박물관 맞은편 옛 일본인 거주지에 남아 있는 일본식 가옥에도 편의점이 입지해 있다.

가족이 대형 쇼핑 카트에 일주일치의 필요한 물건들을 가득 담아 구입하고 마트 안의 식당에서 음식을 사 먹는 문화를 이 나라에 심어 놓았다. 매장의 특성상 넓은 부지가 필수이기 때문에 대형 마트는 지가가 비싼 도심 대신 마트 인근의 아파트 주민들이 자동차로 쉽게 접근할 수 있는 도시 간 고속도로 주변이나 간선도로 변에 입지하는 경우가 많다. 따라서 주변의 도로는 주말마다 상당한 교통 체증을 겪기도 한다. 대형 마트는 주변 상권을 무차별적으로 침식하는 부작용이 커서 정부는 월 2회의 의무 휴업일을 강제하고 있다.

한편 컴퓨터와 인터넷의 보급으로 대표되는 정보 통신의 발달로 새로운 상거래 문화도 생겨났다. 텔레비전 화면을 통해 상품이 홍보 및 판매되고, 소비자는 전화로 주문하여 상품을 받는 TV홈쇼핑이 확산되었다. 초고속 인터넷의 발달은 인터넷 쇼핑몰을 통한 물건 구입을 편리하게 만들어주었다.

이러한 상업 형태는 광고비 절약, 임대료와 인건비 감축(이는 제품 가격의 할인으로도 이어짐), 제품 구매의 시간과 공간 제약 극복, 다양한 판매 사이트를 통해 비교하면서 물건을 구입할 수 있는 편리함 등등 확실한 장점을 바탕으로 빠르게 일상화되고 있다.

이처럼 대형 마트, 24시간 편의점, 전문 브랜드 상점, 전자 상거래가 일상 속에 스며들면서 대세를 이루자 상대적으로 전통 시장과 5일장, 동네 가게들이 쇠퇴하고 있다. 신용카드의 사용이 어렵고 주차하기가 쉽지 않으며 매장의 인프라가 열악한 전통 시장과 동네 가게들이 상권을 잠식당하는 것은 어찌 보면 불을 보듯 뻔한 일이었다.

옛날 가로등이 켜진 동네 골목길 모퉁이에 위치한 가게에서 주인 아주머니께 인사하고 물건을 고른 뒤 "부모님이 나중에 계산하신다고 하셨어요"라고 말하며 외상으로 갖고 나오던 풍경은 이제 상상도 할 수 없는 시대이다. 동네 골목 어귀의 가게들은 24시간 편의점으로 빠르게 대체되고 있다. 저녁 식사를 준비하기 위해 오후 늦은 시간에 주부들로 북적대던 동네 시장은 심지어 명절 직전에도 한산했고, 반면 대형 마트는 명절 휴일에도 영업을 하면서 고객을 끌어모았다. 교통의 발달과 인구의 증가, 상품경제의 활성화는 5일장의 존재 가치를 없애버림으로써 농촌의 일부 지역을 제외하면 그 생명력이 거의 다한 거나 마찬가지였다.

그렇다고 해서 전통 시장이 쉽사리, 완전히 사라진 것은 아니다. 일부 지방자치단체는 지역의 독특한 시장이나 5일장을 관광 상품으로 육성, 홍보하고 있다. 대형 마트가 등장하여 주변 상권을 무너뜨린 결과 오히려 이러한 전통 시장의 희소가치가 높아진 것이다. 저렴한 가격과 넉넉한 인심에다 지역의 풍물 소개나 문화 공연 같은 볼거리가 많고 연계 교통도 편리해지자 관광 명소로 떠오른 시장이 꽤 있다. 한편 최근 도시의 대규모 아파트 단지에서는 약간 변형된 형태로 5일장이 들어서기도 하는데, 이는 전통적인 5일장의 기능이 되살아났다기보다는 소비자에게 더욱 가까이 다가가 상권을 넓히려는 영업 경쟁의 노력으로 보아야 할 듯하다.

정선 5일장 | 정선이 폐광 지역의 관광 명소로 주목을 끌면서 5일장을 보려는 사람을 위해 관광 열차 노선까지 만들어 운행할 정도로 반응이 좋다.

정부는 비 가림 지붕의 설치, 재래시장 상품권 발행, 대형마트의 월 2회 강제 휴업 등의 정책을 통해 전통 시장을 살리고 상권을 보호하기 위한 노력을 기울이고 있다. 편의점에 밀려 자취를 감출 것 같았던 동네 골목의 세칭 '구멍가게'도 내부를 새롭게 단장하고 지역 주민과 친화력을 바탕으로 한 서비스를 제공하여 자신들의 상권을 유지해 나가기도 한다.

다른 선진국들에 비해 한국은 자본주의의 도입이 늦었음에도 불구하고 그들과 거의 대등한 수준의 시장경제와 개방경제를 달성하였다. 그래서 시장의 변화는 더욱 극적이다. 치열한 경쟁의 결과 흥한 시장도, 쇠퇴한 시장도 있는데, 이는 지역성의 변화에 많은 영향을 미치고 있다. 하지만 전통 시장의 운명이 쉬 끝나지는 않을 것이라 본다. 오랜 전통이 쌓인 시장의 저력은 생각보다 강하고, 세상은 또 변할 것이기 때문이다.

07 스포츠와 체육 활동에 따른 경기장과 체육 시설의 변화

개항과 함께 상륙한 근대 스포츠

스포츠sports라는 용어는 라틴어에서 기원하며 옛 프랑스어로 본래 disport였으나 영어로 바뀌면서 지금의 sports가 되었다(현재는 프랑스어도 영어와 똑같이 'sports'를 사용한다). 접두어 dis는 '분리하다'라는 의미이고 port는 '나르다, 운반하다'의 의미이니, 원래 스포츠라는 말은 자기의 본래 일과 노동에서 마음을 다른 곳으로 옮긴다는 뜻을 갖고 있다. 더 명확히 하자면 인간이 자신의 일과 노동, 일상에 지쳤을 때 기분 전환과 휴식을 위해 하는 활동으로 정의할 수 있다.

노동에 지친 노동계급이나 평민들이 스포츠를 즐기기 위해서는 여가 시간이 제도적으로 확보되어야 하고 자본가에게 그것을 정당하게 요구할 수 있는 권리가 있어야 한다. 또한 스포츠에는 분명한 경기 규칙이 있고 신분이나 인종에 관계없이 누구에게나 그것이 공평하게 적용되어야 하니, 인간의 기본권과 평등권이 어느 정도 확립되어 있어야 가능한 활동이다. 그에 더해 자신의 의지와 선호도에 따라 직접 경기를 하거나 관람할 수 있어야 하니, 선택의 자유권뿐만 아니라 최소한의 운동 장비를 구입하거나 경기장

입장권을 구매할 수 있는 소득수준도 확보되어야 한다. 결국 스포츠는 산업혁명 이후 근대 자본주의가 확립되어 간 19세기 후반부터 대중화되고 번창했다고 볼 수 있다.

YMCA야구단 | 우리나라에 야구가 처음 소개된 시절의 이야기를 영화화했다.

한국에 서양의 근대 스포츠가 도입되기 시작한 시기는 대략 개항 이후부터이다. 국가대표 경기로 최고의 인기를 누리는 축구는 1882년 인천항에 입항한 영국군이 처음 전해주었는데, 이후 통역관이나 유학생 관리들에 의해 점차 일반에 전파되다가 1920년대에 들어서면서 국제 수준의 규칙과 시설을 가지고 대회가 운영되었다. 관중 수나 영향력으로 볼 때 가장 인기가 많은 야구는 1901년에 YMCA 간사로 대한제국에 파견된 필립 질레트가 청년회 회원들에게 '서양식 공놀이'라고 가르친 데서 유래했다. 야구 역시 1920년대에 접어들면서 본격적으로 대회가 운영되었다.

이러한 종목들이 본격적으로 도입되고 팀이 생겨나자 대회를 치를 시설이 필요해졌다. 식민지의 암울한 현실에서도 1920년에는 '조선체육회'가 창설되었고, 같은 해에 전조선야구대회가 개최되었는데 이것이 바로 오늘날까지 매년 개최되는 전국체육대회(전국체전)의 기원이다. 전조선야구대회는 1925년부터 종합대회로 확대되었는데, 실질적인 종합대회는 조선체육회 창립 15주년으로 야구·축구·테니스·육상·농구의 5개 종목을 포함하여 진행한 1934년의 제15회 대회였다.

동대문운동장의 변화 | 고교 야구 팬과 축구 경기 팬이 수없이 모여들던 서울운동장은 잠실종합운동장이 건립되면서 1985년부터 동대문운동장으로 개칭되었다. 이후 노후화가 심각하여 육상경기장은 2003년 폐쇄되어 임시 주차장 및 풍물벼룩시장으로 사용되었다(위). 2007년에는 완전히 폐쇄되어 철거되었고, 그 부지에 2009년 동대문디자인플라자와 동대문역사문화공원이 들어섰다(가운데). 공원에 옛 경기장의 야간 조명이 남아 있는 것이 보인다(맨 아래).

사진 제공 : 연합포토

장충체육관 | 서울시 중구의 장충체육관은 우리나라 최초의 국제 규모를 갖춘 실내 체육관이다. 농구, 배구, 권투 등의 실내 스포츠가 이 체육관에서 열렸다. 과거 독재 정권 시절에는 이른바 '체육관 선거'(친정부 성향의 선거인단이 체육관에서 대통령을 선출했던 제도를 비판하는 용어)가 열리기도 했다. 한때 필리핀의 지원을 받아 건립되었다는 근거 없는 오해에 시달리기도 했던 장충체육관은 2년 7개월에 걸친 리모델링을 거쳐 2015년 1월 초에 개장하였다.

근대 체육과 스포츠의 발달은 1925년에 옛 훈련원 동쪽이자 홍인지문과 광희문 사이의 터에 경성운동장을 건립하는 원동력이 되었다. 경성운동장은 그 당시 동양 제일의 경기장으로 여겨졌으며, 해방 후에는 서울운동장으로 명칭이 바뀌면서 한국을 대표하는 경기장으로 자리 잡았다. 1959년에는 야구장이 재개장되었다. 서울운동장은 우리나라 최고의 인기 스포츠인 국가대표 축구 경기와 고교 야구가 열렸던 경기장으로서 많은 시민이 찾던 한국 근대 스포츠의 요람이었다. 1960년에는 우리나라 최초의 국제 규격을 갖춘 축구 전용 경기장으로 효창운동장이 건립되었다.

축구나 야구 같은 종목과 달리 농구와 배구, 격투기 등은 실내 스포츠이다. 따라서 농구와 배구 등은 겨울스포츠로 알려져 있다. 이러한 스포츠를 하기 위해서는 체육관이 필요하다. 우리나라 최초의 체육관이자 국제 규모

선인체육관 | 2013년 8월, 인천의 선인체육관이 폭파되었다. 선인체육관은 인천의 대표적 사립학교 재단인 선인학원이 1973년에 도화동에 건립한 것으로, 서울의 장충체육관보다 세 배나 커서 당시 동양 최대의 체육관이라 불렸다. 체육관 내에는 농구와 배구 코트뿐 아니라 유도, 검도, 사격장 및 육상 트랙까지 갖춰져 있었고, 홍수환, 장정구, 유명우 등 프로권투 세계 챔피언들이 경기를 했던 곳이었다. 선인학원의 부정·비리가 밝혀지면서 소속 학교들은 공립학교로 전환되었고 노후화한 체육관은 결국 철거되었다. 인천시는 이곳을 주택 단지와 공원으로 조성할 계획인데, 애초 선인체육관이 공원 부지를 무단으로 점유하여 건설되었던 만큼 원래대로 돌아가는 셈이지만 한때나마 국민을 즐겁게 했던 프로권투의 몰락을 보여주는 것 같아 아쉽고 허전하기도 하다.

로 지어진 장충체육관은 1963년에 개관하였고, 이후 지방 도시에 체육관이 세워지도록 하는 기폭제가 되었다. 이렇게 체육관이 건립됨에 따라 우리나라에서도 계절과 날씨에 관계없이 실내 스포츠를 할 수 있는 기반이 마련되었다.

한국에서 프로스포츠가 출범하기 전, 즉 1980년대 초반까지 가장 인기가 많았던 스포츠는 국가대표 축구 경기, 고교 야구, 프로권투였다. 방송국은 당연히 국민의 관심이 제일 많이 쏠리는 스포츠를 중계방송하기 마련이라 이 세 종목의 방송 비중이 특히 컸다. 국가대표 축구 경기가 열리는 날이나 전국고교야구대회가 열리는 기간에는 서울운동장 일대에 시민들이 몰려드는 바람에 극심한 혼잡을 빚었다. 또 한국 권투 선수가 대결하는 프로권투 세계타이틀매치가 열리는 날이면 번화가의 다방이나 동네 전파사 앞에까지 구경꾼들로 빼곡했다. 1960~1980년대 초만 해도 텔레비전이 없는 가구가 많았고 컴퓨터와 인터넷은 상상도 못했던 시절이기 때문이다.

본격적인 프로스포츠 시대의 개막

1980년대에 접어들면서 우리나라 스포츠에는 의미심장한 변화가 일어난다. 곧 프로스포츠의 출범, 국제경기의 유치와 개최, 스포츠 종목의 다양화, 생활체육과 국민 건강의 중요성을 강조하는 분위기의 대두 등이었다. 이러한 시대적 흐름은 국제적으로 우수한 경기장 및 여러 종목의 체육 시설 조성, 옛 경기장의 리모델링 및 생활체육을 위한 각종 시설의 마련으로 가시화되었다.

국력의 증대와 빠르게 이룬 경제성장이라는 자신감, 거기에다 쿠데타로 집권한 정권의 정통성 확보를 위해 서울에서 아시안게임과 올림픽을 개최하려는 정부 정책은 이전에 비해 더욱 현대화된 경기장을 만드는 것으로 나타났다. 서울 잠실에 대규모 종합운동장 시설을 착공한 것은 1977년부터이며, 체육관(1979), 수영장(1980), 야구장(1982)에 이어 1984년에는 올림픽주경기장까지 완공함으로써 잠실은 바야흐로 한국의 새로운 스포츠 1번지로 부상했다.

1982년에 출범한 프로야구는 기존의 최고 인기 스포츠 가운데 하나였던 고교 야구의 지역 연고를 그대로 흡수했다. 프로야구 구단들은 해당 연

잠실종합운동장 | 서울의 스포츠 중심이자 1986년의 아시안게임과 1988년의 서울올림픽을 성공적으로 개최한 곳이다. 그러나 올림픽 이후에 야구장과 체육관은 계속 활용되고 있는 반면, 올림픽주경기장은 마땅한 활용 방안을 못 찾고 있다. 올림픽주경기장은 육상 트랙으로 인해 축구 전용 경기장으로 쓰기도 어렵고 공연장으로 활용하기에도 무리가 따른다. 더구나 한국의 최초, 그리고 현재까지 유일한 올림픽 개최 장소라는 상징성 때문에 용도 변경이나 리모델링 또한 쉽지 않다. 반면 야구장은 서울을 연고로 하는 LG트윈스와 두산베어스가 홈구장으로 같이 사용하기에 야구 시즌에는 많은 관중이 모여드는 한국 프로야구의 성지가 되었다.

고지의 고교 야구 출신 선수들로 선수단을 구성했기 때문에 프로야구는 출범 초기부터 고교 야구의 높은 인기와 함께 연고 지역 주민들의 향토애까지 그대로 흡수하면서 순조로운 발전을 할 수 있었다. 잠실야구장은 서울을 연고로 하는 팀의 경기가 항상 열리는 인기 있는 장소였음은 물론이고, 지방에 연고를 둔 팀이 서울에 올라와 경기를 할 때면 그 고향 출신 관중이 몰려드는 장소였다. 국가대표 팀 간 축구 경기 역시 더욱 수용 인원이 많고 시설이 현대화된 잠실 올림픽주경기장에서 열렸다. 이에 따라 기존의 서울운동장은 동대문운동장으로 명칭이 변경되면서 서울을 대표하는 경기장의 지위를 잠실운동장에 내주었다. 그리고 점차 노후화한 동대문운동장은 그 주변이 패션과 디자인 산업의 중심지가 됨에 따라 결국 2007년에 철거되었다. 이 부지에는 철거 과정에서 발굴된 역사 유물을 전시하는 동대문역사문화공원이 2009년에 들어섰고, 이어 2014년에 동대문디자인플라자(DDP)가 개관하였다.

프로야구 출범에 이어 이듬해 1983년에는 프로축구도 출범하였다. 프로스포츠는 국민소득이 높고 삶의 여유가 있어야 발달한다. 먹고사는 기본적인 문제가 해결되어야 기꺼이 경기장을 찾아 입장권을 구입하고 자기가 좋아하는 선수와 팀을 응원하며 먹거리를 사 먹고 기념품을 구입하기 때문이다. 그런 면에서 볼 때 우리나라의 프로스포츠 출범은 조금 이른 감이 있는데, 이렇게 된 배경에는 정통성 없는 정권이 국민 여론을 전환시키려는 정책이 반영되었다는 시각도 강했다.

야구와 축구뿐만 아니라 1983년에는 전통 스포츠인 씨름도 프로화되었다. 실내 스포츠이자 겨울스포츠로 인기를 모은 남자 농구(1995)와 배구(2005)도 모두 프로화되었다. 이에 따라 체육관은 겨울철에 사람들이 많이 찾는 장소가 되었다. 반면 체육관에서 성행했던 프로권투는 이른바 '헝그리 스포츠hungry sports'의 이미지가 강해서인지 점차 인기가 하락하였다.

서울 아시안게임과 올림픽을 치르며 자신감을 얻자 월드컵축구대회 유치에도 도전하여 마침내 일본과 함께 공동 개최권을 따냈다. 기존의 잠실 올림픽주경기장은 육상 트랙이 축구장을 둘러싼 형태이므로 관객석이 경기장에서 멀었다. 이 때문에 축구를 생생하게 즐길 수 있는 축구 전용 경기장의 건설이 시급했다. 결국 서울을 비롯한 전국 10개 도시에 월드컵축구대회 개최를 위한 경기장이 새롭게 마련되었다. 서울의 경우 쓰레기 매립지였던 난지도 일대를 월드컵경기장과 월드컵공원으로 개발하여 친환경 정책의 모범이 되었다. 이후 국가대표 축구 팀 간의 A매치는 상암동의 월드컵경기

상암월드컵경기장 | 2002한일월드컵 개최를 위해 서울은 쓰레기 매립지였던 난지도와 상암동 일대를 개발하여 서울월드컵경기장과 월드컵공원을 조성하였다. 이 일대 개발은 친환경적인 도시 정비의 우수 사례로 꼽힌다. 서울월드컵경기장의 건설로 잠실올림픽주경기장은 국가대표 축구 경기의 개최에서 밀려났다.

장에서 열렸다. 서울을 연고로 하는 프로축구 팀(FC 서울)도 창단되면서 상암동 일대는 새로운 축구 중심지로 부상하였다. 반면 잠실주경기장은 한 해에만 적자가 120억 원씩 누적되는 애물단지로 전락해버렸는데, 최근 서울시가 리모델링을 검토하고 있다.

아시안게임은 1986년 서울에서 열린 뒤 2002년에 부산에서도 개최되었고, 2014년 가을에는 인천에서도 개최되었다. 대구는 2003년 하계 유니버시아드 경기를 개최하였고, 광주에서도 2015년에 열렸다. 이렇게 지방의 광역시들도 세계적인 대회를 준비하고 개최하면서 국제 수준의 경기장을 확보해 나갔다.

전국체육대회는 주로 광역시나 도청 소재지에서 개최해오다가 1995년부터 본격적인 지방자치제 시대를 맞이하여 지방의 중소 도시에서도 개최하고 있다. 이에 따라 지방자치단체들은 종합운동장이나 공설운동장 등 경기장 마련에 더욱 노력하고 있다.

스포츠도 유행을 탄다

소득수준이 낮았던 시절, 사람들은 비용이 적게 들고 좁은 장소에서도 쉽게 할 수 있는 스포츠를 선호했다. 정부에서도 체육 시설을 여러 곳에 마련할 상황이 아니었다. 이때 많이 즐긴 스포츠가 탁구였다. 탁구는 장비를 갖추는 비용이 부담스럽지 않았으며 탁구대를 설치할 공간만 있으면 가능한 스포츠였다. 특히 1973년에 한국 여자 탁구가 세계선수권대회의 우승을 거머쥐면서 일반인에게 크게 유행하였다. 가정이나 직장에 여유 공간이 생기면 탁구대를 설치하여 시합을 벌이기도 했으며, 동네 탁구장에서도 간편하게 할 수 있었다. 탁구장은 이용료도 그리 비싸지 않아서 학생들도 많이 찾는 장소였다.

1980년대에 이르러 소득이 점차 높아지자 새롭게 인구가 늘어난 스포츠 종목은 테니스였다. 신사의 스포츠, 고급 스포츠로 인식된 테니스는 경제성장에 따른 신흥 중산층이나 전문직 종사자들이 주로 즐긴 편이었다. 때마침 대도시에 아파트 단지가 조성되면서 주민 운동 시설로 테니스코트가 마련되기 시작했다. 그 덕에 아파트 주민들은 간편하게 테니스 강습을 받거나 테니스 시합을 즐길 수 있었다. 1980년대 후반부터는 볼링이 인기를 모으면서 도시의 번화가나 길목에 볼링장이 들어섰다. 볼링은 직장인들이 점심시간에 짬을 내서 즐기거나 퇴근 후에 동호회끼리 게임을 즐길 정도로 한때 도시인들의 사랑을 많이 받았던 스포츠이다.

어느 나라든 국민소득의 수준에 따라 국민이 즐기는 스포츠의 종목도 바뀐다고 한다. 국민소득이 늘어날수록 더욱 고가의 장비를 구입하거나 더 큰 비용을 투자해야 하는 스포츠 종목을 즐기는 인구가 늘어날 것이다. 우리나라는 1인당 국민소득이 1만 달러를 돌파한 1990년대 중반부터 이러한 변화가 나타났다. 즉 이 시기부터 골프나 스키와 같은 종목의 인구가 크게 늘어난 것이다. 종전에 많은 사람이 찾던 탁구장이나 볼링장은 빠른 속도로 감소한 반면, 강원도 산간 지방에는 스키장이 들어서거나 수도권에는 골프장이 조성되었다. 본격적으로 선진국에 진입하면 승마나 요트와 같은 스포츠를 즐기게 된다는 속설을 증명이라도 하듯, 최근에는 승마장과 요트장이 점차 늘어나는 추세다. 승마장은 수도권과 제주도 일대에, 요트장은 한강 변이나 서남 해안 곳곳에 조성되었다. 최근 해양 관광 인구가 늘어남에 따라 요트 인구도 더욱 늘어날 전망이다.

화성 전곡항 요트장 | 경기도 화성은 수도권에 위치한 지리적 이점이 있는 데다 면적이 넓고 바다를 끼고 있어 승마장과 요트장을 모두 보유하고 있다. 화성시에서는 매년 6월에 경기국제요트쇼가 열린다.

생활체육과 국민 건강이 중요시되는 시대 흐름은 이전과 다른 시설과 장소를 필요로 하고 있다. 보는 스포츠보다 실제로 즐기고 하는 스포츠를 중시하고, 웰빙과 건강이 국민적 관심사가 되면서 단순히 취미 생활에 그치

어린이 수영장과 자전거도로 | 생활체육이 확산됨에 따라 동네 수영장도 많은 사람이 일상적으로 찾는 운동 시설이다. 특히 수영이 스포츠를 넘어 살아가는 데 필요한 기능이라는 인식이 강해지자 수영 조기 강습을 위한 어린이 전문 수영장이 생겨나고 있다. 어린이 수영장은 부모가 가까이에서 지켜볼 수 있도록 수영장 바깥에 따로 의자를 마련해 놓는다(위).
요즘에는 도시에 자전거도로가 많이 마련되고 있다(아래 왼쪽). 자전거 타기는 언제라도 큰 부담 없이 즐길 수 있는 운동이다. 경기도 고양시는 피프틴(Fifteen) 제도를 마련하여 공공 자전거 서비스를 시행하고 있다. 도시 곳곳에는 자전거를 대여할 수 있는 피프틴파크가 있다(아래 오른쪽).

서울광장 스케이트장 | 겨울철 빙상 인구의 수요를 위해 서울시는 매년 겨울마다 서울광장 일부를 빙상장으로 꾸며 개방하고 있다.

지 않고 돈과 시간을 투자하여 정식으로 스포츠에 빠져든 사람이 많아졌다. 도시에서 평상시 짬을 내어 할 수 있는 스포츠로는 수영, 헬스, 걷기와 달리기, 자전거 등이 있다. 이러한 경향을 반영하듯 도시 곳곳에는 수영장과 헬스장, 보행자 도로와 자전거도로 등의 시설이 마련되고 있다. 지방자치단체들은 이러한 시설의 조성과 운영에 상당한 노력을 들이고 있다.

스포츠에도 시대적 변화와 유행이 묻어난다. 한때 사람들이 많이 찾던 경기장은 이제 점차 사라지거나 다른 시설로 대체되고 있는 반면, 또 다른 경기장과 시설은 새로이 태어나고 사랑받고 있다. 더 좋은 시설이 세워지면 지금의 인기 있는 경기장도 낡아버릴 터다. 경기장의 흥망성쇠는 대규모 경기장을 짓거나 국제 대회를 유치할 때 더욱더 신중해야 함을, 그리고 대형 시설물보다는 국민의 생활과 건강에 밀착될 수 있는 시설이 더욱 중요함을 일깨워주는 것 같다.

08 숙박지의 진화, 여관에서 펜션으로

객지에서 한뎃잠을 잘 수는 없지!

집을 떠나 어디론가 며칠 동안 다녀와야 할 경우, 우리는 숙박을 밖에서 해결해야 한다. 그것이 공적인 업무로 인한 것이든 사적인 여행으로 인한 것이든 마찬가지다. 타지에 나가서 가장 중요하게 고려하는 점은 어디서 먹고 어디서 자는가이다. 그래서 여행 관련 서적이나 신문 기사에 꼭 소개되는 정보는 먹거리(맛집)와 숙소이다.

과거 전통 사회에서 지금과 같은 여행은 극소수의 권력층이나 상류층만 가능했다. 일반인들은 과거 시험에 응시하기 위해, 또는 장사 목적으로 집을 떠나 객지를 다녔을 것이다. 이들은 주막집이나 주요 길목의 민가에서 하룻밤 쉬어 가는 것으로 숙박을 해결했다. 공적인 업무로 이동하는 사람, 곧 관리官吏를 위해서는 역원제驛院制라는 국가 시스템이 작동하고 있었다. 역과 원은 대체로 공문서 전달과 공무 이동 중인 관리의 숙박, 그리고 이들에게 제공할 교통수단인 마필을 확보하고 관리하는 기관이었다.

유럽에서는 기독교가 합법화된 로마제국 말기부터 '호스피스hospice'라는 숙소가 등장했는데, 기독교의 성지순례자들에게 제공되는 숙소였다. 호

삼강주막 | 전통 사회에서 보부상 등 상인과 나그네에게 숙식을 제공하던 주막은 주로 나루터나 고갯길 주변에 있었지만 현대사회로 접어들면서 사라졌다. 낙동강, 내성천, 금천의 세 하천이 만나는 경북 예천군 풍양면 삼강리三江里의 삼강주막은 1900년 무렵에 지어졌는데 2007년에 옛 모습대로 복원되었다. 최근 이 일대는 과거의 주막 체험을 할 수 있는 삼강주막마을로 조성되었다.

텔hotel이나 병원(hospital)은 바로 교회와 관련된 호스피스에서 발달해 나온 것이다. 서양에서 근대적인 대중 관광이 뿌리를 내리기 시작한 것은 교통의 발달과 생활수준의 상승으로 중산층과 부유층이 증가하는 무렵인 산업혁명 이후이다. 이미 17세기 초반부터 마차가 대규모로 보급되었으며, 18~19세기에 증기선과 증기기관차가 등장하면서 여행을 즐길 수 있는 교통 조건이 만들어졌다. 이에 따라 여관의 숫자가 증가하고 단체 여행의 시초가 마련되었으며, 고급 숙박 시설로서 호텔이 생겨났다. 여행 대리점이나 여행자수표와 같은 여행 관련 산업과 제도도 마련되기 시작했다. 특히 영국의 토마스 쿡Thomas Cook(1800~1892)은 여행을 상품으로 만들어서 판매하여 오늘날 패키지 투어의 근간을 마련했다. 그는 단체 여행 중개업을 창업하였으며 여행

손탁호텔 | 손탁호텔은 러시아 공사 베베르와 함께 한국에 온 손탁이 1898년 3월 고종으로부터 하사받은 양관을 서구풍으로 꾸며 경영한 손탁빈관에서 비롯되었다. 호텔 건물은 1902년에 세워지고 1922년에 철거되었으며, 현재 서울시 중구 정동에 자리한 이화여고 안에 손탁호텔 터 표지석이 세워져 있다.(☞ 370쪽 참조)

자수표와 신용카드 제도를 최초로 도입한 인물이기도 하다.

우리나라의 경우는 개항과 더불어 근대적 여관과 호텔이 등장했는데, 특히 외국인을 겨냥한 호텔이 들어서기 시작한 점이 주목된다. 대한제국기인 1899년에 노량진과 제물포를 연결하는 경인선 철도가 개통된 이후 경부선, 경의선 등이 차례로 개통되면서 교통수단에서 철도가 차지하는 비중이 커졌다. 철도의 등장은 신분 사회였던 조선에서 누구나 기찻삯만 지불하면 여행을 떠날 수 있다는 의미를 지닌다. 다만 곧 국권을 상실하고 일제 식민치하의 상황이 전개되었기 때문에 일본인 중심의 관광 정책이 추진되었고 일본인들이 선호하는 관광지가 개발되었다. 하지만 신교육의 보급에 따라 조선 학생들도 점차 수학여행을 통해 여행을 접하게 되었으며, 이들을 수용할 숙박 시설도 증가할 수밖에 없었다. 일본인들이 자주 찾는 관광지에는 일본식 가옥 구조로 지어진 고급 여관이 들어서기도 했다.

해방 이후와 한국전쟁이 끝난 직후 얼마 동안은 국내 정세의 혼란으로 인해 여행을 즐길 만한 여건이 안 되었다. 그러나 국내의 정치적 상황이 점차 안정을 찾아가고 경제성장이 빠르게 이루어지면서 여행에 대한 수요가 늘어났다. 정부는 관광버스면허증을 발급하고 교통부에 관광 부서를 설치하였으며, 근로기준법에 따라 유급휴가를 규정하는 등의 조치를 취하였다. 외국 항공사들은 국내에서 영업을 시작하였다. 이러한 관광산업의 걸음마 단계를 지나 1960년대에는 '관광사업법'(1961), '문화재'보호법'(1962), '국제관광공사법'(1962) 등 관련 법령을 제정하였고, 국제관광공사(1962. 현 한국관광공사)를 발족하기에 이르렀다. 이와 함께 통역 안내원 자격시험이 실시되고, 국제관광조직에도 가입하였다. 1965년 한일 국교 정상화가 이루어진 뒤로는 일본인 관광객의 한국 방문도 급증하기 시작했다. 이렇듯 관광산업의 기초가 확립됨에 따라 국내 관광객 및 이들을 수용할 숙소의 수도 증가하였다. 그러나 이때만 해도 호텔과 같은 고급 숙소는 비중이 적었으며 여관과 민박이 여행지의 주된 숙소였다.

현대식으로 개조하지 않으면 살아남기 어려워…

1970년대에 들어서면서 국·도립공원의 증가와 국민관광지 조성, 고속도로의 건설과 같은 후속 조치들이 잇따랐다. 국내 관광산업도 본격적으로 활기를 띠기 시작했다. 가장 일반적이고 대중화된 여행 형태는 여름철 '피서'로서, 여름철이면 당연히 떠나는 행사로 여겨졌다. 한국을 찾는 외국인 관

리조트 | 리조트는 회원제로 운영되며 비수기에는 일반인에게도 개방한다. 큰 규모에 각종 편의 시설도 갖추고 있어 단체 여행객이나 가족 단위 여행객에게 인기를 끄는 숙박 형태이다. 많은 사람이 모이는 유명한 대중 관광지에는 리조트 같은 숙박업체가 분포한다. 사진은 전남의 화순 온천 지역에 있는 리조트이다.

광객도 100만 명을 돌파하였다. 대부분의 사람들이 여전히 '○○장'으로 불리는 여관과 민박을 여행지의 숙소로 이용하는 가운데 부유층과 외국인을 겨냥한 호텔도 조금씩 증가하였다. 이 무렵 콘도나 리조트 같은 신개념의 숙소도 등장하기 시작했다. 콘도나 리조트는 외형상 호텔과 비슷하면서도 객실에 주방이 있어 식사를 자체적으로 해결할 수 있다는 점이 큰 매력이기 때문에 부유층 및 신흥 중산층의 큰 관심을 받았다. 점차 여관과 민박은 상대적으로 낙후하고 불편하며 뒤떨어진 시설로 인식되기 시작했다.

1980년대에 들어서는 야간 통행금지가 해제(1982)되면서 관광을 하는 데 좀 더 자유로운 분위기가 형성되었다. 한국관광공사라는 관광 전문 기관이 출범하였고(1982), 해외여행도 자유화되었다(1983년 50세 이상 국민에 한하여 200만 원을 1년간 예치하는 조건으로 연 1회에 유효한 관광여권을 발급하는 형태의 제한적 자유화가 실시되었고, 전면적 자유화는 1989년에 이루어졌다). 서울 아시안게임(1986)과 올림픽(1988)의 개최로 해외 관광객이 증가하는 한편, 소득의 향상과 교통의 발달로 국내 관광객도 크게 늘었다. 특히 1990년대부터 급속도로 증가한 자가용 승용차의 보유는 관광을 더욱더 대중화시키고 일상적인 여가 활동으로 자리 잡게 하였다. 정부도 관광 관련 법률을 개정하고 규제를 완화하면서 관광산업의 진흥을 위해 노력하였다.

이처럼 국민관광의 시대가 도래하자 숙박 시설의 확보와 정비가 시급해졌다. 1980년대와 1990년대에 관광 소비층으로 새로이 등장한 이들은 한국전쟁 직후에 태어난 베이비 붐 세대였다. 그리고 1990년대 중반 이후의 관광 소비층은 경제성장의 혜택을 어린 시절부터 경험한, 이른바 신세대였다. 이들은 기존의 낡고 불편한 여관과 민박의 서비스에 만족하지 못했다. 사실 이미 어느 정도의 경제성장을 달성한 사회 분위기에서 더 나은 숙박 시설에 대한 수요는 높은 상태였다. 호텔 및 콘도와 리조트는 더욱 늘어났으며, 기존의 여관을 좀 더 현대화하고 외국식 이름을 붙여 서양의 이미지를 극대화한 모텔이 곳곳에 생겼다. 모텔은 본래 모터motor와 호텔hotel의 합성어로, 미국에서 자동차 여행자를 위해 처음 지어지기 시작한 숙소이다. 그러나 한국에서는 부정적 이미지가 강해서 사회적으로 문제가 불거진 적도 있다. 그럼에도 불구하고 모텔은 비교적 저렴한 가격에 편하게 묵어 갈 수 있는 숙소로 자리 잡았다.

기존의 여관들 역시 내부 시설을 개선하고 서비스의 질을 높이면서 이름을 모텔로 고쳐야만 경쟁에서 살아남을 수 있었다. 민박들도 그간 가장 불편히 여겨진 화장실과 욕실을 현대적인 수세식으로 개조하지 않은 채 그대로 유지하거나 객실에 냉난방시설을 갖추지 않으면 소비자에게 외면받기 일쑤였다. 이미 높은 생활수준을 누리고 있는 도시인과 젊은 세대는 촌락의

보성여관 | 소설 『태백산맥』에도 등장하는 전남 보성군 벌교 읍내의 보성여관은 1935년에 세워진 일본식 여관이었다. 한때 번창하던 벌교읍의 최고급 숙소였던 보성여관은 이후 쇠락하여 다른 상가가 입주해 있기도 했으나, 2004년에 문화재청이 등록문화재로 지정하고 2008년 이 여관을 매입하여 문화유산국민신탁에 리모델링과 관리를 위탁하였다. 현재, 외관은 유지하면서 내부는 현대식으로 개조하여 테마가 있는 숙박지로 탈바꿈하였다. 아래 사진은 보성여관 2층의 다다미방이다.

기차펜션과 오토캠핑장 | 정선선의 마지막 역인 구절리에는 기차펜션이 있다(위). 이곳은 레일바이크의 출발 지점이기도 하다. 독특한 레저 활동과 캠핑을 원하는 사람들을 위한 캠핑카도 새로운 숙박 시설로 떠오르고 있다. 아래 사진은 동해 망상 해수욕장의 오토캠핑장이다.

민박집에서 불편을 감수하면서까지 숙박할 필요성을 못 느꼈고, 또 현대식 숙소들이 많이 생겨났기 때문이다.

신개념의 숙소

2000년대 들어 우리나라 숙박 시설에 큰 변화를 불러온 주역은 펜션이다. 원래 펜션pension은 연금年金을 뜻하는 말로, 유럽에서 은퇴한 노인들이 자신들의 연금을 활용하여 소규모로 운영하면서 생계를 잇는 현대식 민박을 가리키는 용어이다. 청결하고 현대적인 시설과 몇 개의 방을 갖추고 주로 가족 단위의 여행객을 받아 운영하는 펜션은 독립적인 사생활이 보장되며 개별적인 주방에서 직접 취사가 가능하기에 많은 관심과 인기를 모았다. 가격은 호텔보다 저렴하고 일반 모텔이나 민박보다는 비싼 편이지만 중산층의 경제력으로는 감당할 수 있는 수준이었다.

펜션은 호텔의 합리적인 서비스와 민박의 가정적인 분위기를 모두 갖추고 있는 데다 유럽풍의 깔끔한 건물 외관이 까다로운 여행객의 마음을 사로잡기에 충분했다. 펜션 앞에는 대부분 일정 규모의 정원을 갖추고 있어서 조촐한 바비큐 파티도 즐길 수 있다. 일부 펜션은 수영장이나 운동 시설도 보유하고 있어 휴양하기에도 좋다는 장점을 지니고 있다. 2004년부터 시행된 주 5일 근무제는 펜션의 증가에 결정적인 계기를 마련했다. 빠른 속도로 각종 숙박 시설이 늘어나자 각지의 펜션들은 독특한 분위기와 시설 및 개성을 가진 특성화 전략으로 경쟁에 임하고 있다.

예전부터 관광지로 이름을 날린 지역 가운데는 펜션이 많이 들어서면서 더욱 주목을 받고 있는 곳도 있다. 수도권에 속하면서 육지와 다리로 연결

안면도 자연휴양림 숲 속의 집 | 안면도는 서해안고속국도의 개통으로 수도권과 시간 거리가 가까워지면서 관광지로 급부상하였다. 그에 따라 다양한 펜션이 밀집해 있는데 서양식의 통나무 주택 형태나 유럽형 민가의 모습을 띤 펜션도 있다. 특히 안면도의 자연휴양림 안에는 삼림욕을 즐기면서 휴식을 취할 수 있는 숲 속의 집이 마련되어 있으며, 사진에서 보이는 것처럼 한옥으로 지어진 숙소도 있다.

되어 있으며 섬 전체가 박물관으로 불리는 강화도, 한강 상수원 보호 구역 근처인 양평과 홍천 일대, 스키장이 많은 강원도 평창, 서해안고속국도의 개통으로 수도권과 거리가 가까워진 안면도, 한려해상국립공원 주변의 남해안 일대, 관광의 섬인 제주도 등지에는 펜션이 대거 들어서면서 더욱 많은 관광객의 방문이 끊이지 않고 있다.

유럽형 펜션과는 다르게 전통 가옥이나 민가를 개조한 펜션도 최근 늘어나고 있다. 한옥이나 일본식 가옥을 리모델링하여 펜션으로 활용할 경우 목조건물의 치명적 약점인 화재의 위험이 있지만 이제는 국민의식도 꽤 성숙해져서 비교적 잘 관리되고 있다. 비워 두고 폐쇄된 상태로 방치하는 것보다 리모델링을 통해 사람이 드나들도록 활용하는 방안이 문화재 보호에 더욱 도움이 될 수 있음을 증명하는 사례이기도 하다. 그 밖에도 오래된 전통 여관이나 역사성을 간직한 낡은 숙박업소를 현대식으로 수선하고 개축하여 관광자원으로 활용하는 경우도 있다.

펜션 외의 다양한 숙박 시설도 늘어나는 추세다. 레저와 캠핑을 즐기는 인구가 나날이 늘어나면서 캠핑카와 같은 독특한 숙박 시설도 점차 인기를 모으고 있다. 걷기나 트래킹, 등산과 같은 레저 활동 인구의 증가는 게스트하우스처럼 좀 더 저렴하면서도 혼자 여행 다니는 사람을 위한 시설의 수요를 불러일으키고 있다. 숲 속에서 조용한 휴식을 원하는 사람들이 찾는 휴양림에는 숲의 분위기와 잘 어울리는 통나무집이 숙소의 기능을 한다.

앞으로 관광산업은 한층 활성화될 것이다. 사람들의 기호는 점점 다양해질 뿐만 아니라 고급화될 것이고 지금의 세련된 숙소들도 언젠가는 낡고 뒤떨어진 형태가 되면서 새로운 유형의 숙박 시설을 원하게 될 것이다. 그때쯤이면 오래된 펜션이 문화재로 지정되지는 않을까? — 이런 재미있는 상상을 해본다.

09 다방에서 카페로 진화 중인 커피 한 잔의 장소

조선 땅에 커피 향이 나기 시작하다

전 세계에서 하루에 16억 잔이나 마셔서 물 다음으로 많이 소비된다는 음료는 커피이다. 식사 후 커피 한 잔 하는 것, 업무차 사람을 만날 때 카페에서 커피 한 잔을 놓고 대화하는 것, 마음에 들거나 사귀어보고 싶은 여성을 봤을 때 "커피 한잔 하실래요?"라고 제안하는 것은 너무나 자연스러운 우리의 일상이다. 그런데 사실 커피의 원료인 생두는 우리나라에서 재배되는 작물도 아니고 우리나라가 원래 커피 문화권이었던 것도 아니다. 하지만 커피가 들어오면서 우리나라에는 다방이라는 장소가 생겼고, 그 다방은 자동판매기와 커피믹스, 그리고 카페로 진화에 진화를 거듭하는 중이다.

커피가 정확히 언제 우리나라에 유입되었는지는 확실하지 않다. 다만 개항과 더불어 서양인들과 서양 문화가 들어오기 시작했고, 서양에 다녀오는 조선인이 늘어나는 과정에서 자연스럽게 커피가 수용되었을 것으로 보인다. 커피가 처음 들어왔을 때 한자음을 따서 '가배珈琲'라 부르기도 했고, 색이 검고 쓴맛이 나는 것이 마치 탕약과 같아 서양에서 들어온 탕이라는 뜻으로 '양탕洋湯국'이라고 부르기도 했다.

정관헌 | 덕수궁 정관헌은 고종이 커피를 즐기던 일종의 궁중 카페였다. 우리 옛 궁궐의 건축양식과는 다름을 알 수 있다. 고종이 커피를 즐기는 바람에 이를 이용한 독살 미수 사건도 벌어졌는데, 그 사건을 바탕으로 픽션을 가미하여 영화화한 작품이 〈가비〉이다.

커피가 전래된 초기에는 주로 개항 이후 조선 땅에 들어와 거주하기 시작한 외국인을 비롯하여 그들과 접촉하는 기회가 많았던 왕실 및 상류층, 역관, 고위 관료층이 커피를 맛볼 수 있었고, 일반 백성은 좀처럼 마실 기회가 없었다. 커피를 즐겨 마셨고 여러 이야깃거리를 남긴 인물은 바로 비운의 국왕 고종이다. 고종은 1896년의 아관파천으로 러시아 공사관에 가 있을 당시 러시아 공사 베베르의 처형이자 나중에 호텔을 운영하기도 했던 손탁Sontag 여사로부터 커피를 배워서 즐겨 마셨다고 한다. 고종은 환궁한 뒤 대한제국의 정궁을 덕수궁으로 만들고 나서도 궁궐 내에 정관헌을 지어 커피를 수시로 마시곤 했는데, 이 때문에 독살 가능성의 두려움도 겪어야 했다.

외국인을 상대로 하는 서양식 숙박업소인 호텔에서 커피를 팔면서 우리

대불호텔 터와 손탁호텔 터 | 위 사진은 인천시 중구 중앙동의 대불호텔 터이고(현재, 매장 문화재 보호를 위해 울타리를 설치하고 모래를 깔아 놓았다), 아래 사진은 서울시 중구 정동길에 위치한 이화여자고등학교 구내의 손탁호텔 터이다(사진 오른쪽 구석에 손탁호텔 터였음을 알리는 비가 서 있다). 지금은 현존하지 않는 두 호텔은 우리나라 최초의 서양식 호텔로 꼽히는 곳으로, 호텔 내에서 커피를 팔았던 것으로 알려진다. 우리나라 호텔 커피숍의 원조였던 셈이다.

이상의 집 | 서울시 종로구 통인동에는 '이상의 집'이 있다. 천재 문인 이상이 세 살부터 스물세 살까지 살았던 집 터의 일부를 문화유산국민신탁이 매입하여 문화 공간으로 꾸몄다. 이상은 커피를 매우 좋아하여 1933~1935년까지 제비다방을 직접 경영했다.

나라 초기의 커피숍들이 나타났다. 인천 개항장에 최초의 서양식 호텔로 세워진 대불호텔(1884~1888년 건립 추정)에서 커피를 팔았던 것으로 보이며, 서울의 손탁호텔(1902년 건립)과 조선호텔(1914년 건립)에서도 식당이나 별도의 공간에서 커피를 팔았다. 오늘날 호텔 커피숍의 기원은 이로부터 시작되었다.

일반인을 상대로 커피를 파는 다방茶房이 생겨나기 시작한 시기는 1920년대부터다. 근대적 교통수단인 철도가 자리를 잡으면서 전국의 주요 기차역 대합실에는 기차를 기다리며 커피를 마시는 대합실 다방이 생겨났고, 사람들이 많이 오가는 번화가에도 다방이 들어서기 시작했다. 개화 문물과 모더니즘의 영향에 따라 1920년대에 다방의 수는 빠르게 증가하였다. 처음에는 일본인과 상류층만 드나들었지만 점차 지식인과 문화·예술인까지 출입하면서 다방은 만남의 장소를 넘어 문화의 장소로까지 자리매김했다.

조선에 대한 일제의 탄압이 더욱 거세지자 다방을 찾는 지식인과 예술인들은 한층 늘어났다. 슬프고 암울한 현실 아래 그들은 다방에서 커피를 마시며 고민하고 논쟁하며 괴로워했다. 커피를 마시면서 서양식 과자를 먹고 서양 음악을 듣는 다방은 시대의 아픔을 조금이나마 잊을 수 있는 도피처이기도 했다.

다방, 자판기, 커피믹스 : 한국인의 커피 사랑이 시작되다

해방을 맞고 한국전쟁이 끝난 이후에도 다방은 그 역할을 계속하였다. 전쟁으로 모든 것이 파괴된 절망적인 상황에서 다방은 정신적인 휴식처로 삼기에 충분했다. 또한 별다른 문화 공간이 없었던 그 시절에 다방은 발표회와 전시회 등 각종 문화 행사를 열 수 있는 장소이기도 했다.

그런데 해방과 동시에 이 땅에 주둔하기 시작하여 한국전쟁 때 대규모로 참전하면서 그 수가 더욱 늘어난 미군은 우리나라의 커피 문화를 크게 변화시켰다. 미군 부대에서 이런저런 경로를 통해 흘러나온 인스턴트 커피는 일반 대중에게도 커피가 전파되는 계기가 되었다. 사람들은 커피가 입에 당장은 맞지 않아도 미국 같은 부강한 나라의 사람이나 문화인은 이런 음료를 마시는 것이라며 억지로 삼켰고, 그러다가 시나브로 커피의 맛을 알아갔다.

1960년대에 들어 산업화와 경제개발이 본격적으로 추진되자 도시의 인간관계망은 더욱 넓어졌다. 집 주변의 논밭에서 마을 사람과 일하던 농업사회에서 도시 내 직장으로 출퇴근하며 여러 사람을 만나는 도시 사회로 점차 전환되어갔다. 사람들은 일과 업무 때문에 다른 사람을 만나 이야기를

국립민속박물관 안의 추억의 거리 | 지금보다 훨씬 가난했던 시절, 설탕이 듬뿍 들어간 커피를 마시던 곳 다방은 1960~1970년대에 젊은 시절을 보낸 사람들에게 추억으로 남아 있다. 그 시대 젊은 층이 많이 이용한 다방에서는 전문 DJ를 고용하여 손님들이 메모지에 적어 낸 신청곡을 틀어주기도 했다.

나누어야 했는데, 얼마간의 돈만 내면 따끈한 커피나 마실 것, 그리고 편안하고 조용히 앉아서 이야기를 나눌 공간을 제공하는 다방은 이러한 목적에 부합하는 장소였다. 한편 농촌에서 건넛마을의 처녀 또는 총각으로 배우자를 삼고 이웃 마을과 사돈 관계를 맺던 통혼 범위는 도시와 비교할 수 없을 정도로 엄청나게 확대되었다. 출신지가 전혀 다른 이성 상대를 누군가의 소개로 만나 서로 자신을 소개하며 결혼을 전제로 사귀게 되는 시작점인 맞선의 장소로 다방은 안성맞춤이었다.

복잡하고 시끄러운 도시에서 다방은 남에게 방해받지 않고 커피를 즐기며 이런저런 볼일을 보면서 시간을 보낼 수 있는 요긴한 장소였다. 텔레비전이 가정마다 보급되어 있지 않았던 1960~1970년대에 국민의 애국심을

커피자동판매기와 커피믹스 | 다방이 퇴조하는 데 큰 역할을 한 커피자동판매기와 커피믹스는 모두 커피를 신속하고 간편하게 마실 수 있다는 공통점이 있다. 경제성장 시대에 신속함과 효율성을 선호한 한국인들에게 커피자동판매기와 커피믹스는 정확히 부합되는 존재들이었다. 그러나 커피의 고급화 시대가 열리면서 커피자동판매기도 다방과 비슷한 운명을 겪고 있다. 2004년에 전국적으로 12만 4,000대가 있었던 커피자동판매기는 2013년 말에 5만 대 수준으로 급감했고, 요즘은 예전에 비해 찾아보기도 훨씬 어려워졌다. 커피믹스는 여전히 호황을 유지하지만 원두커피의 보급에 따라 그 호황이 언제까지 지속될지는 미지수다. 오히려 커피믹스는 간편함을 무기로 커피의 본고장인 서양 여러 나라에 역수출되는 현상을 보이기도 한다.

부채질하는 스포츠 경기를 틀어주는 곳도 다방이었다. 사람들은 약속 장소로 흔히 다방을 선택했고, 이런 수요에 부응하여 다방의 수는 급격히 늘어갔다. 다방이 증가하는 만큼 커피는 대중화되었으며 명실공히 국민 음료로 자리 잡았다.

그러나 다방의 전성시대는 1970년대 후반부터 서서히 막을 내리기 시작했다. 그 원인에는 몇 가지가 있는데, 역설적이게도 다방을 통해 확산된 커피의 매력이 도리어 다방의 전성기를 끝내는 요인으로 작용했다. 다방이 쇠퇴하게 된 첫 번째 원인은 커피자동판매기의 보급이었다. 커피자동판매기가 우리나라에 첫선을 보인 것은 1977년인데, 1979년에는 전국적으로 4,000여 대가 설치되고 하루에 102만 잔이 판매되는 폭발적인 증가세를 나타냈다. 사람들이 많이 지나다니는 길목, 사무실과 대학교 등에 커피자동판매기가 설치되면서 굳이 다방에 들어가지 않고도 동전만 기계에 투입하면 쉽게 커피를 마실 수 있게 되었다. 심지어 대규모 식당에도 자동판매기가 설치됨으로써 다방의 입지는 더욱 좁아졌다. 만남의 장소가 제과점, 패스트푸드점 등으로 다양화되고 각 가정에 텔레비전이 보급됨에 따라 스포츠 시청도 집에서 개별적으로 이루어지다 보니 다방의 여러 가지 역할이 축소된 것도 그 입지를 더욱 좁히는 원인이 되었다.

두 번째는 대량으로 생산된 커피믹스이다. 산업화와 경제성장의 경이적인 빠른 속도로 짜릿함을 경험한 한국 사람들은 커피도 더욱 간편하고 신속하게 마시기를 선호했다. 바로 그런 성향을 재빠르게 파악한 식품 기업들은 커피 제조에 뛰어들었다. 인스턴트 커피와 커피 크리머, 설탕을 적절히 혼합하여 1회용으로 낱개 포장된 커피믹스는 뜨거운 물과 컵만 있으면 누구라도 손쉽게 타 먹을 수 있는 간편한 상품이었다. 속도와 능률이 생명인 산업화 시대에 커피자동판매기와 커피믹스는 일종의 시대정신을 구현한 존재들이었다.

세 번째 원인은 카페의 등장과 원두커피 문화의 출현이다. 유럽이나 미국에서는 원두커피를 즐겨 마시는데 반해, 유독 한국에서만 인스턴트 커피 문화가 강하다. 외국에 다녀오거나 그 문물을 접하는 사람들이 늘어나면서, 그리고 인스턴트 커피에 들어간 커피 크리머와 설탕의 유해성에 대한 인식이 확산되면서 원두커피의 수요가 점차 늘어났다. 커피에 대한 관념도 식사 뒤에 마시는 달콤한 음료에서 그 자체가 맛과 향이 있는 독자적인 음료라는 쪽으로 변하였다. 이제 커피는 하나의 정식 기호 품목이자 취미로 격상되었다. 커피를 즐기는 장소도 전통적인 다방은 부적합했고 세련된 분위기의 카페가 인기를 끌기 시작했다. 옛날에 커피를 마시는 사람이 문화인이었듯이, 이제는 다방이 아닌 카페를 드나드는 사람이 문화인 대접을 받는 세상이 온 것이다.

카페의 시대가 열리다

여러 형태의 개성 있는 카페와 대형 프랜차이즈의 커피 체인점이 도시 곳곳에 속속 자리 잡았다. 대도시에서는 다방을 찾아보기 어려워졌으며 지방 소도시 또는 농어촌의 읍면 소재지에서나 볼 수 있는 퇴락한 경관이 되었다. 다방을 주로 이용하는 사람도 노년층에 한정되었다. 그윽한 향이 나는 고급화된 커피 맛을 다방 종업원이나 주인이 내기는 힘들었다. 바리스타라는 커피 제조 전문 직종이 새로이 등장하면서 그들이 운영하는 카페가 인기를 끌었다. 대형 프랜차이즈 카페들은 최신식의 커피 제조 기계를 매장에 비치하여 고객의 주문에 신속히 응대했다.

최근에는 패스트푸드 체인점에서도 매장 내에 커피머신을 설치하고 작은 카페를 운영하고 있다. 제과점도 마찬가지다. 자리를 잡고 앉아서 커피를 마시지 않고 단지 커피를 사 가기만 하는 테이크아웃 커피점도 도시의 밀집된 공간을 활용하여 많이 생겨났다. 또한 소형의 커피머신이 생산·판매됨에 따라 가정에서도 카페에서 마시는 것과 같은 원두커피를 얼마든지

카페의 진화 | 커피 애호가들이 늘어나면서 전문화된 카페도 생겨나고 있다. 커피 전문 카페는 매장에서 직접 생두를 독자적으로 로스팅하고 여러 종류의 커피를 차별화하여 판매한다. 377쪽 맨 위 사진은 서울의 한 카페에 설치된 커피 로스팅 기계이다.
주유소나 간선도로 변의 패스트푸드 드라이브스루(drive-through) 점은 운전석에 앉은 상태에서 커피를 주문해 마실 수 있는 장점이 있다(377쪽 가운데).
지하철역 환승 통로나 도심의 번화가에는 테이크아웃 커피집이 생겨나고 있다. 비싼 땅값과 바쁜 도시인의 이해관계가 맞아떨어진 커피집이다(377쪽 아래).

DRIVE THRU
비타민

COFFEE
Take out

근대 건축을 활용한 카페 | 일제강점기의 건물이나 일본식 가옥을 리모델링하여 카페로 개조한 곳도 있다. 인천광역시 중앙동 근대역사문화거리에는 등록문화재로 지정된 옛 일본인 운송 회사(구 대화조 사무소) 건물을 개조한 카페가 있다.

만들어 마실 수 있게 되었다. 커피에 대한 전문 지식이 점차 보급되고 커피를 즐기는 취미를 가진 사람이 늘어나면서 이런 현상은 더욱 확대되고 있다.

이렇게 본다면 다방은 전혀 설 자리가 없을 것 같다. 그러나 노년층이 많이 거주하는 지역이나 농촌에는 여전히 다방이 남아 있다. 그리고 역사가 오래된 옛 다방들은 최근 지역의 특징을 살리는 경향에 따라 외관은 유지하면서 내부를 현대식으로 수리하거나 그 자체로 보존되기도 한다. 셀프서비스가 일상적인 문화로 자리 잡은 요즘, 커피를 주문하면 공손하게 직접 가져다주었던 다방의 문화는 추억을 불러일으킬 수 있을 것이다. 전통문화에 대한 관심과 역사성을 강조화는 포스트모더니즘의 분위기 때문인지 최근에는 일부러 '다방'이라는 이름을 살린 카페나 프랜차이즈 커피 전문점도 나타나고 있다.

다방에서 카페로 커피 한잔의 장소가 진화하는 동안 어느새 한국은 세계에서 아홉 번째로 커피를 많이 소비하는 나라가 되었다. 커피를 들고 다니는 사람을 거리에서 흔히 마주치고, 점심 값보다 더 비싼 커피를 마시는 것을 대수롭지 않게 생각하는 사람이 늘어날 정도로 커피는 일상화·전문화 되어간다. 앞으로 또 어떤 장소에서 커피를 마시게 될지 자못 궁금하다.

10 식도락의 시대, 맛집으로 되살아나는 지역

맛있는 먹거리를 찾는 것은 인간의 본능

'금강산도 식후경食後景'이라는 말이 있다. 아무리 아름다운 경치와 좋은 곳이 눈앞에 펼쳐져도 일단 허기를 면하고 배가 불러야 둘러보는 재미가 있고 흥이 나는 관광을 즐길 수 있다는 의미다. 다시 말해 배가 고프면 그 어떤 훌륭한 경치도 눈에 들어오지 않는다는 말이다. 그러할진대 좋은 곳에 가서 그 지역의 유명한 특산물로 만든 음식을 먹는다면 어떨까? 또는 그 지역의 소문난 맛집을 찾아가 먹는다면? 그 즐거움은 갑절로 증가하리라.

관광과 맛집은 밀접한 상관관계가 있다. 이는 비단 오늘날에만 해당되지 않으며 예부터 그랬다. 조상들의 문학작품을 보면 유람객이 풍경을 감상하다가 그 고장의 특산물이나 먹거리를 먹는 장면이 곧잘 등장하곤 한다. 토지세, 부역, 특산물로 상징되는 과거 전통 사회의 조세 체계에서 특히 지역의 특산물(특히 먹거리)은 가혹한 조세 부과의 대상이었다. 달콤 새콤한 제주도의 밀감은 조선 왕실과 지배층에게는 탐스러운 먹거리였는데, 귤나무에 귤이 아직 채 익지도 않은 초록빛일 때 이미 그 수를 파악하여 태풍이나 가뭄에 관계없이 가을이면 해당 숫자대로 납부를 강요했던 역사적 사실은 그 작은 단면이다. 오늘날 어느 고장의 특산물을 홍보할 때 '옛날 임금님의 수라상에도 올라갔다'는 표현을 흔히 쓰는 것도 이를 증명한다.

사람은 기본적으로 먹어야 활동할 수 있는 생명체이다. 음식을 먹어 영양분을 보충해야 노동에 종사할 수 있다. 과거 근대적인 교통수단이 없던 시절, 어디에 가려면 걷는 수밖에 없었고 걷다가 지친 몸은 목적지에 도착해서 지역의 음식 섭취로 피곤함을 달랬다. 그러나 신분제 사회에서 지역의 맛난 특산물을 비교적 자유롭게 즐길 수 있는 사람은 소수의 상류층에 한정되었을 것이다. 시장경제가 발달하기 전이었고, 음식의 자급자족적 성향이 강했던 전통 사회에서 본격적인 음식점의 출현이나 맛집의 발달이 이루어지지는 않았다. 다만 특산물을 이용한 음식이나 역사적 사건으로 유래된 음식이 그 고장의 명맥을 이어가고 있을 따름이었다. 그러다가 점차 상품경제가 발달하고 장시를 중심으로 많은 사람이 모여들며 행정 기능이 집중된 도시를 중심으로 음식을 만들어 파는 상업이 번창하기 시작했다. 또 관광을 다니는 사람이나 날품을 팔러 외지 사람들이 드나들면서 그 지역의 음식이 유명해지는가 하면 상품이 되기도 하였다.

지역의 이해에 꼭 필요한 소재

음식의 재료가 되는 먹거리는 기본적으로 농림수산물이며, 이는 지역의 기후와 토질, 그리고 지형과 깊은 관계를 가진다. 음식은 지역의 특성을 설명하고 지역을 이해할 수 있는 아주 기초적인 소재이다. 상관관계가 높은 만큼 음식과 지역을 따로 떼어 파악하기는 어렵다. 음식은 지역의 역사와도 밀접한 관계를 맺는 경우가 많다. 해당 지역의 역사적 사건이나 경험에서 비롯된 음식이 제법 많기 때문이다.

근대로 접어들면서 지역의 먹거리 탄생과 정립에 영향을 준 변수들로는 개항, 일제의 식민 지배, 한국전쟁과 미국의 경제원조, 공업화에 따른 수도권과 대도시로의 인구 집중 등을 꼽을 수 있다. 개항을 통해 일본을 포함한 외국의 문물이 들어왔으며 바다에 면한 항구에 인구와 물자가 모여들면서 새로운 먹거리가 탄생했다. 한국전쟁으로 미국의 구호물자가 들어오면서 이를 활용한 음식이 만들어졌으며, 미군의 주둔으로 인해 그들의 음식 문화와 우리의 음식 문화가 결합되었다. 수도권과 공업 도시에 일자리가 늘어나면서 지방의 인구가 유입되자 농촌을 떠나 도시에서 자기 고향의 음식으로 장사를 하는 사람들이 급증했고, 이에 따라 전국의 다양한 음식들이 음식점을 통해 소개되었다.

최근에는 지방자치제의 발달에 따른 지역의 홍보와 관광객 유치의 차원에서 각 지역의 먹거리와 맛집을 경쟁적으로 개발하고 상품화하고 있다. 관광의 행태도 명승지와 유명 관광지 중심의 대중 관광이 아닌 지역의 문화를 음미하고 자세히 관찰하며 이해하려는 지속 가능한 관광의 유형으로 옮겨가면서, 단지 지역의 먹거리를 맛보기 위해 떠나는 여행도 이루어지고 있다. 자가용 승용차와 인터넷의 보급은 이러한 관광을 추구하는 사람들이 급증하는 데 큰 영향을 미쳤다. 그래서 예전에는 이름난 볼거리가 없거나 다른 관광지에 비해 상대적으로 관심받지 못했던 곳들이 독특하고 개성 넘치는 먹거리로 다시금 주목받는 경우가 생겨나고 있다. 혹은 이미 관광 도시인데 지역의 먹거리가 주목받음에 따라 그 음식을 특화한 음식점들이 집중 분포한 곳이 관광 코스에 추가로 편입되는 경우도 생겨나고 있다.

또한 세계화에 따른 외국 문화와 접촉 증대, 해외 유학생의 증가, 국내 거주 외국인의 증가 등으로 인해 외국의 음식 문화가 국내에 소개되는 경우도 많아졌다. 이에 따라 새로운 외국 음식 전문점들이 생겨나면서 젊은 층이나 식도락가를 불러 모으고 있기도 하다.

음식을 찾아 떠나는 여행

서울은 천만의 인구가 거주하는 대도시이자 전국 각지에서 올라온 사람들로 분주한 도시이다. 여러 지방 출신이 많다 보니 다양한 음식점들이 들어섰으며 대중적인 호응과 인기를 모은 맛집들이 모여서 음식점 거리를 형성하고 있다. 서울이라고 하면 조선왕조의 도읍이 자리했던 곳이라 궁중 음식이나 사대부 양반가의 음식이 대표 음식이라 생각하기 쉽다. 하지만 서울은 인구 천만의 대도시답게 서민적인 먹거리도 풍부하다. 빈대떡, 순대, 족발, 떡볶이, 냉면, 각종 고기구이 등이 서울을 대표하는 음식들로 번창했다.

마포 돼지갈비는 과거 한강의 마포 나루에서 일하던 일꾼들이 비교적 값싸게 먹었던 음식이고, 장충동 족발은 장충체육관에서 스포츠를 관람하고 나온 사람들이 드나들던 곳에서 발달했다. 두 음식 모두 좋은 돼지고기를 수출하고 남은 부위를 활용해서 만들어졌는데, 과거 힘겹고 어려웠던 시절을 반영하는 음식이기도 하다. 빈대떡은 도심 뒷골목의 술안주로, 순대는 신림동 대학가의 저렴한 먹거리로, 신당동으로 대표되는 떡볶이는 청소년과 젊은이를 대상으로 하는 보편적 먹거리로 인식되어 있다.

서울의 주요 길목에는 다양한 음식점들이 성황을 이루며 자리 잡은 곳이 많다. 조용한 주택가였던 성북동은 도심과 외곽을 연결하는 길목인데 최근 오래된 주택을 개조한 고급 음식점이 들어서고 있다. 녹사평역 근처의 이태원동 일대는 미군 부대 근처라는 어두운 이미지를 극복하고 최근 다양

사진 제공 : 한국관광공사

서울의 서민 음식들 | 종로 5가의 광장시장에는 빈대떡 거리가 조성되어 있어 이 음식을 맛보려는 사람들로 늘 북적인다. 특히 비 오는 날 저녁이면 불야성을 이룬다(위 왼쪽). 서울의 옛 마포 나루 근처인 지하철 마포역과 공덕역 일대에는 돼지갈비와 갈매기살을 파는 음식점들이 모여 있다(위 오른쪽). 과거 마포 나루터에서 하역 작업을 하던 인부들이 저렴하게 돼지고기를 먹던 데서 유래했는데, 지금은 전국 곳곳에 마포갈비라는 음식점이 들어서 있을 정도로 유명해졌다.
관악구의 신림동 순대타운(아래 왼쪽)과 중구의 신당동 떡볶이타운(아래 오른쪽)은 값싸고 양 많은 서민적인 먹거리집들이 모여서 명소가 된 사례이다. 신림동 순대타운은 대학가와 가깝고 신당동 떡볶이타운은 도심과 부도심 사이에 위치하여 접근성이 유리하다는 장점이 있다.

짜장면박물관 | 인천은 개항 이후부터 서해 건너 중국인들의 출입이 잦았던 까닭에 인천항 근처에 차이나타운이 형성되었다. 차이나타운에는 중국음식점들이 모여 있다. 인천광역시는 우리나라 최초의 중국음식점이라고 알려진 공화춘의 옛 건물을 리모델링하여 짜장면박물관을 개관하였다.

하고 개성 넘치는 음식점들로 채워지고 있다.

개항으로 번창하기 시작한 인천은 일찍부터 중국인들이 들어오면서 차이나타운을 형성했는데, 오늘날 국민 음식으로 사랑받는 짜장면이 기원한 곳이다. 현재도 북성동의 차이나타운에 즐비하게 늘어선 중국음식점들이 성업 중이다. 인천의 부두 노동자들이 값싸게 즐기던 시원한 냉면은 동인천역 근처의 화평동 냉면 거리에서 맛볼 수 있다. 냉면의 가는 면발을 뽑으려다가 실수로 굵게 뽑는 바람에 탄생한 쫄면도 인천의 대표적인 먹거리다.

대규모 미군 부대가 주둔한 서울 용산구와 의정부, 평택 등지에는 부대찌개 음식점이 발달했다. 특히 의정부에는 '부대찌개 거리'가 형성되어 있고 부대찌개축제도 열릴 정도로 지역을 대표하는 음식이다. 전국 곳곳에서 '의정부 부대찌개'라는 이름의 간판을 어렵지 않게 볼 수 있을 만큼 의정부는 부대찌개의 원조 도시로 인정받는다. 60여 년 전 먹을 것이 귀하던 시절

춘천의 명동 닭갈비 골목 | 강원도 춘천시 도심의 명동 닭갈비 골목에 가면 닭갈비와 막국수를 골라가며 맛볼 수 있다. 춘천은 막국수체험박물관도 세워서 관광객들이 직접 면을 뽑아 막국수를 만들어보도록 하고 있다.

미군 부대에서 흘러나온 잡다한 고기와 햄, 소시지, 베이컨에 김치와 야채, 라면을 넣어 끓여 만든 데서 부대찌개라는 이름이 유래하였다. 서민적 먹거리인 부대찌개는 미군의 주둔이라는 역사적 사회적 상황이 낳은 음식이다. 평택의 송탄은 의정부와 함께 부대찌개로도 유명하지만 미군들에게 팔던 햄버거 가게들이 미군 부대 근처에 자리 잡고 있다.

춘천의 대표 음식은 닭갈비와 막국수이다. 경춘고속도로의 개통과 경춘선의 전철화로 교통이 편리해지자 이들 음식을 맛보려는 사람들이 춘천을 많이 찾는다. 닭갈비는 춘천 일대의 군부대 및 훈련소에서 외출 나온 사병들과 그들을 면회 온 사람들, 그리고 춘천의 대학생들을 대상으로 저렴한 먹거리 공급의 차원에서 발달한 음식이다. 춘천 막국수의 유래에 관한 설에 대해서는 두 가지가 유력한데, 하나는 강원도 산간 지방의 메밀을 춘천에서 제분한 뒤 한강을 통해 운반하는 과정에서 생겨났다는 설이고, 다른 하나는

강원도의 찐빵마을 | 원주와 횡성은 찐빵으로 유명하여 지나가는 승용차 여행객들을 불러 세운다. 원주의 황둔찐방마을과 횡성의 안흥찐빵마을 입구에는 찐빵 모양의 조형물이 세워져 있다.

한국전쟁 이후 생활고 해결을 위한 장사의 수단으로 번창했다는 설이다. 강원도 내륙인 영서 지방의 영월, 평창, 정선 등지에서는 메밀을 재료로 삼아 만든 음식을 취급하는 음식점들이 많이 분포하여 관광객의 발길을 끌어당긴다. 영동고속국도의 중간 지점이자 경기와 충북으로 이어지는 길목인 강원도 원주와 횡성 일대는 찐빵마을로 유명하다. 이곳의 찐빵은 근처 도로의 교통 체증으로 지친 운전자들이 종종 사 먹는 먹거리인데, 맛이 좋아서 일부러 찾아오는 사람도 많다.

경기도와 충청남도의 해안 지방에는 바지락칼국수 거리가 곳곳에 형성되어 있다. 서해안 갯벌에서 채취한 바지락을 넣어 시원하게 끓여낸 칼국수는 부담 없는 가격에 푸짐한 양으로 만족을 느끼는 대표적 먹거리로서 해변 관광을 다니는 사람들에게 인기 만점이다. 바지락칼국수 거리에는 대체로 횟집이나 조개구이집이 함께 분포한다.

전주의 비빔밥, 나주의 곰탕, 광주의 떡갈비, 대구의 따로국밥과 육개장

홍성 남당항의 횟집타운 | 경기와 충남의 서해안에는 갯벌이 넓게 펼쳐져 있어 바지락을 비롯한 조개류가 많이 생산된다. 최근 이곳에는 바지락칼국수집과 조개구이집이 해안을 따라 대규모로 분포하고 있다. 충남 홍성 남당항의 해양수산복합센터에는 대하를 주로 파는 횟집이 들어서 있다.

은 예부터 전통을 자랑하는 지방 음식이다. 이들 도시는 내륙에 위치하여 상대적으로 유명 관광지가 적은 편이지만 최근 전통 음식에 대한 관심이 높아지고 그 맛의 가치를 새롭게 깨닫는 사람이 늘어나면서 인기를 모으고 있다. 그래서 설령 이곳에 여행 목적으로 온 것이 아니라 업무차 들렀다고 하더라도 반드시 이들 음식을 맛보고 가는 경우가 많다. 이러한 음식을 파는 곳은 대체로 도심지에 모여 있기 때문에 어렵지 않게 갈 수 있다. 비빔밥으로 널리 알려진 전주에는 막걸리 골목도 있는데, 저렴한 가격에 푸짐한 안주가 계속 제공되기 때문에 맛 기행의 대표 도시로 떠오르고 있다.

역사적 도시 경주의 시내 곳곳에서는 경주빵집을 흔하게 볼 수 있다. 경주빵은 일제강점기에 일본식 팥과자인 화과자和菓子의 영향을 받아 경주에서 개발된 특산물이다. 애초의 이름은 경주시 황남동에서 처음 만들어진 연유로 황남빵이라 불렸으나 지금은 경주빵이라는 이름으로도 널리 알려졌고, 또 그 이름의 간판을 단 상점들도 많다. 경주가 세계적인 역사 도시이자 관광 도시로 우뚝 서면서 경주빵도 덩달아 유명해졌다. 경주를 다녀가는 사람이라면 한 번쯤 경주빵을 선물로 사가지고 갈 정도다.

부산의 돼지국밥과 영화 〈변호인〉 | 부산에 가면 돼지국밥집을 도처에서 발견할 수 있다. 1981년 9월 발생한 '부림 사건'을 소재로 만든 영화 〈변호인〉에서 주인공 송강호가 돼지국밥을 맛있게 먹는 장면 덕에 부산의 돼지국밥은 더욱 유명해졌다.

부산의 향토 음식이라면 흔히 돼지국밥, 동래파전, 밀면을 꼽는다. 돼지국밥의 유래에 대해서는 여러 설이 내려온다. 고려시대에 돼지고기로 끓여 먹은 탕이라는 설, 조선시대에 일본인이 거주하던 부산왜관에서 돼지 뼈로 육수를 우려내던 것에서 기원했다는 설, 한국전쟁이 발발했을 때 부산의 피난민들이 귀한 쇠고기 대신 돼지고기로 설렁탕을 끓여 먹은 것이라는 설 등이 있다. 동래파전은 낙동강 삼각주의 모래땅에서 재배되는 파와 부산 앞바다의 해산물이 만나 만들어진 음식으로, 17세기 후반 금정산성 축성 때 일꾼들에게 밥 대신 끼니용으로 나눠줬다고 하며, 일제강점기에 동래온천을 찾아온 일본인들에게 알려지면서 유명해졌다고 한다. 밀면은 한국전쟁 때 부산으로 피난 온 함경도 사람들이 고향 음식인 냉면을 구호물자로 제공된 밀가루로 만들어 먹었던 데서 비롯한 음식이다. 부산에는 이런 음식을 파는 식당이 시내 곳곳에 있어 부산을 찾는 이들에게 또 다른 즐거움을 선사한다.

통영항 근처에 집중 분포하고 있는 충무김밥집은 통영의 대표적 먹거리

구룡포 대게 거리 | 경북 동해안의 포항 구룡포는 과메기가 유명하며 과메기축제도 열린다. 대게를 취급하는 횟집들도 많이 분포하여 대게 거리가 형성되어 있다.

이다. 통영은 한때 '충무'라는 지명으로 불린 적(1955~1994)이 있기 했기 때문에 충무김밥이라는 이름이 붙었다. 옛날 통영항에서 어선의 선원들을 상대로 김밥 장사를 하던 아주머니가 고온 다습한 기후로 인해 속에 반찬을 넣은 김밥이 쉽게 상하자 이를 방지하려고 아무것도 넣지 않은 김밥에 무김치와 오징어 무침을 따로 만들어 팔았던 데서 기원한다. 이 독특한 김밥이 전국적으로 유명한 충무김밥이 되었다.

생활의 여유가 생기면서 맛을 찾고 음미하는 사람들이 늘어간다. 먹는 것이 단지 끼니를 때우고 삶을 유지하기 위한 불가결의 행위를 넘어 즐거움을 누리는 차원으로까지 발달한 시대이다. 그래서 먹거리의 양보다도 질을 추구하는 사람들이 많다. 좋아하는 음식과 맛있다는 음식, 자신이 여행 간 곳이나 지나다니는 곳의 유명한 음식점을 찾아 맛보는 것은 또 하나의 취미이자 즐거움이 되는 세상이다. 그런 만큼 그 먹거리의 배경인 지역에 대한 관심도 높아간다. 우리가 지역에 관심을 가져야 하는 또 다른 이유다.

11 단지 옛것을 모아 놓은 장소가 아닌 문화와 교육의 장소, **박물관**

박물관의 기원

박물관博物館의 사전적 정의는 '고고학적 자료, 역사적 유물, 예술품, 그 밖의 학술 자료를 수집·보존·진열하고 일반에게 전시하여 학술 연구와 사회 교육에 기여할 목적으로 만든 시설'이다. 그래서인지 박물관이라고 하면 사람들은 대부분 옛것을 많이 전시해 놓은 장소쯤으로 알고 있다. 예전에 비해 박물관이 많이 활성화된 지금도 그렇게 알고 있는 사람들이 꽤 있다.

박물관은 영어로는 'Museum'이라고 한다. 기원전 300년경 이집트 알렉산드리아 궁전의 일부에 뮤세이온Museion이라는 보물 창고를 설치하여 예술의 여신인 뮤즈에게 바치고, 이곳에서 학문 연구를 하던 것이 박물관의 기원이라고 한다. 인간 중심의 예술과 학문이 발달한 르네상스 시대, 그리고 신항로의 개척과 시민혁명·산업혁명을 거치면서 박물관은 점차 전시 중심의 공간으로 변모했다. 특히 서양 제국주의 국가들의 식민지 정복 사업, 국민국가를 위한 영토 팽창은 그들이 이전까지 보지 못했던 진기한 자료나 물건들을 식민지로부터 본국으로 무수히 가져올 수 있는 기회였고, 이에 따라 근대적 박물관이 생겨날 수 있었다.

우리나라의 경우 전근대 시기에 박물관과 비슷한 기능을 하는 장소나 공간이 있었을 것으로 추정되지만 확실한 역사적 근거나 자료가 부족하기에 단언하기는 어렵다. 다만 왕실이나 양반 사대부의 종갓집 등에 이와 유사한 공간이 있었을 것으로 추측한다. 『조선왕조실록』, 『승정원일기』, 각종 의궤 등 세계적으로도 손꼽히는 왕조의 기록물을 꼼꼼히 작성하고 보관했던 것으로 미루어 보면 진기한 물건들도 체계적으로 보존하지 않았을까? 오늘날, 명문 종갓집에서 몇 백 년간 보관해온 가문의 유물을 공공 박물관에 기증하는 사례를 종종 볼 수 있다. 그렇다면 집의 규모가 크고 재산을 관리할 만한 사람을 많이 부렸던 옛날 명문 사대부 집안에서 가문의 유물을 잘 보관하고 있었다고 생각해도 무방하지 않을까?

우리나라에서 박물관이라는 명칭은 대한제국 황실이 1909년 창경궁에 개관한 제실박물관帝室博物館에서 처음 등장한다. 제실박물관은 한일합병 뒤 1911년 이왕가박물관李王家博物館, 1938년 이왕가미술관으로 개편되었는데, 이곳에서는 고려·조선의 도자기와 불교 공예품, 조선시대 회화와 풍속 자료 등을 전시했다고 한다. 1915년에는 조선총독부가 자신들의 업적을 홍보하는 물산공진회物産共進會를 경복궁에서 개최하고 경복궁 안에 조선총독부박물관을 만들었다. 그들은 조선에서 발굴·조사한 유물들을 이곳에 전시하였는데, 안타깝지만 이것이 한국 고고학의 시작이었다. 또한 일제는 신라와 백제의 옛 도읍인 경주와 부여에서도 발굴한 유물들을 옛 객사에 전시하면서 그곳을 조선총독부박물관의 분관으로 삼았다. 이것이 오늘날 국립경주박물관과 국립부여박물관의 모태이다.

모든 것을 파괴해버린 한국전쟁은 박물관을 유지하는 일조차 힘들게 만들었다. 그럼에도 불구하고 소장품들은 전화戰禍 속에서 다행히 살아남았고, 전쟁이 끝난 직후 1954년 덕수궁 석조전에 국립중앙박물관을 정식 개관하였다. 그 뒤 1972년에 경복궁 내로, 1986년에는 옛 조선총독부 건물(해방 이후 '중앙청'으로 불림)로 이전하는 등 국립중앙박물관이 제대로 자리 잡지 못하였다. 한편 1975년에는 경복궁 안에 국립민속박물관이 새로 지어져 개관했으며, 공주·진주·광주·청주·대구·전주 등 지방에도 국립박물관이 세워졌다. 지방의 국립박물관은 해당 지역에서 발굴된 유물들을 전시했다.

전문적이고 재미없고 따분한 곳?

필자가 고등학생으로 수학여행을 간 때는 1980년대 중반이었다. 그 시절 대부분의 학교가 그랬듯 필자가 다닌 학교도 경주 일대로 수학여행을 갔다. 국립경주박물관을 갔는데, 학생들에게 잠깐의 자유 시간을 주고는 각자 알아서 둘러보라고 했다. 지금 생각해보면 그 짧은 시간 동안 박물관을 관람하는 것은 거의 불가능했다. 자세히 둘러보는 것은 고사하고 슬쩍 훑어보는 것조차 여의치 않았다. 보는 둥 마는 둥 경주박물관을 그냥 돌고 나오자 밖에서 쉬고 계시던 선생님들은 학급별 단체 사진을 찍게 하시고는 우리를 버스에 태워 다음 장소로 이동시켰다.

해묵은 과거 이야기를 굳이 꺼내는 이유는 바로 이 장면이 당시 박물관에 대한 우리 국민의 이해와 인식의 수준을 단적으로 설명하는 것 같아서이다. 해방과 전쟁, 분단을 거치고 점차 안정을 찾아가면서 서울과 지방에 박물관들이 생겨났지만 박물관에 대한 이해는 오래된 유물을 전시하는 고리타분한 장소라는 이미지가 강했다. 가서 한번 쓱 둘러보고 나오는 곳, 일반인에게는 어렵고 전문적인 곳, 재미없고 지루해서 시간을 내어 가기에는 부담스러운 곳, 가봐야 별로 볼 것도 없는 곳……. 과거 우리가 박물관에 대해 갖고 있던 인식이자 고정관념이었다. 그러다 보니 박물관은 교육 목적으로 학생들이 단체 여행이나 갈 때 들르는 곳, 일반인들은 가기를 엄두 내지 못하는 곳이라는 생각이 지배적이었다.

사정이 이러하니 국내 어느 지역으로 여행을 가더라도 박물관을 들러 관람하는 경우는 좀처럼 없었다. 학창 시절의 이와 같은 경험은 성인이 되고 나서도 우리의 여행관에 큰 영향을 미쳤다. 박물관은 잘 알지도 못하는 유물로 그득할 뿐 따분한 장소였고 그곳에 입장료까지 내고 들어가서 시간을 보내고 싶지 않다고 여긴 사람들이 대부분이었다. 박물관 관람의 자세도 제대로 정립되어 있지 않았음은 물론이다.

종합 문화 공간으로 기능하다

박물관에 대한 고정관념에 조금씩 변화가 나타나기 시작한 것은 대략 2000년대 들어서이다. 삶의 질이 높아지고 여가 시간이 늘어나면서, 그리고 문화·예술에 관심이 증가하면서 박물관 관람객이 점차 늘어나기 시작했다. 1995년 지방자치제도가 전면적으로 실시되자 각 지방자치단체들은 관광객 유치와 지역 홍보를 위해 지역의 특산물이나 산업, 역사와 문화 등을 전시하는 테마 박물관을 조성하기 시작했다.

중앙정부도 '1도道 1박물관'의 원칙을 가지고 국립박물관을 각 도마다 하나씩 건립하겠다는 계획을 실현에 옮겼다. 먼저, 그동안 경복궁 안의 건물과 옛 조선총독부 건물로 옮겨 다니던 국립중앙박물관을 용산 미군 기지 골프장 터에 대규모로 신축하여 2005년 가을에 개관하였다. 아시아 최대 규모이자 세계 6대 박물관에 꼽힌다는 새 중앙박물관은 우리나라 박물관

국립중앙박물관 | 옛 조선총독부 건물을 국립중앙박물관으로 쓰다가(☞ 154쪽 참조) 1995년 김영삼 정부의 '역사 바로 세우기' 차원에서 이 건물이 철거되자(위) 새 국립중앙박물관을 용산의 미군 부대 골프장에 조성하였다(아래). 철거된 조선총독부 건물의 부재는 현재 독립기념관의 남쪽 공원에 전시되고 있다(위 오른쪽). 용산에 새로 박물관을 건축함에 따라 우리도 세계적 규모의 중앙박물관을 갖게 되었다. 국립중앙박물관에서는 일반 전시 외에 특별 전시회도 종종 개최하여 흥미를 돋운다.

국립나주박물관 | 최근에 개관한 국립나주박물관은 영산강 유역에 남아 있는 고고 자료를 보존하고 전시하며 호남 지역의 발굴 매장 문화재에 대한 수장고 기능을 수행하기 위해 건립되었다. 백제와는 성격이 다른 고대국가 마한의 전문 박물관으로서 기능할 계획을 갖고 있다.

정책의 변신을 상징했다. 중앙박물관에 이어 국립춘천박물관(강원도), 국립김해박물관(부산, 경상남도), 국립제주박물관(제주도)도 신축하여 국립박물관이 없는 도道가 없도록 하였다. 2013년에는 전남 나주에 국립나주박물관이 개관되어 마한 문화의 전문 박물관 기능을 하고 있다.

기존의 종합 박물관이나 역사 박물관이 아닌 이색적인 박물관이나 특이한 주제의 박물관도 많이 세워졌다. 개인적으로 관심을 가지고 소장해온 소장품들을 작은 박물관을 만들어서 전시하며 좋은 반응을 얻는 사설 박물관들이 늘어나고 있는 것이다. 이러한 사설 박물관들은 박물관이 '단지 옛것을 전시하는 곳'이라는 고정관념을 깨뜨리는 데 크게 이바지했고, 젊은 세대의 관심을 유발하는 긍정적 기능을 하였다.

종합대학들 가운데에도 박물관을 알차게 꾸민 곳이 있다. 대학의 경우 사학과나 문화인류학과 등에서 발굴 조사를 하기도 하고, 특정 학과가 박물

경기도박물관 | 박물관은 전시뿐 아니라 관련 주제에 대한 다양한 체험 학습으로 어린이와 동반 가족을 불러 모으는 가족 문화교육장으로서도 기능한다. 아이들은 체험을 통해 전시된 내용을 더욱 쉽게 이해하고 박물관 가는 재미에 푹 빠져든다. 오른쪽은 경기도박물관에서 아이들을 대상으로 실습하는 선사 유적 발굴 체험 모습이다.

관을 운영하기도 한다. 대학은 대체로 대도시에 있어 교통이 편리하고 박물관 입장료를 받지 않기 때문에 일반 시민들도 편하게 관람할 수 있는 좋은 환경을 갖추고 있다.

교육철학과 교육정책의 변화도 박물관을 활성화하는 데 큰 역할을 하였다. 20세기 후반까지의 교육은 대량생산과 소비를 반영하는 산업화 시대의 교육철학을 담고 있었다. 즉 상부의 지시를 충실히 따르는 기능인을 양성하는 것이 교육의 주된 목표였으므로 암기식·주입식 교육이 이루어졌다. 그러나 정보화사회에 접어든 21세기에는 세계화와 개방화의 흐름에 맞춰 창의력 중심의 열린 교육, 수요자 중심의 교육이 새로운 교수법으로 자리 잡고 있다. 학습자 중심, 다양성 강조, 과정을 중시하는 수행평가, 사고력과 개성을 중시하는 교육은 필연적으로 체험 학습의 강화를 불러왔다. 이 때문에 질적으로 수준 높은 교육을 위해서는 눈으로 보고 몸으로 직접 체험할 수 있는 곳으로 학생들을 데려가야 했다. 이에 적합한 장소는 바로 박물관이었다. 방학 때면 학생들에게 박물관 관람 과제를 내주기도 하므로 박물관은 더욱 많은 학생들로 붐비는 장소가 되었다.

박물관 측에서도 가족 단위의 방문을 겨냥하여 전시 외에도 다양한 문화 프로그램(영화 상영, 도서관 운영, 교양 강좌, 가족 단위의 체험 학습 등)을 마련하여 적극적으로 박물관을 이용하도록 고무하고 있다. 이제 박물관은 단지 전시의 기능에만 머물지 않고, 교육 및 종합 문화 공간의 기능도 하고 있는 것이다. 이처럼 박물관의 기능이 다양해지고 많은 사람들이 찾아오자 박물관들도 한층 선진화된 전시 기법을 도입하고 있다.

예전에 박물관은 한번 가면 모두 둘러보고 나와야 하는 곳으로 생각했다. 학교에서 박물관 관람 과제를 내줄 때는 박물관에 전시된 유물의 내용을 빠짐없이 적어 오게 하기도 했다. 그러나 지금은 다양한 주제의 박물관이 여러 곳에서 개관함에 따라 박물관 이용의 문화도 바뀌고 있다. 모든 유물을 일일이 살펴보는 곳이 아니라 관심 가는 전시물만 보고 나오는 곳, 특별한 주제에 따른 기획 전시회를 보러 가는 곳, 학예사나 음성안내기를 통해 친절한 설명을 들으며 흥미로운 관람을 할 수 있는 곳, 그뿐 아니라 박물관 안의 카페에서 차를 마시며 대화를 나누는 곳으로 박물관을 인식하기 시작했다. 그러다 보니 박물관의 문턱은 더욱 낮아지고 대중화되어갔다.

어디에선가 읽었던 격언이다. "어느 지역이나 나라를 여행하려면 가장 먼저 들러야 할 곳은 박물관이다." 또한 『내 아이의 즐거운 학교, 박물관』의 저자 오명숙 선생은 박물관을 '온 가족이 즐기는 평생 학습장'으로 정의했다. 박물관은 자기가 서 있는, 그리고 여행하는 지역을 이해하게 해주며 그 지역의 문화와 삶, 생활을 파악하는 데 더없이 좋은 곳이라는 뜻이다. 또한 '백문이 불여일견百聞不如一見'이라는 말처럼 직접 눈으로 학습하는 교육기관이라는 의미이다.

한 나라의 박물관 수준은 그 나라의 문화 수준과도 비례한다. 2000년대 초반만 해도 300곳을 넘지 못했던 우리나라 박물관은 이제 900곳 가까이로 약 3배 증가했다. 우리의 문화 수준이 높아질수록 박물관은 점점 더 많은 사람들이 찾는 장소가 될 것이다. '박물관은 낡은 것을 모아 둔 장소'라는 관념이야말로 이제는 정말 낡은 것이 아닐까.

전국 박물관 운영 현황

구분			2010년	2011년	2012년
박물관	등록 계		489	517	589
	미등록 계		252	254	204
	총계		771	801	825
	국립		30	30	32
	공립	등록	153	165	204
		미등록	136	147	122
	사립	등록	251	262	289
		미등록	88	82	55
	대학	등록	85	90	96
		미등록	28	25	27

* 출처 : 문화체육관광부 2014년 국정감사 요구 자료

미등록 박물관이 200여 곳이나 되는 점이 특이한데, 이는 현행법상 박물관 등록이 의무가 아니기 때문이다. 박물관은 82㎡ 이상의 전시실, 수장고, 사무실 또는 연구실·자료실·도서실 및 강당 가운데 하나의 시설, 화재·도난 방지 시설, 온습도 조절 장치를 갖추고 학예사를 한 명 이상 고용해야만 정식 등록이 가능하다. 따라서 소규모 박물관이나 전시관 가운데 법적으로는 등록되어 있지 않지만 박물관의 기능을 하고 있는 곳이 제법 많다.

필자가 다녀본 소규모 전문 박물관들 가운데 최고로 꼽는 곳 | 경기도 남양주시의 커피 박물관(위)은 커피에 대한 기본 지식을 알기 쉽게 정리해 놓았다. 여기는 아름다운 정원도 갖추고 있어 문화 학습 및 나들이 장소로도 손색없다. 경상북도 경주의 신라역사과학관은 과거 석재상을 했던 개인이 운영하는 사설 박물관인데 신라의 문화재가 지니는 과학적 원리를 잘 전시해 놓았다(가운데). 서울시 노원구 태강릉 내의 조선왕릉전시관(아래)은 왕릉의 원리를 알기 쉽게 설명해 놓았다.

특이한 주제의 박물관과 지역성을 반영한 박물관

박물관	위치	주요 전시 내용
토이키노뮤지엄	서울특별시 중구	장난감, 영화 캐릭터
부엉이박물관	서울특별시 종로구	부엉이, 공예품
짚풀생활사박물관	서울특별시 종로구	볏짚으로 만든 민속 자료
꼭두박물관	서울특별시 종로구	꼭두 및 상여
떡박물관	서울특별시 종로구	전통 떡
롤링볼뮤지엄	서울특별시 중구	롤링볼 작품과 과학 원리
짜장면박물관	인천광역시 중구	짜장면의 유래와 역사
강화갯벌센터	인천광역시 강화군	갯벌과 생태
수도국산달동네박물관	인천광역시 동구	재개발 전의 달동네
왈츠와닥터만커피박물관	경기도 남양주시	커피에 대한 기본 지식
몽골문화촌	경기도 남양주시	몽골 관련 자료들
한국등잔박물관	경기도 용인시	여러 가지 등잔
호야지리박물관	강원도 영월군	각종 지리 관련 자료들
참소리박물관	강원도 강릉시	축음기
석탄박물관	강원도 태백시, 충남 보령시, 경북 문경시	석탄의 개발 역사
춘천막국수체험박물관	강원도 춘천시	막국수와 만들기 체험
인제산촌山村민속박물관	강원도 인제군	산촌의 민속과 생활
DMZ박물관	강원도 고성군	비무장지대에 대한 이해
지질박물관	대전광역시 유성구	우리나라 지질과 자연사
광공업전시관	충청북도 단양군	석회석과 각종 광물들
청주고인쇄박물관	충청북도 청주시	우리나라 인쇄술
철박물관	충청북도 음성군	철의 공정과 쓰임
충무공이순신기념관	충청남도 아산시	이순신의 유물과 임진왜란
고창고인돌박물관	전라북도 고창군	고인돌

순천장류박물관	전라북도 순창군	고추장과 간장, 된장
한국대나무박물관	전라남도 담양군	대나무와 죽세공품
청자박물관	전라남도 강진군	청자
소금박물관	전라남도 신안군	소금 제조법과 소금
순천만자연생태관	전라남도 순천시	갈대와 습지
한국무속박물관	대구광역시 중구	무속의 원리
신라역사과학관	경상북도 경주시	석굴암과 첨성대의 원리
하회동 탈박물관	경상북도 안동시	하회탈 및 각종 탈
국립등대박물관	경상북도 포항시	국내 등대 관련 자료들
독도박물관	경상북도 울릉군	독도 관련 자료들
국립해양박물관	부산광역시 영도구	해양 관련 자료들
추리문학관	부산광역시 해운대구	추리소설과 자료들
장생포고래박물관	울산광역시 남구	울산의 고래잡이 역사
거제조선해양문화관	경상남도 거제시	조선공업과 배
남해유배문학관	경상남도 남해군	유배 역사와 유배 문학
고성공룡박물관	경상남도 고성군	공룡과 지질시대
해녀박물관	제주특별자치도 제주시	해녀 관련 자료들
초콜릿박물관	제주특별자치도 서귀포시	초콜릿과 제조법
트릭아트뮤지엄 코리아	제주특별자치도 서귀포시	트릭아트와 그림놀이
한국야구명예전당	제주특별자치도 서귀포시	한국 프로야구 관련 자료들

참소리박물관의 나팔형 축음기 | 1900년대 초 에스파냐에서 제작한 마드리드 그래모폰 축음기로, 당시 왕실에서 사용했다고 한다. 참소리박물관에서는 박물관장이 60여 개국에서 모아온 아주 다양한 축음기를 관람할 수 있으며 전용 음악 감상실에서 음악도 들을 수 있다.

12 평범한 장소를 매력적으로 변화시킨 드라마와 영화 촬영지

너나없이 찾아갔던 대중 관광지

자기가 살고 있는 장소를 벗어나 색다르고 다소 낯선 장소로 여행을 떠나는 행위를 시작한 것은 대략 언제부터일까? 아주 일찍부터 사람들은 무역이나 상업을 위해, 종교적 수행을 하거나 시험에 응시하기 위해, 또는 휴양이나 탐험 등을 하기 위해 먼 거리를 이동했던 것 같다. 그러나 이들의 여행은 오늘날의 관광과는 좀 다르다. 아마도 순수하게 유람을 즐기며 관광할 수 있었던 사람들은 소수 특권층이 아니었을까. 우리나라만 하더라도 여행 기록을 남긴 이들은 양반계급이나 지식인, 관료에 한정되었다. 기록을 남기려면 문자를 알아야 했기 때문이다.

오늘날 우리가 말하는 관광이 본격적으로 실현되기 시작한 무렵은 대체로 산업혁명 이후인 19세기 중반부터라고 관광학계에서는 보고 있다. 물론 이때 온전히 관광을 즐길 수 있던 사람들은 전통적인 귀족이나 신흥 자본가 및 특권층이었다. 때마침 발명된 증기기관을 교통수단에 응용한 증기기관차나 증기선이 등장하면서 교통이 편리해지자 관광은 더욱 쉬워졌다.

관광이 소수의 특권층과 부유층을 넘어 일반 대중에까지 전파된 것은 제2차 세계대전 이후이다. 이 무렵부터 어느 정도 소득이 높아지고 경제적으로 여유가 생긴 중산층은 물론이고 일반 서민이나 노동자계급도 관광의 기회를 누릴 수 있게 되었다. 노동운동을 통해 향상된 임금과 노동시간의 법제화에 따른 여가의 확대, 자가용 승용차의 점진적 보급, 대중교통망의 확대 등이 가져온 결과였다.

대중 관광 시대의 도래는 각종 숙박업소와 음식점 등 관광 관련 서비스 산업의 발달로 이어졌다. 대중 관광의 행선지는 일반적으로 명승고적, 국립공원, 해수욕장과 같이 아주 널리 알려진 장소였고, 몰려드는 대중을 수용하기 위해 이런 곳에는 대규모 위락 시설과 숙박 시설이 들어섰다.

우리나라는 선진국보다 산업화가 늦었던 까닭에 1970년대 무렵부터 대중 관광이 서서히 시작되었다. 우리나라 역시도 다른 나라와 비슷하게 대중 관광의 주된 대상 지역은 국립공원, 해수욕장, 문화재 및 명승고적으로 널리 알려진 곳이었다. 이렇게 찾는 곳이 한정되어 있다 보니 주요 관광지는 여행 철마다 극심한 혼잡을 겪게 마련이었다. 관광지가 아닌 지역을 찾는 사람들은 거의 없었고, 그런 지역을 찾아간다고 하면 상당히 의아하게 여기곤 했다. "거기 가서 볼 게 뭐가 있어?"라고 빈정거리면서.

영상 매체, 관광지를 만들어내다

현대 대중사회와 산업사회를 상징하는 것으로는 영상과 대중매체도 빠지지 않는다. 텔레비전이 각 가정에 보급되면서 사람들은 자신의 집에 편안히 앉아 뉴스를 보고 세상의 모습을 쉽게 접할 수 있게 되었다. 텔레비전에서는 뉴스뿐 아니라 드라마, 오락물, 광고, 다큐멘터리 등 다양한 프로그램을 방영했고, 사람들은 그런 방송을 시청하면서 여가를 보내는 시간이 점차 늘어났다. 영화 관람도 텔레비전 시청 못지않게 사람들이 누리는 문화생활 중의 하나였다. 연극과 달리 영화는 한 번의 제작과 촬영으로 시간이나 장소에 구애받지 않고 언제 어디서나 반복 상영이 가능하다는 장점이 있기에 빠른 속도로 대중에게 전파되었다. 촬영 장소와 시기의 다변화로 연극이 보여주지 못하는 한층 더 역동적이고 실감 나는 영상을 영화는 관객들에게 제공했다. 텔레비전 드라마와 영화를 통해 사람들은 이야기의 재미도 느끼지만, 동시에 그 배경으로 나온 장소의 매력에도 빠져들었다.

인간 사회에는 밴드웨건 효과(Bandwagon Effect)라는 것이 작용한다. 과거 미국 서부의 금광 개발 시절, 선두에 서서 달리는 악대 마차를 밴드웨건이라고 했는데, 악대가 선도하는 마차의 행렬이 지나가면 사람들이 이를 궁금해하며 우르르 몰려갔던 데서 유래한 사회현상을 일컫는 말이다. 밴드웨건은 1848년의 미국 대통령 선거에서 선거운동의 관심을 끄는 역할도 하였다. 한마디로 유행이나 시류, 분위기에 편승하여 움직이는 대중의 모습과 경향을 표현한 용어이다.

문화의 시대, 대중매체의 시대에 영화나 드라마가 갖는 영향력은 매우 크다. 사람들은 좋은 영화를 본 뒤에는 주변의 다른 이들에게 권하기도 한다. 인기 있는 드라마의 경우에 그것을 보지 않으면 지인들과의 대화에 끼기도 어려울 정도다. 인터넷이 발달하면서부터는 영화나 드라마에 대한 대중의 반응과 평판이 실시간으로 인터넷상에 올라와 아직 접하지 않은 사람들을 더욱 유인하기까지 한다.

사람들은 영화나 드라마의 내용에 감정이입하면서 그 촬영 장소에도 관심을 가지기 시작했다. 재미있고 감동적인 내용 그 자체에도 반하지만 그 배경이 인기를 끄는 것은 드라마나 영화의 감동과 분위기가 촬영 장소에 따라 극대화되기 때문이다. 영화나 드라마를 재미있게 본 사람들은 그 감동과 즐거움을 잊지 못하고 영화나 드라마 속 명장면이 촬영된 장소를 알아내어 직접 가보려고 한다. 특이한 것은 이러한 장소들이 원래부터 널리 알려진 관광지였던 경우도 있지만 대부분은 전혀 유명하지 않은, 지극히 평범해서 별 생각 없이 그냥 스쳐 지나갔던 장소였다는 점이다. 심지어 그러한 곳이 있는지조차 알지 못하던 장소인 경우도 많았다.

주5일 근무제의 시행과 자가용 승용차의 보급, 대중교통망의 발달은 드라마나 영화 속 촬영지로 직접 가보는 데 훨씬 유리한 환경을 만들어주었다. 촬영 장소를 찾아가는 사람들이 많이 늘어날 경우에는 대중교통망이 추가적으로 개설되고 주차장이 새롭게 조성되기도 했다. 사람들은 드라마와 영화의 촬영 장소에 직접 가서 화면으로 봤을 때의 즐거움과 감동을 재현하는 것은 물론 해당 지역에 대한 지식과 정보를 얻고 새로운 여행 경험을 쌓는다. 그리고 그곳의 특산물이나 기념품을 구입해 오는 경우도 점점 늘어나고 있다.

특히 한국의 드라마와 영화가 인근의 중국, 일본뿐 아니라 동남아시아 및 다른 아시아 국가들로 수출되면서 시작된 한류韓流 열풍은 한국 드라마와 영화 촬영 장소를 국제적인 관광지로 발돋움하게 만들었다. 한국인조차 잘 모르고 있던 장소에 외국인 관광객이 넘쳐나는 풍경은 놀라움과 신기함을 넘어 우리 문화의 생명력과 파급력을 실감 나게 하는 감동과 경이를 선사하고 있다. 한류 열풍이 아시아를 넘어 전 세계로 확대되면서 더 많은 외국 관광객들이 이런 촬영 장소를 찾을 것이며, 여행사들도 이런 장소를 연계한 관광 코스를 적극적으로 개발하고 있다.

촬영으로 '뜬' 장소들

서울의 저소득층이 많이 거주하는 구릉지 사면의 이른바 '달동네'는 그동안 드라마에서 촬영 장소로 곧잘 이용되었고, 이후 사진작가를 포함한 많은 팬들이 찾는 빈티지Vintage(원래는 포도가 풍작인 해에 유명한 양조장에서 만든 와인을 뜻하지만, 요즘은 낡고 오래되었으면서도 그 가치를 인정받는 것을 의미한다) 여행 명소가 되었다. 특히 가난한 여주인공이 부잣집 남성을 만나 우여곡절 끝에 사랑을 이루는 '신데렐라형 이야기'가 많이 묘사되면서 여주인공이 사는 달동네의 옥탑방이 주요 촬영지로 자주 이용되었다. 또한 스릴러나 액션물의 숨 막히는 추격 장면 촬영 장소로 이런 동네가 등장하기도 했다.

부산 중구 중앙동 40계단 길 | 한국전쟁 당시 피난민들의 애환이 서린 곳인데, 영화 〈인정사정 볼 것 없다〉의 강렬한 명장면으로 인해 이곳을 찾는 방문객이 늘어났다.

경기도 구리시는 고구려 광개토대왕의 일대기를 다룬 드라마 〈태왕사신기〉의 촬영 세트장을 유치했고, 종방 뒤에는 '고구려대장간마을'이라는 이름의 관광지로 활용하고 있다. 나아가 관내 아차산의 고구려 보루 등을 통해 남한 땅에서는 상대적으로 희소한 '고구려의 도시'로 자리매김하고 있다. 경기도 남양주에는 종합촬영소가 있어 다양한 영화 세트장이 수시로 꾸며지고 있으며, 영화 팬들이 자주 찾는 관광지가 되었다. 인천광역시 옹진군의 외딴섬 시도에 꾸며졌던 드라마 〈풀하우스〉의 세트장도 한류 열풍에

구리시와 남양주시 | 경기도 구리시의 〈태왕사신기〉 촬영 세트장은 현재 고구려대장간마을이라는 관광지로 변신하였다(위).
남양주의 종합촬영소에는 다양한 영화의 세트장이 만들어졌는데, 많은 국민의 사랑을 받았던 영화 〈공동경비구역 JSA〉의 판문점 세트장도 이곳에 있다(아래).

속초시 아바이마을 | 드라마 〈가을동화〉에서 여자 주인공이 어린 시절에 살던 동네의 갯배는 본래 강원도 속초 아바이마을 주민들이 청초호를 둘러 가지 않으려고 타던 무동력의 작은 배였으나 지금은 관광객의 체험 코스로 활용되고 있다. 아바이마을은 마을의 원래 특성답게 북한 및 동해안의 음식을 팔면서 드라마 방영의 효과를 톡톡히 보고 있다.

따라 유명 관광지가 되었는데, 인천공항과 가까워서 외국 관광객이 찾기 편한 장소로 여겨지고 있다.

한류 열풍의 대표적 드라마인 〈가을동화〉와 〈겨울연가〉는 강원도의 몇몇 지역을 대표적인 관광지로 만들었다. 〈가을동화〉의 여주인공이 어린 시절 살던 곳으로 설정된 속초 아바이마을은 원래 북한에서 월남한 실향민들이 터전을 이룬 마을인데, 드라마의 영향으로 지금은 속초를 찾는 관광객들이 한 번씩 들러 북한 음식을 맛보고 갯배를 타보는 인기 있는 지역이다. 〈겨울연가〉의 배경인 춘천에는 곳곳에 촬영지가 있어 〈겨울연가〉를 무척 사랑했던 일본인들이 서울·부산과 더불어 가장 많이 찾는 도시 중 한 곳이 되었다. 강릉의 정동진역은 드라마 〈모래시계〉 덕분에 한가한 간이역에서 유명 관광지로 탈바꿈했다.

춘천과 강릉 정동진 | 드라마 〈겨울연가〉의 주요 촬영지 중 한 곳인 춘천 남이섬은 풍경도 아름답지만 드라마와 관련된 추억을 상기시키는 설치물이 곳곳에 배치되어 있다(위). 또 남자 주인공이 살던 춘천 시내의 집(오른쪽)은 평범한 주택임에도 많은 관광객이 찾는다. 강릉의 정동진역(아래)은 드라마 〈모래시계〉의 전체 방영 시간 중 극히 일부에서만 등장했지만 시청자들에게 상당히 강렬한 인상을 주었다. 정동진역은 바다와 가장 가까운 기차역으로 기네스북에도 올라 있다.

충북 청주시 수암골은 가난한 달동네였으나 〈제빵왕 김탁구〉를 비롯하여 여러 드라마를 촬영한 덕분에 명소로 거듭났고, 충남 서천의 신성리 갈대밭은 영화 〈공동경비구역 JSA〉와 드라마 〈추노〉로 사람들에게 알려졌다. 전북 전주 한옥마을의 전동성당은 영화 〈약속〉으로, 전주 향교는 드라마 〈성균관 스캔들〉을 계기로 방문객이 급격히 늘었다. 영화 〈서편제〉는 호남 농촌의 평범하면서도 향토적인 풍경을 아름다운 영상미로 장식하여 호남이 새로운 관광 지역으로 성장하는 데 크게 기여하였다.

청주 수암골 | 우암산 자락에 자리 잡은 달동네로, 한국전쟁 이후 피난민들이 정착한 가난한 마을이었다. 여기서 촬영한 드라마가 유명해지고 청주 시내를 조망하기 좋다는 입지적 장점까지 더해져 각종 카페와 음식점들이 계속 생겨나고 있다. 수암골은 미술가들이 추진한 벽화 프로젝트 덕분에 골목이 아름다운 마을이 되었다.

경북 문경의 문경새재에는 드라마 〈태조 왕건〉의 세트장이 꾸며지면서 이를 구경하려는 사람들이 몰려들었으며, 이후 사극 전문 세트장으로 계속 사용되고 옛길에 대한 관심이 높아지면서 더욱 유명해졌다. 경북 영덕의 강구항이나 청송의 주산지도 그다지 유명하지 않았다가 드라마 〈그대 그리고 나〉와 영화 〈봄, 여름, 가을, 겨울, 그리고 봄〉 덕분에 전국적으로 유명해진 사례이다.

부산국제영화제가 개최되어 이미 영화의 도시로 이름난 부산도 곳곳에 유명 촬영지가 있으며, 바다의 풍광이 아름다운 경남 통영 일대도 드라마·

서천 신성리 갈대밭 | 충남 서천의 금강 변에 있는 신성리 갈대밭은 7만여 평의 갈대숲이 장관을 이루는 곳이다. 별로 알려지지도 않았고 주목받지도 못했던 이곳은 〈공동경비구역 JSA〉, 〈추노〉 등 몇 편의 영화와 드라마 촬영지로 알려지면서 많은 사람들이 찾고 있다.

전주 전동성당과 안성 구포동성당 | 전국 각지의 성당들도 촬영 장소로 제공되면서 유명해진 경우가 있다. 이들은 서울의 명동성당이나 약현성당만큼의 지명도를 갖지 못해 일반인에게는 그리 널리 알려지지 못한 편이었으나 드라마와 영화를 통해 소개되면서 유명해졌다. 왼쪽은 전주 전동성당으로, 우리나라의 아름다운 성당 건축 중 하나로 꼽히며 로마네스크 양식의 웅장함을 보여준다. 영화 〈약속〉의 남녀 주인공이 이 성당에서 결혼식을 올렸다. 오른쪽의 안성 구포동성당은 한국과 서양식을 절충한 건축양식으로 지어져 성당 건축사에서 중요한 의의를 갖고 있다. 드라마 〈베토벤 바이러스〉를 여기서 촬영했다.

제주 서귀포 | 영화 〈건축학개론〉의 여주인공이 살았던 제주도 해안의 아름다운 집을 보면서 관객들은 제주도의 유명 관광지가 아닌 해안과 마을에도 관심을 돌리기 시작했다. 현재 이 집은 카페로 변신했는데, 여기를 찾는 사람들은 영화를 떠올리며 추억에 잠기기도 한다.

영화·광고의 배경으로 자주 이용되는 지역이다.

이미 국제적인 관광지 제주도도 영화 〈건축학개론〉, 드라마 〈올인〉을 통해 색다른 제주도의 맛을 즐기려는 관광객이 찾고 있다.

영화와 드라마는 그 필름 자체의 해외 수출은 물론이고 촬영 장소에 외국 관광객을 유치함으로써 일석이조의 효과를 거두고 있다. 그런데다 우리 국토의 아름다움을 재발견해주는 역할도 하니 일석삼조이고, 드라마와 영화라는 문화 장르를 더욱 즐기게 해주니 일석사조의 효과라고 해도 틀린 말이 아닐 듯하다. 지역은 이처럼 위대하고 많은 역할을 한다. 그래서 사람들은 오늘도 곳곳의 지역을 찾아다니며 여행을 하는 게 아닐까.

더 읽을거리

이 책을 쓰면서 많은 서적을 참고했고 그로부터 큰 도움을 받았다. 어떤 책은 거의 매 꼭지마다 참고가 된 경우도 있고 어떤 책은 구체적인 내용보다는 아이디어나 소재 차원에서 도움을 받은 경우도 있어 본문에 일일이 출처를 밝히기 어려웠다. 큰 도움이 된 책들을 한꺼번에 정리하는 것으로 대신한다.

강영조, 『부산은 항구다』, 동녘, 2008.
강영환, 『새로 쓴 한국 주거문화의 역사』, 기문당, 2002.
고선영, 『소도시 여행의 로망』, 시공사, 2010.
고철환 엮음, 『한국의 갯벌』, 서울대학교출판부, 2001.
곤도 다케오 지음, 이중우 외 옮김, 『환경창조를 지향하는 21세기 해양개발』, 기문당, 1997.
곽재구, 『곽재구의 포구기행』, 열림원, 2002.
국가균형발전위원회, 『한국의 지역전략산업, 폴리테이아』, 2004.
국가균형발전위원회, 『이제는 지역이다 : 지역혁신 성공사례를 찾아서』, 모브, 2004.
국가균형발전위원회, 『동북아시대의 한반도 공간구상과 균형발전전략』, 제이플러스애드, 2005.
국가균형발전위원회, 『살기좋은 지역만들기』, 제이플러스애드, 2006.
국립문화재연구소, 『역사의 숲 조선왕릉』, 눌와, 2007.
국립민속박물관, 『바다를 메운 땅—그들이 그곳에 사는 이유』, 2008.
국립민속박물관, 『소금꽃이 핀다』, 2011.
권혁재, 『지형학』(제4판), 법문사, 2003.
권혁재, 『한국지리—지방편』, 법문사, 1995.
권혁재, 『한국지리—총론편』(제3판), 법문사, 2003.
권혁재, 『우리자연 우리의 삶 : 남기고 싶은 우리의 지리이야기』, 법문사, 2011.
김경옥, 2004, 『조선후기 도서연구』, 혜안.
김기호 · 문국현, 2006, 『도시의 생명력—그린웨이』, 랜덤하우스중앙.
김도형, 『순성의 즐거움 : 서울성곽 600년을 걷다』, 효형출판, 2010.
김성귀, 『해양관광론』, 현학사, 2006.
김성귀 외, 『시화호주변의 환경개선방안 연구』, 한국해양수산개발원, 2000.
김성귀·홍장원·박상우, 『어촌관광 유형별 개발방안 연구』, 한국해양수산개발원, 2001.
김성일·박석희 엮음, 『지속가능한 관광』, 일신사, 2001.
김수남, 『구석구석 마을여행』, 팜파스, 2010.
김영정 외, 『근대 항구도시 군산의 형성과 변화』, 한울, 2006.
김용웅·차미숙·강현수, 『지역발전론』, 한울, 2003.
김우선, 『강화 걷기여행』, 터치아트, 2009.

김은식, 『우리 야구장으로 여행갈까?』, 브레인스토밍, 2013.
김의원, 『한국국토개발사연구』, 대학도서, 1982.
김일철 외, 『종족마을의 전통과 변화 : 충청남도 대호지면 도리리의 사례』, 백산서당, 1998.
김재철, 『지도를 거꾸로 보면 한국인의 미래가 보인다』, 김영사, 2000.
김준, 『어촌사회변동과 해양생태』, 민속원, 2004.
김준, 『섬문화답사기 : 완도편』, 보누스, 2014.
김지민, 『한국의 유교건축』, 발언, 1996.
김진애, 『김진애의 우리도시예찬』, 안그라픽스, 2003.
김창환, 『김창환 교수의 DMZ 지리이야기』, 살림터, 2011.
김형국, 『고장의 문화판촉』, 학고재, 2002.
김형아, 『유신과 중화학공업 박정희의 양날의 선택』, 일조각, 2005.
나채훈·박한섭, 『인천개항사』, 미래지식, 2006.
남덕우, 『동북아로 눈을 돌리자』, 삼성경제연구소, 2002.
농어촌진흥공사, 『한국의 간척』, 1996.
다니엘 벨 지음, 김원동 · 박형신 옮김, 『탈산업시대의 도래』, 아카넷, 2006.
문경민, 『새만금리포트』, 중앙 M&B, 2000.
박구병, 『고기잡이』, 보림출판사, 1998.
박승규, 『일상의 지리학』, 책세상, 2009.
박영한·오상학, 『조선시대 간척지 개발』, 서울대학교출판부, 2004.
박은숙, 『시장의 역사 : 교양으로 읽는 시장과 상인의 변천사』, 역사비평사, 2008.
박태호, 『장례의 역사』, 서해문집, 2006.
박해천, 『아파트게임』, 휴머니스트, 2013.
발레리 조르쥬 지음, 길혜연 옮김, 『한국의 아파트연구』, 고려대학교아세아문제연구소출판부, 2004.
뿌리깊은 나무, 『한국의 발견』, 1983.
서울역사박물관, 『강남40년 : 영동에서 강남으로』, 2011.
서울역사박물관, 『서울역사박물관 전시도록』, 2012.
서울역사박물관, 『안녕! 고가도로』, 2014.
서울특별시 주택정책실, 『우리마을 만들기』, 2013.
서울특별시 시사편찬위원회, 『서울의 산』, 1997.
서울특별시 시사편찬위원회, 『사대문 안 학교들 강남으로 가다』, 2012.
서울학연구소, 『한강의 섬, 마티』, 2009.
손영운, 『손영운의 우리땅 과학답사기』, 살림, 2009.
손정목, 『서울도시계획이야기』 1~5, 한울, 2003.
신대광, 『청소년을 위한 안산역사 이야기』, 부민문화사, 2010.
신안군·신안문화원, 『천사의 섬 신안의 문화유산』, 2008.
신형식 외, 『고구려산성과 해양방어체제 연구』, 백산자료원, 1999.
아틀라스 한국사 편찬위원회, 『아틀라스 한국사』, 사계절, 2004.
앨빈 토플러 지음, 이규행 옮김, 『제3물결, 한국경제신문사』, 1989.

야마자키 야스히로 외 지음, 강신겸 · 김정연 옮김, 『녹색관광』, 일신사, 1997.
양병무, 『주식회사 장성군』, 21세기북스, 2005.
역사인류학연구회 엮음, 『인류학과 지방의 역사 : 서산사람들의 삶과 역사인식』, 아카넷, 2004.
오명숙, 『내아이의 즐거운 학교, 박물관』, 프리미엄북스, 2006.
오원철, 『박정희는 어떻게 경제강국 만들었나』, 동서문화사, 2006.
옥영수, 『어촌계 어류양식업에 관한 연구』, 한국해양수산개발원, 2004.
월드컵공원 관리사무소, 『난지도—그 향기를 되찾다』, 2003.
유근배·류호상, 『한국 서해안의 해안사구』, 서울대학교출판부, 2007.
이경한, 『일상에서 장소를 만나다』, 푸른길, 2012.
이규목, 『한국의 도시경관』, 열화당, 2002.
이기환, 『분단의 섬 민통선』, 책문, 2009.
이동현, 『세계의 허브를 꿈꾸는 한반도』, 문형, 2000.
이무용, 『공간의 문화정치학』, 논형, 2005.
이병학, 『대한민국 도시여행』, 컬처그라퍼, 2011.
이우평, 『지리교사 이우평의 한국지형산책』 1~2, 푸른숲, 2007.
이재언, 『한국의 섬』 1~2, 아름다운사람들, 2010.
이지누, 『절터, 그 아름다운 만행 : 강원도 경상도편』, 호미, 2006.
이용택·유규하 외, 『대한민국 신산업지도』, 중앙일보시사미디어, 2007.
이영식, 『이야기로 떠나는 가야역사여행』, 지식산업사, 2009.
이종묵·안대회, 『절해고도에 위리안치하라』, 북스코프, 2011.
이태진, 『한국사회사연구』, 지식산업사, 1989.
이태진, 『의술과 인구 그리고 농업기술』, 태학사, 2002.
이현군, 『옛 지도를 들고 서울을 걷다』, 청어람미디어, 2009.
이호준, 『사라져가는 것들 잊혀져가는 것들』, 다할미디어, 2008.
인천광역시립박물관, 『Coffee : 양탕국에서 커피믹스까지』, 2011.
인천광역시 역사자료관 역사문화연구실, 『인천의 섬』, 2004.
인천광역시, 『골목, 살아(사라)지다 : 수문통에서 백마장까지 인천골목이 품은 이야기』, 2013.
인천발전연구원, 『동아시아 관문도시 인천』, 2006.
인천지리답사모임, 『인천땅 이만큼 알기』, 다인아트, 2005.
임병조, 『지역정체성의 제도화 : 지역지리학의 새로운 모색』, 한울, 2010.
임석재, 『한국의 간이역』, 인물과사상사, 2009.
전영옥 외, 『지역경제 새싹이 돋는다』, 삼성경제연구소, 2003.
전우용, 『서울은 깊다』, 돌베개, 2008.
전종한 외, 『인문지리학의 시선』, 논형, 2005.
정강환, 『관광이벤트 : 21세기 지역개발형축제로의 선택』, 월간이벤트, 2004.
정건화 외, 『근대 안산의 형성과 발전』, 한울, 2005.
정근식·김준, 『해조류양식어촌의 구조와 변동』, 경인문화사, 2004.
정석중 외, 『관광학』(제3판), 백산출판사, 2002.

정승모, 『한국의 세시풍속』, 학고재, 2001.
조석필, 『태백산맥은 없다』, 사람과산, 1997.
조성면, 『질주하는 역사, 철도』, 한겨레출판, 2012.
주강현, 『관해기』 1~3, 웅진지식하우스, 2006.
주강현, 『제주기행』, 웅진지식하우스, 2011.
주영하, 『음식전쟁 문화전쟁』, 사계절, 2000.
최영준, 『국토와 민족생활사』, 한길사, 1997.
최예선·정구원, 『청춘남녀, 백년 전 세상을 탐하다 : 우리근대문화유산을 찾아 떠나는 여행』, 모요사, 2010.
최정선·이성이, 『내가 본 진짜 통영』, 북웨이, 2014.
최진연, 『역사의 흔적 경기도 산성여행』, 주류성, 2011.
최춘일, 『경기만의 갯벌』, 경기문화재단, 2000.
충남대학교 마을연구단, 『태안 개미목마을』, 대원사, 2006.
충남대학교 마을연구단, 『당진 합덕마을』, 대원사, 2008.
카터 에커트 지음, 주익종 옮김, 『제국의 후예』, 푸른역사, 2008.
팀 크리스웰 지음, 심승희 옮김, 『짧은 지리학 개론 시리즈 : 장소』, 시그마프레스, 2012.
하효길, 『한국의 풍어제』, 대원사, 1998.
한국관광공사, 『녹색관광마을 50선』, 2004.
한국수자원공사, 『어제의 시화호를 오늘의 레만호로』, 2006.
한국지질연구원, 『위성에서 본 한국의 지형』, 2007.
한국해양연구원, 『연안개발』, 2001.
한국향토사연구전국협의회, 『육지로 바뀐 섬마을』, 1998.
한필원, 『오래된 도시의 골목길을 걷다』, 휴머니스트, 2012.
해양문화재단 엮음, 『우리나라 해양문화』, 실천문학사, 2000.
해양수산부, 『연안통합관리계획』, 2000.
현대건설, 『시화호 사람들 : 그 100인의 꿈』, 2003.
현대경제연구원, 『허브 한반도, 거듭』, 2003.
홍금수, 『전라북도 연해지역의 간척과 경관변화』, 국립민속박물관, 2008.
홍성흡 외, 『시화호 사람들은 어떻게 되었을까』, 솔, 1998.
홍순민, 『우리 궁궐 이야기』, 청년사, 1999.
홍욱희, 『3조원의 환경논쟁—새만금』, 지성사, 2004.
홍재상, 『한국의 갯벌』, 대원사, 1998.
황교익·정은숙, 『서울을 먹다 : 음식으로 풀어낸 서울의 삶과 기억』, 따비, 2013.
황기영·이승우, 『주민참여에 의한 어촌관광개발 활성화방안 연구』, 한국해양수산개발원, 2000.

● 이 책에 쓰인 도판은 저자와 출판사 측이 직접 촬영한 사진과 문화재청, 박물관, 도청, 시청, 구청 등 공공 기관의 협조를 얻은 자료로 이루어져 있습니다. 일일이 출처를 밝히지 못했지만, 모든 기관에 감사 드립니다. 저작권을 미처 확인하지 못하고 실은 일부 사진에 대해서는 게재 허락을 받고 통상의 기준에 따라 사용료를 지불하겠습니다.